穀倉效應2

# 未來思考

數據失能、科技冷漠的VUCA時代
破除專業框架，擴展人生事業新格局

ANTHRO - VISION

吉蓮・邰蒂 Gillian Tett —— 著
姚怡平 —— 譯

suncolor
三采文化

獻給已故的露絲・溫妮芙萊・邰蒂
與凱瑟琳・露絲・紀利（邰蒂）。

兩人皆在「熟悉」的事物中獲得樂趣，
並對「陌生」的事物懷有好奇心。

**「最不被質疑的定見往往最為可疑。」**

——法國外科醫師、人類學家　保羅・布羅卡（Paul Broca）

**「研究是正式版的好奇心，是懷著意圖去戳弄刺探。」**

——美國小說家、人類學家　柔拉・涅爾・賀絲頓（Zora Neale Hurston）

# 目錄
CONTENTS

PART 2

# 化熟悉為陌生

# 目錄

CONTENTS

/ 推薦序 /

# 人類學，當代社會的洞察之眼

「百工裡的人類學家」粉專創辦人、國立中山大學人文暨科技跨領域學士學位學程助理教授

——宋世祥

二〇一六年《穀倉效應》推出之後，這本由人類學家吉蓮．邰蒂所寫的商管書在臺灣獲得極大迴響。書中指出企業過度分工與部門化導致無法有效運作的弊病（即「穀倉效應」），廣獲商界人士讚揚，也因而成為當年國家文官學院的推薦讀物。我作為「百工裡的人類學家」此一推廣人類學跨領域應用的 Facebook 粉專創辦人，受邀在數場「分區導讀會」為臺灣的公務人員導讀《穀倉效應》。我在當時獲得很深刻的印象，第一是臺下聽眾對這本書的內容深有同感，認為公務組織其實也正受「穀倉」之苦；另一項則是大家對於作者的人類學背景非常驚訝，甚至不知道什麼是「人類學」。

我在二〇一六年碰到的聽眾反應，或許就是作者寫下《穀倉效應 2：未來思考》的

動機。邰蒂身為《金融時報》執行主編暨專欄作家，身邊盡是經濟金融領域的人與事，**而人類學專業訓練讓她得以從更具脈絡性的視角分析各種經濟現象，也因此深刻感受到人類學視角的價值**。在《金融時報》專欄中，我們可以看出她有別於其他作家，總是能從金融現象的細節（例如加密貨幣與中央銀行的文化隱喻）與日常生活中的瑣事（例如女兒爆紅的抖音影片），帶領讀者對金融現象與周邊事件有更具脈絡性、文化比較性的深刻理解。然而，當代歐美世界其實和臺灣相似，對於人類學思維與方法在純學術領域以外的價值——不管是社會性還是經濟形式——所知有限，亟需一本好書帶領非學術界的大眾感受這門學科的獨特魅力，而邰蒂絕對是撰寫這本書的不二人選。

英文書名「Anthro Vision」字面翻譯為「人的視角」，以內容來說更接近「人類學視角」。作者在書中展現自己如何在金融世界之中，以人類學視角看到更多本質。邰蒂具備人類學家的深厚功底，能夠運用精闢的視角與思維來解析金融風暴、川普總統的用語（第 7 章）、免費經濟（第 8 章）等現象，對於當代經濟（第 4 章）乃至企業組織運作（第 9 章）提供基於文化本質的精準建議與永續發展的良心呼籲（第 5 章、第 10 章）。

## AI 所不能及的「厚數據」

本書要講的「未來思考」無非就是「厚數據」。這個用詞來自人類學家克里弗德・紀爾茲，他表示人類學研究方法應為「厚描」（請見第 20 頁）；而「使用者經驗」研究者王聖捷用其來描述商業世界中，透過民族誌研究法所獲得的資料類型。王聖捷以此概念對比今日越來越普及的「大數據」，主張透過直接、沉浸式、長期的互動，更能看到人工智慧或是機器所無法獲得的脈絡性洞察——這也正是《穀倉效應 2：未來思考》想要帶給讀者的。雖然全書僅序言有提到「厚數據」，但這無疑是一本關於「什麼是厚數據？」、「如何收集厚數據？」的重要著作。我們都能跟隨作者的腳步，覺察各種社會現象背後的脈絡，見證這些洞察如何引導出關鍵的創新與突破。

那麼作者究竟是如何從人類學出發，收集厚數據？除了在結語提到的五個方法，亦可從三大單元標題知悉：「化陌生為熟悉」、「化熟悉為陌生」、「傾聽社會沉默」。「化陌生為熟悉」呼應人類學家的民族誌田野調查功夫，亦即面對陌生的人與現象，從整體文化的相似經驗找到參考座標，或是直接進入場域中「搞熟」，挖掘脈絡深意。在這單元中，邰蒂分享了塔吉克田野經驗、發跡英國卻在日本走紅的 Kit Kat 巧克力、伊波拉西非防疫受挫等故事，**再再展現了「脈絡」對於理解實質意義的重要性**。

「化熟悉為陌生」則反映人類學對於知識生產「反思性」的重視，**強調審視自己對於眼前現象的理解是從何而來，而不是平白無故地直接接受**。這跟我對學生的提醒有異曲同工之妙：人類學家要能**「習以不為常，理所不當然」**，我們必須重新檢驗自身所持的刻板印象或先入為主的偏見。為了幫助讀者理解如何化熟悉為陌生，邰蒂充分發揮了她在金融媒體的寶貴經驗，用二〇〇八年金融危機、通用汽車勞資糾紛、食品公司行銷方式等例子，讓讀者跟隨她獨特的人類學視角，檢驗自己可能存在的偏誤。

「傾聽社會沉默」強調走入田野與社群的價值，**提醒我們著眼於「沉默」之處，更要重視對於弱勢的關懷及人類社會的永續**。這當中包含人類學自二戰以後即在傳遞的價值觀：重視少數群體的想法，關注在主流論述外、人們未說或是微弱的聲音。在這樣的方法論下，邰蒂向我們展示：想理解川普的支持者就要去看「摔角比賽」，從中感受川普如何運用文化符碼親近選民；想理解華爾街的金融菁英為何希望回到辦公室工作，就得理解交易員隱而不顯的工作與社交模式，而這單靠線上會議是無法達成的。

## 補足學術缺角

《穀倉效應 2：未來思考》呈現出歐美人類學者在學術領域外的樣貌，對於臺灣讀者與人類學相關系所的師生是極為重大的貢獻。如同在臺灣，歐美人類學家也必須面對大學、研究機構職缺競爭激烈的現實，但所幸這門學科在歐美紮根已久，我們可以在眾多產業找到人類學家的足跡。

在書中，邰蒂除了分享自身經歷，還介紹了國外「百工裡的人類學家」的精彩案例。跟英特爾合作的珍娜薇．貝爾與凱西．齊納、為 Netflix 進行研究的葛蘭特．麥奎肯、使用者經驗研究先驅露西．薩奇曼、為通用汽車貢獻專業的伊莉莎白．布里奧迪等，範圍廣及金融業（華爾街金融證券公司）、食品業（雀巢）、科技電子業（全錄）、教育業（報春花）……這些案例顯現了各行各業何以需要人類學家提供洞見與解方。可以說，作者為想要走入企業的人類學學子，或是亟欲領略人類學價值的業界人士們，提供了清晰的參考圖譜。

在書末，邰蒂表示本書並非為了人類學家而寫，主要目的是要讓非人類學家獲知寶貴的觀點，期盼各領域能有更多人類學的聲音，而學者們也能與現代機構合作。《穀倉效應 2：未來思考》濃縮作者從劍橋大學走入金融世界的經驗與省思，可謂是邰蒂寫給人類學的一封情書。相信讀者們都能從中看到人類學對於當代社會及個人的價值，也願讀者在讀完本書後，能像作者一般熱愛人類學，享受這門學科翻轉視角的獨特魅力。

/ 推薦序 /

# 我們需要多一點人類學，少一點人工智慧

——黃國峯
國立政治大學企業管理學系特聘教授

在現今大數據與人工智慧主導的時代裡，人類的思考力是否還存有價值？這一直是從事教育者所擔憂之事。韓愈曾說：「師者，所以傳道、授業、解惑也」，但科技進步讓教師角色逐漸被替代。不論是 Google 搜尋引擎或是 Coursera 線上課程，傳統教師「傳道、授業、解惑」的角色確實被科技與人工智慧取代，即便如此，推理與驗證等思維訓練，還是得透過師生互動的方式來進行。《穀倉效應 2：未來思考》提供了獨特見解，碰巧與本人多年從事互動式個案教學經驗所重視的「思考力訓練」模式不謀而合。

作者吉蓮．邰蒂從人類學研究的核心原則——同理心（多元價值觀）、傾聽、探索他人與自己的盲點——歸納出本書三個有助於人類未來思考的模式：化陌生為熟悉、化熟悉

為陌生、傾聽社會沉默，並透過經濟、社會、文化、科技、商業、政治等各界案例，證明其適用於人類社會各種議題之討論。從新冠疫情、工安問題到企業購併，皆能透過人類學視角解決非結構化問題，而這是人工智慧力所不及之處。

我在互動式個案教學中運用的思考力訓練方式如下：在課程進行當中，同學必須傾聽彼此的發言，透過先驗知識來確認他人的發言與自身先驗知識之異同，再反覆進行「異中求同，同中求異」之辯證，最後透過演繹或歸納產出新的知識或想法。這樣的訓練幫助老師與學生逐步提升思考力，對比本書所提倡的「化陌生為熟悉、化熟悉為陌生、傾聽社會沉默」，產生的效益十分相似。

更驚人的是，這樣的思考模式往往是用來處理本書提及的 VUCA —— Volatility（易變性）、Uncertainty（不確定性）、Complexity（複雜性）、Ambiguity（模糊性）問題，亦即非結構化問題。結構化問題可以透過系統、程式與人工智慧等方式尋求解決方案，例如超級電腦可以預測棋手幾千萬步之後的各種應對走法。**然而，非結構化問題，因果關係不明確，或甚至找不到因與果，那人工智慧的發揮空間就多所受限。**

## 無可取代的人類思考力

我經常面對企業策略與組織的非結構化問題。透過類似互動式個案教學的訓練，才能讓決策者在面對這些問題時具備發展思考力的可能，進而找出問題的關鍵前提與因果關係，提出解決方案。這與本書從人類學研究的心態來看未來思考，脈絡一致。

當然，也許某天人工智慧技術發展到極致，單靠 AI 就可以解決非結構化問題，但人類思考與人工智慧的差別在於：**人類帶有「好奇心」與「求真理」之本質，這是人工智慧無法取代的**。看完本書的各種案例後，我們可以充分體會到人類思考的價值，因此，積極訓練思考力，才有機會掌握未來。

/推薦序/

# 商業界的「量化」信仰

——陳其華
卓群顧問有限公司總經理

這本書非常特別，是從人類學家的角度來看待商業。

企業組織中，「無法量化就無法管理」是許多人信奉的準則，而在數位轉型時代，商界人士更積極嘗試量化一切，想以分析統計預測商業活動。很多管理專家更提出流量池、轉換率、大數據、數據賦能等新名詞，以掌握消費者的購買軌跡，有效達成商業目標。

但如同作者在書中所說：「最不被質疑的定見往往最為可疑。」這本書提醒了我們，理所當然的想法，若忽視不理，容易招致危險的錯誤。**身處高變動性的 VUCA 世界，我們更不能迷失在過去的工具模型裡**。商業生態中，重要的不是只有科學分析，也需要更多同理心去理解、傾聽目標群眾的觀點。大數據可以解釋當下情況，卻往往解釋不了原因，而事物間的關聯性，不代表有因果關係。

在我的企業輔導經驗中，很多高學歷主管往往喜歡動用一大堆管理工具，研究、分析個半天。一看就知道，這些人從未真正去現場觀察，缺乏實務的對照與同理心，少了對於組織人員的理解。**人，是活生生的思考動物，而不僅僅是一堆數字。**

## 同理心，是掌握消費者需求的關鍵

書中提到，科學理論與分析工具可以用過往經驗預測、掌握未來，卻少了對文化脈絡的理解。人類是符號化、概念化，尋求意義的動物，工程師想利用具體數字解決問題，人類學家卻訴說故事來詮釋文化。

當你運用科學化分析得出結論的時候，「那也許是你的世界觀，但不是每個人的世界觀」。我們必須耐心地以同理心去理解對方的文化與價值觀，而要達成這個目標，身歷其境、親身觀察是最直接的做法。

消費者需求是多數商業的核心基本，卻很難透過量化統計來掌握，常見的做法有兩種：一，從客訴中找到未被滿足的需求；二，觀察消費者購買與使用商品或服務的現場，理解所有行為軌跡。無論是哪一種做法，最重要的是，**要輔以同理心，才能客觀地理解客戶的需求商機**。

在數位轉型時代，到處都在講科技，**但本書點出許多在數位時代中，我們對社會、文化與組織的理解盲點，值得所有人深入閱讀**。作者的前作《穀倉效應》，也很值得細細品讀，非常推薦！

/推薦序/

# 以人類學智慧迎接人工智慧時代

——劉紹華
《人類學活在我的眼睛與血管裡》作者、中央研究院民族所研究員

**在鉅變的時代中，直視根本、挑戰定見和跨越界線的眼光，將有助於我們看見危機與希望**。而那樣的眼光，就是《穀倉效應 2：未來思考》作者吉蓮．邰蒂要跟讀者分享的AI——人類學智慧（Anthropology Intelligence）。

邰蒂是劍橋大學人類學博士，但畢業後她並未留在學術界，而是選擇進入知名國際媒體當記者，二〇一四年起陸續接下美國《金融時報》執行主編和專欄作家等要職。她善用人類學訓練，曾預測二十一世紀的金融危機和川普當選等全球性大事，被視為全球最有影響力的媒體女性。

這樣一位成就卓越的學者，卻曾被歐洲學院的人類學家質疑：「妳現在是記者，請不

要再自稱是人類學家了。」對此，二〇一〇年她受邀美國人類學會年會演講時公開回應：「我不會停止。」她認為人類學的知識和視野應充分運用於這個世界，尤其是公共政策領域。邰蒂曾批評故步自封的學院人類學，認為人類學家擅長吸收知識，卻不善於發揮（project）知識。而自稱「業餘人類學家」的她所做的，就是發揮人類學視野的影響力。二〇一四年，她獲頒英國皇家人類學會馬什獎——此獎表彰學院外、對世界做出重大貢獻的人類學家。

## 超越定見、看見多元的探索之旅

我是在學院任職的人類學家，非常佩服邰蒂能夠走入社會、做出貢獻。我們對於人類學的看法十分相似，甚至都曾在書中寫下幾乎一模一樣的話：「人類學是一種觀看世界的獨特方法」。

**真正的人類學精神和視野，應是不論身分、位置或領域。**

我能理解邰蒂的挫折和期望。我讀過商學院，受過公共衛生的學院訓練，也當過記者，還曾在所謂的第三世界投入國際發展。也就是說，我親歷過她所致力跨越的種種知識和職業的人為邊界，在各種現場與事件回顧中，看見成見與劃界帶來的危機，並用自己的方式擁抱、發揮人類學精神。

勇於質疑並跨越邊界，是一場融會貫通、了然於心、充滿熱忱的探索之旅。因此，我之所以向讀者推薦這本書，並不是期待人人都成為人類學家，而是希望大眾能透過邰蒂的豐富經驗和廣博思考，以及易讀性極高的文筆，認識人類學視野。

非人類學家也可能具備良好的人類學視野；學院裡的人類學家也可能忘卻良善的人類學視野。尚不熟悉人類學的讀者，無須將此書視作人類學教科書；已認識人類學的讀者，也不必以學院的寫作模式來檢視此書。

能否掌握人類學視野，關鍵不在於身分或位置，而是我們能否具有同理心，傾聽不同觀點，勤鍊「化熟悉為陌生，化陌生為熟悉」的叩問與跨界能力，以超越定見，看見多元的地平線。

# 推薦短評

高速變動的人工智慧時代下，有助於深入思考未來人類智慧的必讀好書。

——劉恭甫
創新管理實戰研究中心執行長

「請理解，而不須同意。」是我對演講或課堂聽眾的提醒。畢竟，所有知識推移都是與時俱進的；而學習的本質，就是開放且多元。《穀倉效應 2：未來思考》讓我們理解侷限，並有意識地「知己所不知」，進而邁向從觀察到洞察的智慧之道。一本值得推薦且細細品味的好書！

——郝旭烈（郝哥）
大亞創投執行合夥人

/前言/

# 人工智慧時代下的人類學智慧

魚是最難注意到水的生物。

——拉爾夫．林頓（Ralph Linton）[1]

一九九二年五月，我坐在蘇聯一間毫無生氣的旅館房間，炮火聲搖得窗戶嘎嘎作響。房間另一頭，英國記者馬可斯．沃倫（Marcus Warren）坐在床上，蓋著骯髒的棕色毯子。我們置身塔吉克首都杜尚貝，被困在旅館好幾個小時。外面街頭的戰事打得正烈，不曉得多少人已經死去。

「妳以前在塔吉克是做什麼的？」當時我正緊張地聽著外頭交火的聲響，馬可斯突然向我提問。這個多山之國緊鄰阿富汗，原本是蘇聯境內一處長久不變又寧靜平和的地方，直到一年前，局勢才起了變化。一九九一年八月，蘇聯政權垮臺，促使塔吉克走向獨立並爆發內戰。馬可斯和我以記者身分來到塔吉克，分別代表《每日電訊報》（*Daily*

*Telegraph*）和《金融時報》（*Financial Times*）。

不過，我的背景比較特殊。早在加入《金融時報》前，我為了拿到人類學博士學位，便以塔吉克為據點進行研究。在社會科學領域，「人類學」這門研究文化與社會的學科經常受到忽視與嘲弄。我就像前幾代的人類學家那樣投入田野工作，住在高山裡的一座村莊，距離杜尚貝要搭三小時的公車。我跟一戶人家住在一起，目標是做到**既在局內**、**又在局外**的程度，近距離觀察蘇聯的村民，研究他們在儀式、價值觀、社交模式、符碼方面的文化。我探究的問題如下：他們信任什麼？家庭對他們有何含意？「伊斯蘭」的意義為何？他們對共產主義有何想法？經濟價值的定義是什麼？他們怎麼安排自己的空間？簡單來說，我想知道的是：**在蘇聯塔吉克，身而為「人」有何意義？**

「準確來說，妳到底是在研究什麼？」馬可斯問。

「婚禮。」我回答。

「婚禮！」馬可斯顯得有些惱怒，聲音已累得沙啞。「那有什麼意義？」

❶ 本書以阿拉伯數字1234標示者為參考文獻，統一放置於書末。

他的問題背後是一個更大的疑問：怎麼會有人願意前往這個神祕的多山之國，還埋頭研究那裡的古怪文化？我可以理解馬可斯的反應。我之後就在博士論文中大方承認：「杜尚貝的街頭一直有人死去，在這種局勢下，研究婚禮儀式確實奇特，甚至聽起來無關緊要。」[2]

本書的目標很簡單，那就是回答馬可斯的問題，並證明人類學——很多人都（誤）以為人類學只研究**奇特**的事物——提出的概念在現代世界舉足輕重。**人類學是一種知識的架構，我們可藉其預見不久的將來，看見隱而不顯的跡象，同理他者，並對問題提出新見解**。人類努力應對氣候變遷、全球疫情、種族歧視、人工智慧、金融風暴、政治衝突與社群媒體的喧囂，現在正是最需要人類學知識架構的時候，這點是我自身職涯的體會。離開塔吉克後，我就一直擔任記者，運用自己接受的人類學訓練，預見二〇〇八年的金融海嘯、川普的崛起、二〇二〇年的全球疾病大流行、永續投資的激增和數位經濟，並且多所通曉。本書還解釋了人類學於昔於今何以寶貴，無論是企業領導者、投資者、政策制定者、經濟學者、技術人員、金融人士、醫生、律師或會計師都能從中獲益。這些概念無論是在電商霸主亞馬遜的倉庫，還是亞馬遜叢林，都同樣受用。

我們為了在這世界航行而採用的工具，有很多都成效不彰。為什麼？近年來，經濟預測失效、政治民調失準、財務模型失利，技術創新變得危急，消費者調查有誤導作用……這些我們全都見識過了。這類問題之所以不斷浮現，不是因為我們的工具沒用，而是它們**不夠完備**。人們使用工具時，並未意識到其文化與脈絡，制定工具時的視野也很狹隘，以為只要一組參數，就能俐落地界定或記錄這個世界。若世事安穩，我們可用過往經驗預測、掌握未來，那這種做法或許很有效。然而，若置身於不斷變動的世界，或軍事專家所稱的「VUCA」時代〔Volatility（易變性）、Uncertainty（不確定性）、Complexity（複雜性）、Ambiguity（模糊性）的縮寫〕，這種做法就行不通了。當我們必須面對思想家納西姆・尼可拉斯・塔雷伯（Nassim Nicholas Taleb）所述的「黑天鵝」，面對經濟學者莫文・金恩（Mervyn King）和約翰・凱（John Kay）口中的「極端不確定性」，或是知名企業家瑪格麗特・赫弗南（Margaret Heffernan）所謂「未知的」將來，那就更需要追求完備的工具了。[3]

換句話說，想要在二十一世紀的世界確定航向，卻使用二十世紀制定的工具（例如：僵化的經濟模式），就有如在夜晚帶著指南針穿越黑暗的森林，**只**低頭看著針盤。指南針也許技術精良，能為你指引方向，但要是**只**看針盤，走著走著就可能會撞到樹。**狹隘視野會置人於死地，我們需要橫向視野**，此時人類學就派得上用場了。

本書從多種面向切入，闡述如何運用個人與他人的經驗來獲取人類學視野。這些故事會探討以下問題：辦公室的意義為何？為什麼投資者會誤判風險？在現代消費者的眼中，什麼事情最重要？經濟學者應該從劍橋分析公司（Cambridge Analytica）的例子中學到什麼？綠色金融（green finance）背後的推力為何？政府該怎麼重建美好未來（Build Back Better，美國總統拜登提出的法案）？文化要如何與電腦互動？然而，在投入細節前，我們務必要先領會人類學心態的三大核心原則。第一，在疾病大流行的時代，人類亟需培養同理心，以利互助並促進多元價值觀。人類學者是這方面的專家，畢竟這門學科創立的目標便是探索邊陲之地，研究那些看似**奇特**的民族。這帶有《法櫃奇兵》（*Indiana Jones*）電影裡，印第安納．瓊斯的一絲況味。不過，大眾很容易被這樣的形容誤導。[4] 所謂的奇特，是觀者的主觀定義，畢竟每一種文化對於另一種文化而言都屬陌生，而在全球化的時局，若忽視那些看來陌生的事物（或像前美國總統川普那樣視其他文化為「糞坑」），便可能導致無人能承擔的後果。金融、商務、差旅、溝通等種種交流，把人與人連結在一起、相互影響。這過程傳遞的不只是病菌，還有金錢、想法和趨勢。然而，我們對他人的理解卻不如相互往來的程度，風險由此而生，良機轉瞬即逝。（第 3 章會提到，政策制定者當初要是能費點心思，從西非或亞洲的**陌生**國家記取教訓，可能就不會深受 COVID-19

（新冠肺炎）全球大流行所害。」

人類學的第二原則，傾聽他人的觀點——無論那個觀點有多「陌生」。這麼做不僅能培養自己的同理心（現今人類迫切需要的能力），也讓你**更容易看清自己**。人類學家拉爾夫．林頓表示，魚是最難注意到水的生物；跟他者比較之後，我們就能從不同視角來理解人類。或者，我們也可引用人類學家霍洛斯．麥納（Horace Miner）提出的概念：在科學領域，唯有人類學是化「陌生」為「熟悉」，化「熟悉」為「陌生」。[5] 目的即是要增進人們對這兩者的理解。

第三，接納了「陌生」與「熟悉」的觀念，就看得到別人與自己的盲點。人類學家近乎精神科醫師，只是沒讓人坐在沙發上罷了。用比喻來說的話，人類學家把人群放到鏡頭下，觀察人們集體承繼的偏見、定見和心理地圖。他們使用 X 光機觀察社會，觀看人們依稀察覺到的、那些半隱半現的模式。由此往往可以得知，就算我們以為 x 是某件事發生的原因，實際的原因可能是 y。

## 人類學視野的實務應用

舉個保險業的例子。一九三〇年代，康乃狄克州的哈特福火險公司（Hartford Fire Insurance Company）高階主管發現儲放油桶的倉庫老是爆炸，但沒人知道原因。公司請防火工程師班傑明·沃爾夫（Benjamin Whorf）進行調查。沃爾夫不僅是訓練有素的化學工程師，也在耶魯研究過人類學與語言學，專攻美國原住民中的霍皮族。他抱持人類學家的心態去處理問題，觀察倉庫勞工，留意他們做了什麼、說了什麼，設法理解一切，不妄下判斷。他對語言中的文化定見特別感興趣，畢竟就他所知，文化定見因人而異。想想季節這個詞彙，英文的 season 是名詞，用天文曆法界定（夏天從六月二十日開始）。在霍皮族的語言與世界觀裡，「夏天」是形容詞，用溫度界定，而非曆法（感覺很「夏天」）。❷兩者沒有孰好孰壞之分，只是不一樣罷了。除非對它們進行比較，否則沒有人會察覺其不同之處。正如沃爾夫所述：「我們總以為自己所屬群體進行的語言分析更能反映出現實。」[6]

這個視角解決了油桶謎團。沃爾夫發現一件事：勞工在處理標有「full」（滿）的油桶時會格外小心，在存放標有「empty」（空）油桶的室內，勞工卻開心抽著菸。原因為何呢？英文的 empty（空）跟 nothing（沒有東西）有關，大家會覺得 empty 這個字很無聊、乏味、容易忽視，然而，empty 的油桶其實充滿易燃的燻煙。沃爾夫請倉管經理向勞工解釋 empty 油桶的危險性，爆炸事件就此告終。[7] 單憑科學解決不了謎團，但文化分析加上科學，就有這樣的威力。現代銀行交易、公司併購、疾病大流行等不明所以的問題，運用人類學視野去觀看被我們忽視之處，也同樣具有寶貴效益。

原因就在於：**最不被質疑的定見往往最為可疑**。這句話據說是出自十九世紀法國醫師暨人類學家保羅・布羅卡。[8] 我們覺得理所當然的想法，若是忽視不理，就可能招致危險的錯誤。那些想法也許是語言、空間或物體，又或是理應普遍共通的觀念，例如：時間。[9]

再舉個鬍子的例子。二〇二〇年春天，因疫情而開始封城的時候，我在視訊通話上注意到一個現象：以前美國男人和歐洲男人都會把鬍子刮得很乾淨，封城期間卻有很多人臉上冒出了鬍渣。我詢問對方，聽到的答案像是：「沒時間刮鬍子」、「又沒去辦公室，何必要刮」。沒道理啊。封城的話，男人明明有更多空閒時間和動機，去展現專業形象的臉孔（視訊通話時，畫面上的臉孔可是近得嚇人）。然而，半世紀前，在非洲工作的人類學

❷ 沃爾夫指出霍皮族沒有時間觀念，引發艾克哈特・馬洛特基（Ekkehart Malotki）和史迪芬・平克（Steven Pinker）等學者批評，認為他的說法不正確。兩人應是誤解了沃爾夫的論點，但此處不貿然涉入該項爭議。我們該留意的關鍵要點應為：人們看待曆法與時間時，採取的視野各有不同，並非普遍通用。

家維克多・特納（Victor Turner）提出**閾限**（liminality）概念，有利於解釋鬍渣爆發的現象。根據特納的理論，大多數文化會採用儀式和符號來表示過渡點，也許是日曆（例如：新的一年），也許是生命週期的開端（例如：成年期），又或許是重大社會事件（例如：國家獨立）。[10] 這些全都是「閾限」（liminal）時刻——這個單字來自於 limens，在拉丁文是門口的意思——其共同特性是反向的符號系統，表現方式跟**常態**相左，用以表示過渡的時刻。平時鬍子刮得很乾淨的男人在疫情期間突然冒出鬍渣，應該就算是這類閾限符號的一種。在許多專業男性的眼中，鬍子並**不正常**，臉上的鬍渣呼應了「封城有違常態」的想法。最重要的是，他們將封城視為一種過渡時刻。

金融人士、會計師、律師也會那樣解釋臉上的鬍渣嗎？通常不會。符號與儀式之所以強大，正是因為兩者反映並加強了我們隱約察覺到的文化模式。然而，假如政商界領袖都熟知閾限概念，就能傳遞更振奮人心的訊息給不安的公民與員工。停滯不前的狀態、期限未定的封城，沒人喜歡。若用閾限時間去界定，過渡、試驗、可能的展延都有一定的時限，整個情況聽起來就會更激勵人心。**不理解符號的力量，就會錯失機會**。同樣的原則也適用於搶購口罩的現象。

舉個更嚴肅的例子：Google 子公司 Jigsaw 的故事。近年來，該公司一直努力應對網路陰謀論的散播，有些看似無害，像是地平說，有些則具危險性。例如，白人種族滅絕說，暗示非白人團體打算消滅白人族群；二〇一六年披薩門謠言，指控華盛頓一家披薩店發生集體性侵兒童事件，而主導者是前總統候選人希拉蕊・柯林頓（Hillary Clinton）。[11]

Google 高階主管用他們最熟悉的工具——科技——還擊。他們運用大數據分析法，採取以下行動：追蹤陰謀論的散播，改變搜尋引擎演算法，提高經考證的資訊能見度；標示可疑的內容，移除高風險素材。然而，謠言持續往外擴散，最終造成致命的後果。二〇一六年底，一名槍手攻擊了披薩門指涉的那家餐廳。

於是，二〇一八年，Jigsaw 高階主管嘗試了一項實驗。他們的研究人員跟 ReD 聯合顧問公司的民族誌學者❸合作，分別去見美、英兩國將近五十名理論者，範圍從美國蒙大拿州到英國曼徹斯特。[12] 那些會面證明了部分 Google 高階主管的定見是錯的。其一，理論者並不是怪物，而教育水準高的菁英們往往會做出這種設想。只要懷著同理心去傾

❸「民族誌研究法」為人類學家在研究時採用的方法之一，亦即開放式、密集性、面對面的觀察。不是所有民族誌研究法都屬人類學，人類學家以外的人也會運用類似技巧，只是不依據學術界的理論。然而，幾乎所有人類學家都會運用民族誌研究法。商界經常使用「民族誌研究法」一詞，很少提及人類學，因為前者聽起來學術性較低。

聽，就算你極其不贊同該名理論者的想法，對方的態度也會很友善。其二，技術人員並不了解理論者。在矽谷，人人都認為專業網站提供的資訊更值得信賴，**因為技術人員就是那樣思考的**。然而，陰謀論者往往只信任亂七八糟的網站；他們會覺得那些「聰明的」網站都是討人厭的菁英所建立。具備這樣的洞察力至關重要，不只是有利於揭穿陰謀論。同樣的，研究人員自認第一要務就是評定各種陰謀論的危險程度，並將這種定見作為起點。比如說，應對地平說的方式就要有別於白人種族滅絕論。不過從面對面的會晤就可證明，內容本身沒那麼重要，人們投入的程度，以及對自己身分與共同體的認同程度，反倒比較重要。研究人員呈報指出：「區分理論者的類型比較重要，陰謀論的類型沒那麼重要。」[13]

他們還體悟到一點：那些重要的見解不是光憑電腦就蒐集得到。**大數據可以解釋當下的情況，卻往往解釋不了原因；關聯性不代表因果關係**。同樣的，心理學也許能解釋某一個人何以投入陰謀論，卻不一定能證明陰謀論是以何種方式去確立群體的身分認同。（在這方面，極右派「匿名者 Q」（QAnon）❹ 發布的謠言，就和古老的民間傳說一樣具有強大影響力。）[14] 有的時候，我們必須與人面對面會晤，以開放的胸襟傾聽，研究脈絡，最關鍵的是留意對方**沒有說出口的事**——它們跟對方正在談論的事同樣重要。曾任職於 Nokia 的人類學家王聖捷（Tricia Wang）表示，**大數據需要厚數據**，也就是「厚描」

（thick description）❺文化後出現的質性見解〔「厚描」是人類學家克利弗德・紀爾茲（Clifford Geertz）提出的用詞〕。[15]

他們成功阻止陰謀論了嗎？事實上，網路上的戰火仍持續延燒，科技公司遭受的批評也沒有間斷過。然而，Google 從這次經驗中獲得了重要體悟：**如何看見錯誤並改正**。可惜人類學觀點的運用至今尚未普及，怪不得推特（Twitter）的共同創辦人傑克・多西（Jack Dorsey）會說，假如他可以重新創造社群媒體，一開始就會雇用社會學家和電腦學家。那樣的話，人類的二十一世紀數位景象也許會呈現出相當不同的風貌，變得更好。[16]

本書內容分為三大部分，呼應了前文概述的三大原則：化陌生為熟悉、化熟悉為陌生、傾聽社會沉默。書中敘事皆是我自身經歷——我在塔吉克研究「陌生感」的心得（第

❹二〇一七年，一位自稱 Q 的匿名者在網路上發布一系列貼文，指出美國存在一個「深層政府」，暗中控制世界上的政治、媒體、經濟，而川普正是與之抗衡的「救世主」。此論點吸引數百萬名網友支持，甚至引發示威遊行。

❺所謂的「事實記載」實際上是別人建構出來的「主觀事實」，然後再被我們按自己的方式加以重新建構。也就是說，事實被遮掩在一層又一層的建構性敘述背後，轉述（建構）的次數越多，該敘述就越「厚」，同時也可能離事實越遠。

1 章）；我如何運用那些心得，探討倫敦與《金融時報》的「熟悉感」（第 4 章）；接下來挖掘華爾街、華盛頓與矽谷的「社會沉默」（第 7 章、第 8 章、第 10 章）。本書還闡述人類學如何為各企業帶來助益，例如：英特爾（Intel）、雀巢（Nestlé）、通用汽車（General Motors）、寶僑（Procter & Gamble）、瑪氏食品（Mars）、丹尼卡（Danica），以及人類學如何釐清政策問題，例如：應對疾病、重塑矽谷經濟、發展數位工作、支持永續運動。如果你是想找**實際做法**來解決現代問題，可以直接跳到後面幾章，不過，我會在前面的章節概述這些思考工具從何而來。

正式進入內文之前，我要講明三件事。一，本書並不是主張人類學視野應該**取代**其他思考工具，而是要**彌補**那些工具的不足之處。好比把鹽巴加入食物，就能揉合多樣成分並改善滋味。把人類學概念加入經濟學、數據科學、法律、醫學等學科，就能建立更深刻、更豐富的分析。特別是運算與社會科學的結合，應當是今日的特殊要務。二，前述概念並非全屬人類學，有些是從使用者經驗研究（User-Experience Research，USX）、社會心理學、語言學、地理學、哲學、環境生物學、行為科學而來。學術的界線是人為的，呈現出大學的部落主義。❻ 身處二十一世紀的我們，應當思考如何重劃界線。無論是使用何種字眼來描述人類學視野，它都是生活中不可或缺的一環。

三，本書並不是我個人的回憶錄。我只是把自身經歷作為敘事基礎，而且是基於以下知識性目的：**人類學與其說是單一的理論，不如說是一種觀看世界的獨特方法**，那麼要解釋人類學的思考模式，最簡單的方式就是講述人類學家在做什麼。我希望我的故事可以帶來啟發，並解答這三個問題：研究塔吉克婚禮儀式，為何可以幫助我們檢視現代金融市場、科技與政治局勢？為什麼人類學觀點對各領域的專業人員來說至關重要？在人工智慧重新塑造的這個世界裡，為什麼我們會需要「人類學智慧」？最後一項議題，也正是本書的核心所在。

❻ 很多人類學家不喜歡使用部落（tribe）、部落主義（tribalism）等詞，因為這類用語帶有貶義，也並未呈現出它們與親屬結構之間的學術意義。這種想法確實有道理，但為了方便敘述，本書還是會使用「部落」和「部落主義」。

二〇一八年，川普形容海地和非洲國家為「糞坑」，這番言論引發鋪天蓋地的批評。然而，川普的冒犯用語也顯露出一個令大眾不安卻又揮之不去的事實：人類會直覺性地迴避並蔑視那些看似陌生的文化。人類學教會我們的其中一課，就是接納陌生感與文化衝擊的效益。人類學為此發展出一套做法，稱為參與觀察法（亦稱民族誌研究法）。這類工具不局限於沉浸式的學術環境，也可以應用在商業與政策脈絡。想在全球化的世界生存並壯大起來，任何投資者、金融人士、企業領導者、政策制定者甚至公民都應該採納這些原則。

# PART 1／
# 化陌生為熟悉

ANTHRO - VISION

/第1章/

# 不存在的文化衝突

研究人類學需要有開放的胸襟，並以此去觀察、傾聽，抱著好奇心進行記錄，挖掘令人意想不到的解答。

——瑪格麗特・米德（Margaret Mead）[1]

秋季某個晴朗的白日，我站在一棟土磚屋門口。我看得見屋後的風光：陡峭嶙峋的峽谷點綴著金色的樹葉和綠色的草地，再往上是白雪覆蓋的山峰與藍色的天空。這幅景色狀似我在一九七〇年代晚期，偶爾會在電視上看到的阿富汗荒蕪山景。當時蘇聯入侵，阿富汗因此登上新聞。不過，我所站之處其實是再往北一百英里處，一九九〇年的蘇聯塔吉克。姑且稱這村莊為「卡倫」谷的「歐比－薩非」。❼

「A-salaam! Chi khel shumo? Naghz-e? Tinj-e? Soz-e? Khub-e?」站在我身旁的中年婦女用塔吉克語大聲喊著。她的名字是亞齊札・卡利莫瓦（Aziza Karimova），在塔吉克的首

都杜尚貝從事學者工作。她跟我一起搭乘擁擠的小型巴士，在崎嶇不平的道路上坐了三個小時的車才抵達歐比－薩非，然後把我引見給當地居民。她穿戴當地特有的服飾——長版上衣與長褲（上頭有鮮豔的緞紋圖案）——還戴著頭巾。我也戴了頭巾，只是它一直往下滑，我不曉得該怎麼綁好。

一群人從土牆後方現身：女性穿戴跟我一樣的緞紋長版上衣和頭巾，男性則是運動小帽、襯衫和長褲。亂哄哄的對話炸了開來，我一句話也聽不懂。他們揮手示意我進屋。我一踏進門，就發現屋裡的牆壁漆成一半藍色、一半白色，我不由得心想：**為什麼？**色彩鮮豔的繡花坐墊在牆邊堆得高高的。**那是要幹嘛用的？**電視大聲播放塔吉克音樂，吵嚷聲又炸了開來。大家把坐墊丟到地板上當成座位，一塊布攤在地上當成桌子，然後擺上橘白相間的茶壺、碗、一堆甜點、扁圓形的金色麵包。我發現他們堆放金色麵包時格外小心。一名年輕女性突然現身，把綠茶倒入白碗，再倒回橘壺裡，來回倒了三次。**為什麼？**小孩在屋裡到處蹦蹦跳跳，一個嬰兒從地毯底下發出尖叫聲。**嬰兒怎麼會在地毯底下？**接著，一

---

❼「歐比—薩非」村與「卡倫」谷（分別是「白水」與「大」的意思）是我在攻讀博士學位時使用的假名，以免該村在內戰期間或戰後遭受任何不良後果。我的指導老師與村民也是使用假名。

名令人望之生畏、白色長髮編成辮子的老婦人朝我大聲說話。**她是誰？**我彷彿坐在遊樂園的旋轉木馬上，各種畫面和聲音都在旋轉，我摸不清方向，幾乎無從理解。

「怎麼回事？」我用俄語問卡利莫瓦。我俄語說得很好，塔吉克語只有比較基礎的知識而已。

「他們在問妳是誰，是做什麼的。」她回答。我很想知道她可能會說什麼。這問題的答案很簡短：為了取得人類學博士學位，我一九九〇年抵達塔吉克——結果那年成了蘇聯政權的最後一年，但當時沒人料想到——而這也是英國劍橋大學與杜尚貝首次交流計畫。卡利莫瓦帶我去卡倫谷，以利我研究婚禮儀式，希望能找出以下關鍵問題的答案：在塔吉克，伊斯蘭和共產主義之間有沒有「衝突」？此外，我出現在那裡，也是基於一項久遠的潛在原因。我之所以投入人類學，是因為我懷有探索這世界的滿腔熱忱，想探問身而為人有何意義。我受到的訓練中，有種做法叫「民族誌研究法」，就是把自己沉浸在別人的生活中，藉此理解不同觀點。當我坐在遙遠的劍橋大學圖書館，這個概念聽起來十分高尚，但在藍白色的屋裡駝著背坐在坐墊上，就不是這麼一回事了。**我是徹底瘋了嗎？**

我問卡利莫瓦，她剛才跟村民說了什麼。「我說妳跟我一起做研究，請他們幫妳的忙。他們說他們會盡量幫。」

我做了個深呼吸，對那群人露出微笑，跟他們打招呼：「A-salaam!」（你們好！）然後我指向自己，用俄語說：「Ya studyentka」（我是學生），再用塔吉克語說：「Taleban-am」。❽

後來我才知道自己的俄語單字用錯了。幸好大家還是露出微笑，讓我鬆了一口氣。負責倒茶、深髮色的年輕女性吸引了我的目光。她的臉龐消瘦、神情聰慧，兩個年幼的小孩緊抓著她身上的緞紋長版上衣。她指著自己，緩緩地大聲說道：「I-D-I-G-U-L」每個單字都發音得很清楚，好像在跟聽不到的傻瓜講話。有個小女孩學她講話：「M-I-T-C-H-I-G-O-N-A」她又指著她妹妹說：「M-I-T-C-H-I-G-O-N-A」然後，她朝那張傳出嬰兒尖叫聲的地毯揮手說：「Z-E-B-I」再指著屋裡的東西說：「Mesa!」（桌子！）、「Choi!」（茶！）、「Non!」（麵包！）、「Dastarkhan!」（地板上充當桌子的那塊布！）。❾ 我滿懷感激地模仿

❽ 在西方人耳裡，塔利班（taleban 或 taliban）是伊斯蘭運動的名稱，但在塔吉克語、波斯語或達利語中，塔利班也有學生的意思（「塔利班」之所以成為伊斯蘭運動的名稱，便是因為追隨者把自己說成是伊斯蘭的學生）。

❾ 雖然塔吉克語是波斯語的變體，兩者拼音也十分類似，但是卡倫版的塔吉克語在拼寫上沒有共識定論。卡倫版的塔吉克語有喉音，往往會把「a」音轉成「o」音，所以我只好聽見什麼就寫什麼。

她，像在玩遊戲。我心想，如果我表現得像個孩子，也許就能學會他們的語言！

那是直覺使然，也顯現出本書的一大關鍵要點，亦即人類學視野給我們上的一課：偶爾用孩童的眼光凝視世界，是有其利益的。我們所處的這個時代，有一大堆思考工具，鼓勵我們透過**事先制定**、**由上而下**的限定方式去解決問題。歐洲十七世紀興起的科學實證研究法雖主張觀察原則，但通常是先確立要研究的議題或要解決的問題，再制定方法去檢驗推論（理想的情況下，最好可以反覆檢驗）。然而，人類學的做法截然不同。人類學一開始也是先觀察，但對於人們先前在重要事物或正常現象上所做的僵化判斷，對於題材應該如何細分，不會問都不問就沿用，而是試著以兒童般的好奇心去傾聽、學習。這並不表示人類學家**只**採用開放式觀察法；人類學家也會用理論去架構眼前所見，並找出其模式，有時也會運用實證方法，但目標還是以開放的胸襟作為起點。這種方法對科學家而言可能很惱人，畢竟他們尋找的數據通常要能夠被大規模檢驗或複製。[2] 人類學則講究詮釋與意義建構，通常會在微觀層次上進行觀察，設法做出重大推論。人類既不是試管裡的化學物質，也不是 AI 程式裡的資料數據，因此這種深度開放式的觀察法與詮釋有其價值，而若能保持開放的胸襟去接納自己可能找到的答案，收穫就更無價了。⑩

實際上，這種理想往往難以實踐。我自己就是懷著輕忽的態度來到歐比－薩非。我的研究計畫是在劍橋擬定，當時我對伊斯蘭與共產主義抱有一套定見——這些想法與偏見在西方政策圈十分普遍，後來我才發現是不對的。**人類學的重點就是開放胸襟，去跟意想不到的人、事、物相互碰撞，把鏡頭換成廣角，學著重新思考自己所知**。最後就會引導出這個問題：這股狂熱的、難以抑制的好奇心，最初究竟是從何而來？

## 人類學先驅與他們的產地

英文的 anthropology（人類學）來自希臘字 anthropos，意思是「人類研究」，這並非偶然。史上第一位系統化描述文化的「人類學家」，正是古希臘作家希羅多德（Herodotus）。他記錄西元前五世紀的波希戰爭，詳實描繪各個軍隊的族群背景和戰士優

❿ 有些讀者看了這段描述可能會斷定人類學是「軟」科學——相對於物理學、醫學等「硬」科學——因為人類學有時會使用主觀的分析，而不採用實證研究。比如說，人類學領域的重要人物紀爾茲就認為，人類學家是閱讀或詮釋文化的人。然而，不是所有人類學家都採用他的做法，有些人會使用更偏實證的方式。我之所以避免使用「軟」這個字，主要是因為它聽起來有些貶義。

點。[3] 後來，古羅馬歷史學家塔西佗（Tacitus）描寫羅馬帝國邊陲地帶的凱爾特人與日耳曼人具備的特性；古羅馬作家老普林尼〔Pliny the Elder，《自然史》（*Natural History*）作者〕描繪各個種族，例如：一群據傳有食人行為的狗頭人；波斯博學家阿布．雷漢．比魯尼（Abu Rayhan al-Biruni）記錄十世紀的多元族群；十六世紀法國作家米歇爾．德．蒙田（Michel de Montaigne）撰寫〈論食人部落〉（*Of Cannibals*）一文，描述三名圖皮南巴人（巴西印第安原住民）被賞金獵人帶到歐洲的景象。早期的人類學家往往著迷於食人部落，因為他們恰好與「文明」的含義形成對比。

然而，一直等到十九世紀，文化研究與他者研究的概念才成為真正的知識學科，而且是幾個歷史發展相互衝突所致。人類學家凱斯．哈特（Keith Hart）表示，十八世紀是歐洲的革命時期，當時的知識分子研究「每個人的共通之處、人類的人性」，並且「持續努力找出知識基礎，以利民眾推翻搖搖欲墜的舊政權」。[4] 接著，查爾斯．達爾文（Charles Darwin）提出生物演化的概念，促使大眾有興趣得知人類如何隨時間推移而進化——不只是生理上的進化，還有社會層面的進化。另一項推動力是帝國主義。維多利亞帝國容納的諸多文化在英國統治者眼裡堪稱古怪，菁英們若想征服、控制陌生族群，或向其課稅、貿易、改變他們的信仰，則需要取得更多資訊才能達成。法國、西班牙與荷蘭的菁英，還有遭遇原住民的新興美國菁英，也都是同樣的情況。

一八六三年，形形色色的投機者和金融人士建立了「學會」——英國維多利亞時期非常流行的辯論社團——來研究人類天性。他們把學會命名為「食人社」，還在總部的窗戶上掛了一副骷髏。總部是一棟白色灰泥建築，位於倫敦市聖馬丁廣場四號，鄰近特拉法加廣場。隔壁的基督教傳教士要求他們拿掉骷髏，但他們回絕了。[5] 食人社的領導階層有幾位男士，曾任職於東印度公司的英國探險家理查．法蘭西斯．柏頓爵士（Sir Richard Francis Burton）即是其一，其他幾位領導者都跟倫敦證券交易所有關係。到了一八六〇年代，維多利亞時期的英國陷入狂躁狀態。安東尼．特洛普（Anthony Trollope）在其小說《如今世道》（*The Way We Live Now*）[6] 即扼要描繪了當時的情景。投資者搶購「殖民地」的鐵路債券和其他基礎建設計畫，需要資訊來評估風險。歷史學家馬克．弗蘭祖（Marc Flandreau）寫道：「鼓吹非洲探索，或是中美洲、拉丁美洲礦場與鐵路升級的人，同樣也都吹捧人類學。」[7] 然而，柏頓一夥人也自有一套獨特的哲學，他們認為科學可證明歐洲人和美國人在生理、心理、社會層面上都比別人還要優秀。英國軍隊殖民團和食人社成員奧古斯圖．連恩．福克斯．皮特–里弗斯（August Lane Fox Pitt-Rivers）寫道：「野蠻人在道德上、心理上都不適合作為傳播文明的手段。除非他們像高等哺乳動物那樣，被貶為奴隸狀態。」[8]

美國內戰後，這些自詡為人類學家的人們（稍微）不再那麼支持種族歧視者的立場。食人社跟另一群自稱民族學者的貴格會教徒（反對奴隸制）合併，建立「皇家人類學會」。不過，維多利亞時代的學者還是執著於演化觀念。美國也是同樣情況。一八七七年，紐約州羅徹斯特商人暨兼職學者路易斯・亨利・摩爾根（Lewis Henry Morgan）出版《古代社會》（*Ancient Society*），書中主張：「所有社會在演化過程中都經歷同樣的階段，從形式較簡單的組織——家庭、兄弟會、部落——演化到現代複雜的民族國家。」[9] 摩爾根的追隨者約翰・衛斯里・鮑威爾（John Wesley Powell，美國退役士兵，在內戰期間加入北方聯邦軍）說服華盛頓政府設立「民族學局」，繪製美國原住民族地圖。一八八六年，鮑威爾在演說中表示：「人類文化可分成幾個階段：蠻荒期是石器時代，野蠻期是陶器時代，文明期是鐵器時代。」以前大眾顯然覺得印第安人、非裔美國人、伊努特人很「原始」，認為他們的工藝品應該展示在紐約自然歷史博物館的動物區隔壁（此定見多半未受質疑，直到 Black Lives Matter（黑人的命也是命，簡稱 BLM）運動後，情況才有所改變）。⑪

二十世紀發生的知識革命，不僅奠定了現代人類學基礎，也開啟當代對於公民價值的討論。可惜的是，無論在公司董事會、議會、學校、媒體或法院，鮮少有人熟知人類學。人類學始於一處令人難以置信的地點——巴芬島，伊努特人居住的地方。一八八〇年代早期，滿腔熱血的德國年輕學者法蘭茲．鮑亞士（Franz Boas）拿到德國基爾大學自然科學學位，隨後搭船前往北極。他想研究動物跟冰雪互相影響的情況，但惡劣天氣襲來，他被困在捕鯨聚落好幾個月，身旁都是當地的伊努特人。受困的他在無聊之下開始學習當地語言，還蒐集伊努特人的故事來打發時間，從而揭露了他意想不到的事情：伊努特人不只是一群物理分子，而是跟他一樣，是擁有感覺、想法、信念和熱忱的**人類**。「我經常自問，我們的『美好』社會有什麼優勢可以勝過『野蠻』社會？」鮑亞士在紐芬蘭寫了一封信給奧地利裔美國籍女性瑪莉（Marie），他日後的妻子。「我越是觀察他們的習俗，就越是發現我們其實無權去蔑視他們，因為我們這些『教育水準高』的人相較之下差勁多了。」[10]

鮑亞士隨後前往美國，並於一九一一年出版《原始人的思維》（*The Mind of Primitive Man*）。他在書中指出，美國人與歐洲人之所以覺得自己的文化比其他文化優越，原因在

---

⓫ 二〇一八年以後，自然歷史博物館在美國原住民文化展覽附上文宣，解釋這類展覽的歷史（即種族歧視）脈絡。建物正面的羅斯福總統雕像，館方也予以移除。

於他們參與了該文明，而且這個文明掌控了他們自誕生以來的一舉一動。[11]他表示，只要我們張開眼睛，就會發現其他文化同樣珍貴且無價。在紐約二十世紀初的知識圈，這樣的主張好比是社會科學的哥白尼式革命。[12]大家認為鮑亞士的想法是異端，所以他很難找到體面的學術工作，最後勉強進入哥倫比亞大學，在那裡吸引了一些想法相同的學生，例如：瑪格麗特．米德（Margaret Mead）、露絲．潘乃德（Ruth Benedict）、愛德華．沙皮爾（Edward Sapir）、柔拉．涅爾．賀絲頓、葛雷格里．貝特森（Gregory Bateson）。自一九二〇年代起，這些學者前往世界各地，範圍廣從薩摩亞到美國普布羅印第安人村莊。他們仿效鮑亞士的知識觀念，研究邊陲地區的文化。

大西洋另一端也開始掀起類似的知識革命。有位名叫阿弗烈．雷吉諾．芮克里夫－布朗（Alfred Reginald Radcliffe-Brown）的英國知識分子，決定要在二十世紀初做點事來改革這世界，藉此擺脫貧窮與戰爭，隨後便前往安達曼群島和澳洲，觀察當地習俗和儀式如何推動社會運作。另一位先驅是更具影響力的人物——波蘭移民布朗尼斯洛．馬林諾斯基（Bronisław Malinowski）。他在一九二〇年進入倫敦經濟學院，攻讀經濟學博士學位，後來前往澳洲研究原住民族群的經濟模式。

第一次世界大戰在一九一四年爆發之際，馬林諾斯基的身分是「敵國人」，因此遭到拘留，隨後被送到波里尼西亞的初布蘭群島。馬林諾斯基受困於海灘上的帳篷裡，決定挽救他的博士學位，改而研究初布蘭群島居民的複雜行為。他們會使用貝殼、項鍊、臂環等物品交易（kula，庫拉儀式）。他原先規劃的那種**由上而下**的經濟調查是沒辦法執行了，只好運用他唯一能用的工具——目擊觀察法。馬林諾斯基跟鮑亞士一樣，意外繞道，人生就此改變。他回到倫敦後表示，要理解陌生的「他者」，唯一的方法就是身歷其境，進行第一手觀察。這種做法並不表示研究人員應該要成為局內人；若用我們常見的說法，就是**入境隨俗**。馬林諾斯基寫道：「kula 是宏大又系統性的社會建構，就連最聰明的當地人對此也沒有任何明確概念，遑論 kula 具備的社會功能與含義了。」然而，理解當地人的觀點、他們跟生命的關係，認識他們的世界觀，確實有其必要。[13] 要看得清楚，就必須既在局內、又在局外。局內人把 kula 看得太過理所當然，局外人以為 kula 只是一件瑣事；但既在局內、又在局外的話，就會看到這些複雜的 kula 交易行為具有實際的**功能**——採用 kula 機制，不同島嶼的人可以相互往來交流，不僅能促進社會連結，還可以嵌入地位體系。

馬林諾斯基把這個概念稱為「參與觀察法」。此概念往外擴散，倫敦、劍橋、牛津、曼徹斯特的大學因而產生全新的學術部落，就像鮑亞士的追隨者那樣，前往世界的邊陲地區研究其他社會。這些人物包括：艾德華・伊凡－普理查（Edward Evans-Pritchard）、梅耶・弗提斯（Meyer Fortes）、奧黛莉・理查茲（Audrey Richards）、艾德蒙・李區（Edmund Leach）等。在巴黎，法國人類學家組成的新部落也興起了：克勞德・李維史陀（Claude Lévi-Strauss）前往巴西，皮耶・布赫迪厄（Pierre Bourdieu）分析法國前殖民地阿爾及利亞。這些人類學家的足跡擴散至世界各地，他們所做的嘗試有個共通的核心概念：**人類往往以為自己的文化是必然發生的，實則不然。這世上存在各種文化差異，若以為自己的習俗是正常，或始終是最優越的，那就未免太愚蠢可笑了。**

今日，這番論點也許眾所周知，近乎老套。兼容的概念在世上許多地方已納入法律架構，例如：禁止種族歧視、性別歧視、恐同言行等（但這些理想仍經常遭到蔑視）。然而，歷史學家查爾斯・金（Charles King）以出色筆法描繪該場知識革命時也提到，一百年前，文化相對論的概念聽來激進又煽動人心，怎麼說都不為過。一九九三年，納粹黨領袖約瑟夫・戈培爾（Josef Goebbels）在德國發起納粹黨焚書行動，鮑亞士的作品是第一批被丟到火中的。該場焚書行動登上哥倫比亞大學報的頭版新聞。[14] 對於學者以外的人而言，人類學僅是一種枯燥、奇特的嗜好；對於納粹支持者與鮑亞士來說，人類學提出的若干概念（例如：文化相對論）可能掀起存亡之戰，在「人類」與「文明」的含義上爭戰不休。由此可見，正如人類學家韋德・戴維斯（Wade Davis）所言，人類學可以帶給現代世界的一大贈禮，就是「成為排外主義的解毒劑，仇恨的大敵，以及由理解、寬容、慈悲組成的疫苗，藉此對抗煽動者的動聽說詞」。現代人真的很需要。

一九八六年，鮑亞士航向巴芬島將近一百年後，我抵達劍橋大學，攻讀名稱古怪的學士學位——「arch and anth」。這是 archeology and anthropology（考古人類學）的簡稱，呈現出這門學科糾結不清又苦難的過去。維多利亞時代的「人類學家」以為必須研究文化、生物演化、考古這三者才得以理解人類。然而，到了二十世紀晚期，人類學家不再認為生物學是老天決定的命運，而文化與社會的研究已另成一門學科，稱為「社會」或「文化」人類學，[12]（多半）有別於研究生物學與演化的「體質」人類學。於昔於今，學科的界線都不該是僵化的。約瑟夫・亨里奇（Joseph Henrich）、布萊恩・鄧巴（Brian Dunbar）、哈拉瑞（Yuval Harari）、賈德・戴蒙（Jared Diamond）等作家巧妙探討人類生

---

⓬ 二十世紀，美國人類學家使用「cultural anthropology」（文化人類學）一詞來描述他們的學科，但是英國人類學家喜歡的用詞是「social anthropology」（社會人類學）。原因在於英國人類學家比較強調社會體系的重要性，而美國人（例如：紀爾茲）強調的是文化模式的重要性。時至今日，這兩個用詞所指的意思都差不多。

理學、地理學，以及環境與文化的交互作用。而在美國的大學，體質人類學與社會人類學有時會合併起來；在英國，這兩個學科通常是分開來的。由此可見，「arch and anth」這個名稱算是用詞不妥，更精確來說，足以表示該機構何以為其歷史的產物。

我修習的課堂上還有其他古怪之處。時至一九八〇年代，文化相對論和參與觀察法這兩個概念在人類學領域蔚為主流。人類學家渴望得知多個社會體系如何團結一致（芮克里夫－布朗制定的「功能論」做法），文化又如何藉由神話、儀式（李維史陀創先提出的「結構論」）及其「意義網」（美國人類學家克利弗德．紀爾茲的用語）來打造心理地圖。雖然鮑亞士和馬林諾斯基的學術後繼者最初抱有明確的使命感，但到了一九八〇年代，人類學卻變得更加支離破碎。當時的人類學家對這門學科的殖民遺緒感到難堪，並為此困擾不安、急於擺脫（今日更是如此）。[15] 他們體認到參與觀察法難以達成，因為光是某位研究人員在某個社會的存在，就往往會導致研究對象有所轉變，而研究人員前往當地時，通常也都懷有偏見。對於這門學科應該在哪裡劃下界線，他們也多所遲疑。早期的人類學家研究的是非西方社會，但自二十世紀起，人類學家逐漸把鏡頭焦點轉向西方社會。其中一個原因就是鮑亞士等學者提出的主張——**所有**文化都很怪；另一個原因是十九世紀多個帝國瓦解，人類學家更難到他們以前常去的地方進行研究，畢竟有些地方對他們懷有敵意。

（一九六〇年代，迦納總理在房裡掛了一幅畫，描繪他的國家擺脫了傳教士、殖民地官員、人類學家施加的鎖鏈。）[16] 不過，人類學家研究了西方文化以後，便進入了經濟學家、地理學家和社會學家主導的領域。那麼人類學家是該跟那些學科競爭還是合作呢？正當人類學家探索答案之際，這門學科又衍生出眾多次領域，包括：經濟人類學、女性主義人類學、醫療人類學、法律人類學、數位人類學。這樣的混合雖是豐富，卻也令人費解。

這些領域共通的特性就是研究者執著的好奇心。人類學家致力於窺視縫隙，沉浸於古怪之處，爬進世界各地的社會灌木叢裡。他們的研究範圍廣泛，有偏遠的叢林或島嶼，也有現代企業。我讀了大量研究後著迷不已。其實，我選課的動機就跟人類學科的過去一樣糾結不清。我在倫敦近郊一處無趣的地方長大，家族懷有英國過去殖民時代的民間回憶——曾祖父打過波耳戰爭；伯公在印度的帝國行政部門工作過；我父親原本住在新加坡，二戰期間日軍入侵，他便跟祖母一起離開，而祖父被送到拘留營。我很想逃離一九七〇年代陰鬱的郊區生活，踏上「探險」之路，也渴望以某種說不清又理想化的方式去「做好事」。於是在一九八九年，我進入劍橋大學，攻讀人類學博士學位。

## 塔吉克的婚禮儀式

我起初希望在西藏從事田野工作，因此大學時期我曾在西藏旅行幾個月。不過，天安門廣場的抗議行動爆發，北京隨後就關上了大門。「塔吉克怎麼樣？」人類學教授卡洛琳．漢弗萊（Caroline Humphrey）如此提議。當時我灰心喪志，坐在她的辦公室，周圍盡是劍橋大學國王學院的壯麗景色。一九六〇年代，漢弗萊曾經在蒙古境內的一處蘇聯農場，研究布里亞族的神祕畫作與宗教，以西方人的身分觀察蘇聯集體農場，寫出第一份詳盡的第一手研究報告。[17]在這之後，她還跟一些蘇聯學者保持聯繫。

我對塔吉克這個國家一無所知，連它是在地圖的哪裡都找不到。不過，漢弗萊認識一位住在塔吉克的蘇聯學者，名叫亞齊札．卡利莫瓦。雖然塔吉克這類地方在冷戰期間禁止西方研究人員進入，但是到了一九八九年，經濟改革計畫把一些長久關著的門給打開了。她覺得卡利莫瓦應該會幫忙。我申請蘇聯的研究簽證，竟然也順利拿到了——我進入杜尚貝大學的民族誌研究系（etnografiya），而杜尚貝是蘇聯塔吉克的首都。那實際上是什麼意思，我毫無概念，其他人也一無所知，蘇聯境外的人從來不曾在杜尚貝的民族誌研究系做過研究生工作。不過，我覺得那是探險的一部分。我就跟馬林諾斯基、鮑亞士、米德一樣，想試著接納文化衝擊。

一九九〇年夏季，我飛抵杜尚貝，在這座蘇聯都市的蒸騰熱氣下著陸。我看到史達林風格的水泥公寓街區，周圍群山環抱。一百年前，巴芬島或波里尼西亞是用來代表奇特的「他者」，而對於一九七〇年代深陷於冷戰說詞與恐懼的英國兒童來說，蘇聯帝國的邊陲地區就是其一。為了做好準備，我加強研讀俄語，還努力學習塔吉克語。但這並不容易，我能找到的唯一一本塔吉克語自學書是蘇聯共產黨用俄語寫的小冊子，裡頭以例句來解釋塔吉克語的文法，例如：「務必要實現五年計畫！」、「國際主義萬歲、社會主義萬歲、友誼萬歲！」、「我們都愛摘棉花！」

要接納蘇聯式的民族誌研究，對我而言同樣堪稱一大挑戰。俄文字 etnografiya 聽起來和英文字 ethnography（民族誌）差不多，但實際上，它比較適合翻成「民俗研究」，而且完全是透過馬克思主義的鏡頭進行觀察。說來諷刺，這種研究方式的靈感來源，竟是十九世紀美國人類學家（例如：鮑威爾、摩爾根）提出的概念。卡爾．馬克思（Karl Marx）和弗里德里希．恩格斯（Friedrich Engels）主張，所有社會都是從封建或野蠻往文明「進化」。兩人出版這番論點後，更引用此觀念主張人類會往共產主義「進化」。民族誌研究系因此陷入十九世紀的演化觀念，而二十世紀英、美兩國的人類學領域早已極力拒絕接受那樣的觀點。不過，我還是盡力找出一堆民族誌研究的書籍並大略閱讀。（更精確來說，我讀的只有書籍的中間部分，畢竟第一章和最後一章向來都是讚頌共產黨的制式內容。）

「那妳要做的民族誌研究是哪一種？」當我現身於杜尚貝的大學系所，卡利莫瓦這麼問我。她是個頑固又活力十足的女性，來自烏茲別克的歷史名城布哈拉城市，憑藉意志力還有家族跟共產黨的關係，獲得夢寐以求的大學學者身分。

「婚禮儀式」是我準備好的答案，但不是百分之百的實情。我一開始是在寂靜安全的劍橋圖書館，閱讀塔吉克相關資料。當時最令我著迷的議題是伊斯蘭和政治衝突。一九二〇年代以前，為了控管歷史悠久的絲路區域，英、俄兩個帝國展開了有「大博奕」之稱的地緣政治棋局，塔吉克這塊地區向來是一枚棋子。[18] 杜尚貝周圍的谷地在名義上屬於俄國領土，實際上卻是自行管理，並擁有當地人引以為傲的遜尼派穆斯林文化。然而，一九一七年俄國革命後，蘇聯共產黨奪取並掌控該區，試圖瓦解伊斯蘭文化遺產。後續十年，一切狀似和平。不過，冷戰期間，美國中情局等地的政策專家時常建議——或是說希望——穆斯林中亞人成為蘇聯的**軟肋**，畢竟他們是最有可能反抗莫斯科的人。[19] 阿富汗戰爭更強化了這個想法。⓭

假如我承認自己打算研究這道一觸即發的題目，蘇聯當局就不會發簽證給我了，所以我是以研究婚儀為名義來申請的。婚禮儀式已有諸多西方人類學家研究，畢竟人類學有句名言：「婚姻，其意識型態與相關實踐，是各地社會的關鍵環節。」這句話符合了人類學家南希・塔珀（Nancy Tapper）在鄰國阿富汗研究時所做的觀察。[20] 在歷史的古怪轉折下，俄羅斯共產黨認可了以下發展：一九二〇年代，蘇聯運動人士試圖根除伊斯蘭文化，展開 khudzhum（烏茲別克語，突擊的意思）運動，藉此解放女性並抨擊傳統婚禮，期望這些文化改革會撼動伊斯蘭文化，讓其信仰者轉而支持共產主義。[21] 在突擊運動期間，運動人士強迫布哈拉和撒馬爾罕成千上萬的女性撕破面紗，禁止傳統伊斯蘭習俗（例如：媒妁婚姻），提高結婚年齡，還引進新式的蘇聯婚禮。⓮ 突擊運動十分短命，但多虧了運動的遺緒，我可以藉由婚姻這道題目，探討我真正著迷的議題——伊斯蘭文化和共產主義可

⓭ 此時，身為讀者的你或許會猜想：「這本書的作家是不是間諜？」我不是，永遠不會是。如果這個答案又讓你不由得心想：「假如她真的是間諜，她才不會承認，不是嗎？」好好想想吧，間諜應該要低調行事，怎麼可能寫這本書。

⓮ 說來諷刺，俄羅斯共產黨採用的知識架構其實很人類學：他們主張女性是把傳統文化釘起來的一種「釘子」，婚姻和親屬關係是讓釘子留在原位的關鍵，所以解放女性就會改變社會。這個論據使得蘇聯運動人士盡心盡力促進該地區的女性平等，預示了西方援助機構日後的做法。

能會發生的衝突——或者說，我抱持著這樣的期待。

卡利莫瓦聽了我選的題目就熱血沸騰，因為蘇聯的民族誌研究範圍涵蓋了傳統婚禮（亦稱 tui）的多方面研究，而卡利莫瓦很愛參加婚禮派對那種歡樂的場合。「我會帶妳去參加一大堆婚禮！」她保證。當時她坐在杜尚貝研究所的昏暗書房裡，向我解釋著大家在婚禮上會跳舞跳很久。於是幾週後，我們搭上搖晃擁擠的小型巴士，坐了好幾個小時，才攀升到耀眼美麗的卡倫谷。卡利莫瓦帶我沿著一條沒鋪柏油的山路往上爬，穿越峽谷，抵達歐比－薩非。「那裡有婚禮可以研究！」她一邊說，一邊朝著土屋揮手。我的田野工作就此開始。當時的我不曉得眼前展開的會是什麼，也不曉得我在那裡學到的最後竟也很適合用來研究華爾街和華盛頓。

後續幾週，我設法追隨馬林諾斯基和鮑亞士的腳步，或者說，追隨我的劍橋教授漢弗萊和葛爾納（Ernest Gellner）的腳步。我不能一直住在歐比－薩非，畢竟我的蘇聯簽證註明了我是在杜尚貝的塔吉克國立大學從事研究。不過，每隔幾天，我就會搭小巴去卡倫谷，跟卡利莫瓦引見的某戶大家庭住在一起。那戶大家庭有幾位成年兄弟以及他們的妻兒，還有一位大權在握的寡母戶長碧碧古。有一名深髮色的女性叫做伊蒂古，我最先學會的幾個當地語言詞彙是她的孩子教的，她很照顧我。

生活漸漸安定下來，步入日常。每天，一群孩子聚在屋裡，圍在地板上的桌布旁邊，用玩遊戲的方式，教我塔吉克語的新詞彙。我一出錯，他們就咯咯笑起來。沒上課的時候，孩子們拉著我在村裡到處繞，作為白天的消遣。傍晚，他們沿著陡峭的山路，往上跑到高山上的牧草地，引導山羊群回家。我經常跟在後頭，獨自在高山上的牧草地奔跑，是罕有的獨處時光。我彷彿是塔吉克版的瑪莉亞〔電影《真善美》（*The Sound of Music*）的女主角〕，有時會不禁嘲笑自己。然後，我的等級逐漸提升，開始幫忙做其他家事：跟婦女們坐在一起切紅蘿蔔，烹調出當地的抓飯（osh-plov，材料有油膩的炒飯、紅蘿蔔、我討厭的羊肉），去溪邊提一桶桶的水（村子雖有電力，卻沒自來水），掃地，看顧嬰兒（這才發現我第一天以為是繡花地毯的東西其實是搖籃）。

我還做了「功課」。卡利莫瓦向其他人說明我何以要來歐比-薩非的時候，就是用了功課這個字眼。我在屋子之間走來走去，帶著筆記本和相機，提出有關婚姻的問題；最重要的一點，就是盡量利用婚姻的問答來談一**切事情**。以下是典型的人類學技巧：人類學家會先把焦點集中在微觀層次的某個話題、儀式或習俗，再逐漸把鏡頭換成廣角，捕捉全景。一九九〇年，卡倫谷的許多婚事還是會由家族安排，遵循傳統的伊斯蘭規範。村民著迷於婚姻策略和婚禮派對，熱衷程度好比是歐美中產階級家庭在討論資產市場、職務跳槽、假期計畫或孩子的教育。誰要跟誰結婚？誰可能會跟誰結婚？男方能付多少聘金？誰的婚禮辦得最好？日復一日，村民拿出褪色的新郎、新娘相片，畫出他們的家譜，計算著新娘把多少疊鮮豔的坐墊和地毯當作嫁妝帶到新家。村民還向我解釋漫長又讓人摸不著頭緒的流程：桌布上擺放麵粉、麵包、水、白布、甜點，儀式就在周圍進行。有時，享有「穆拉」（mullah，老師的意思）尊稱的村民會負責主持婚禮，不過年長婦女也時常主持儀式和禱告。新郎、新娘會前往當地的蘇聯政府辦事處登記。至於派對，往往是像朝聖那樣開車前往谷地另一端，在列寧雕像那裡拍照。人們說過的話、沒說的話，我都一一記錄了下來。

不過，整個儀式最精采的環節是 tui kalon ——婚宴。黃昏之際，村民在開闊的廣場擺放桌子，上頭擺滿麵包、甜點、抓飯，塔吉克音樂大聲播放，迴盪在嶙峋的谷壁之間。接著，每個人圍成一圈，連續跳舞好幾個小時，擺動的舞姿類似印度舞或波斯舞。音樂一放，村民就朝我大喊：「跟我們一起跳！」我起先回絕了，但孩子們很堅持。在歐比－薩非，幼兒學跳舞的方法是觀察別人，還有看蘇聯電視頻道；共產黨宣傳片的前後經常播放塔吉克舞。那家的祖母碧碧古常常朝我大聲叨唸：「不會跳舞就找不到老公！」於是每當外頭下起雪，我被困在屋裡，就會模仿起孩子們的動作。一九九一年初春，我摸熟了節奏，開始加入婚禮的跳舞環節。到了春末，我發現自己光是聽到塔吉克歌曲的拍子，手臂就會不由自主地抽動。我自嘲說道：**我的雙手都有塔吉克魂了**。村裡的習俗逐漸化為我的「身體記憶」（embodied）——這是人類學家賽門・羅伯斯（Simon Roberts）提出的用語。[22]或者，正如麥納所言，曾經是完全陌生的舉動悄悄變得熟悉，實在始料未及。

一九九一年三月中旬某日，抵達村子的幾個月後，我在卡倫谷往上走到一棟寬矮的灰色水泥建築前。骯髒的灰雪還鋪在谷地地面上，漫長的冬季已來到尾聲。不過，此處閃著一抹鮮亮的紅，是列寧的相片。這裡是當地的國營農場，裡頭坐著一名中年男子，名叫哈桑。他身穿廉價的灰色西裝，衣服上面別著幾枚蘇聯獎章，負責經營農場。

「我從事民族誌研究。」我用塔吉克語說。狠下心沉浸六個月後，我的語言技能已經有所提升。「我想聊聊農場和婚儀。」

哈桑點頭。我的所有事情，他都從村民那裡聽說了。他倒了一些茶給我，桌上放了一個圓盤狀的麵包請我吃。

「不齋戒嗎？」我問。女性要守穆斯林的齋戒，除非是懷孕或是在工作，否則白天一律不進食。

哈桑笑了出來，從塔吉克語切換到俄語：「我是共產黨員！」

「你也是穆斯林嗎？」我也切換到俄語發問。村裡的男性兩種語言都會，他們選擇哪種語言，我就跟著說。

「是！」哈桑又換回塔吉克語回應，然後接著解釋。「我老婆在家守齋戒。」

啊哈！我來到歐比－薩非，無非是想利用婚儀研究來探討伊斯蘭和共產主義之間的**衝突**。還在半個世界遠的劍橋時，我理所當然以為兩者肯定會有衝突存在，畢竟這兩種信念系統是如此對立。不過，待在歐比－薩非一段時間後，問題出現了，這村子好像**不存在**意識型態衝突，在婚姻或其他方面皆是如此。先前的突擊運動旨在瓦解傳統習俗，用共產黨的做法取而代之，在某些方面，新做法有其效用，我的研究證明了結婚年齡在蘇聯時期急遽提高。[23] 一夫多妻制和強迫婚姻的情況多半消失了，但家族還是要付聘金和嫁妝，還是存在所謂的媒妁婚姻。蘇聯的官方格言是：「民族身分認同不重要，因為人人都是共產黨。」但說到要跟卡倫谷以外的對象結婚，歐比－薩非的村民並不喜歡這個想法。[24] 同樣的，雖然婚禮流程有列寧雕像的朝聖環節，但是伊斯蘭儀式並未消失。我日後寫道：「婚禮上的相片等於是多個儀式拼貼而成。雖然蘇聯儀式獲得採用，但它的存在並不是用來取代傳統儀式，而是一種延伸。」[25]

村民隱藏了伊斯蘭的身分認同嗎？這是暗地裡反抗共產國家的一種做法嗎？我一開始

以為是這樣。這地方過去面臨極大的壓迫，所以身為外國人的我也不期望別人會把全部的「真相」告訴我。

不過，從哈桑在國營農場辦公室的發言看來，還有一種解釋可以說明當時的情況。我在深受基督新教影響的英國文化中長大成人，以為人就應該**只有一個**宗教或信念系統。人類學家約瑟夫・亨里奇表示：「西方文化往往重視公正原則更甚於脈絡的特殊性，還會覺得道德真理好比是數學定論般的存在。」[26] **西方人認為知識的一致性是種美德，缺乏一致性就是偽善。然而，這概念並不是普世皆然。在很多社會中，人們會認為道德是依照脈絡而定；在不同情況下有不同的價值觀，並非不道德。**哈桑的行為似乎扼要地呈現出這種想法。中亞文化（和其他諸多伊斯蘭文化）有個常見的主題，那就是人們對待「公共」空間應當有別於「私人」空間。性別差異往往表現在空間上：公共空間是由男性主導，私人空間是女性的領域。哈桑似乎把伊斯蘭和共產主義之間的差異延伸到這方面：公共領域是受到蘇聯共產國家的符號與習俗所支配，私人領域則保留了傳統的穆斯林價值觀。女性跟家庭領域有關，因而成了傳統穆斯林文化的守護者。[27] 換句話說，哈桑告訴我，他是不守齋戒的「好共產黨員」（同時也是個「好穆斯林」，因為他的妻子會守齋戒），那時他不一定是在說謊，只是在心理上、文化上、空間上的準則有所區隔，而這種情況似乎很普遍。

這種區隔化是不是**有意為之**的策略？我不太確定，但我認為，解譯模式的最佳之道，就是法國人類學家布赫迪厄提出的「習性」（habitus）概念。[28] 該理論認為，人類安排空間的方式會反映出我們從周遭環境承襲的心理地圖和文化，但隨著我們依照習慣在空間裡移動，舉止動作又會強化大家共有的心理地圖。心理地圖變得如此自然又必然，到最後我們渾然不覺。**在社會上、心理上、生理上，我們都是所處環境的造物**，而前述三個層面會彼此強化（所以 habit（習慣）和 habitat（棲地）的字根是一樣的）。每當哈桑在俄語和塔吉克語之間切換，或當他在職場吃麵包而妻子在守齋戒時，就是在呈現並再現心理區隔感，減輕伊斯蘭和共產主義的**衝突**。換句話說，這個村子重新詮釋「共產主義」，讓兩種系統相互調節，不起衝突。我攻讀博士學位，背後最初的設想是來自西方的外交政策圈和團體（例如：美國中情局），原來竟是錯的。

一九九一年夏季，我離開歐比－薩非山區，回到劍橋大學那平坦又熟悉的世界。我對撰寫研究報告感到興奮不已，覺得自己偶然發現了一個重要的概念，也就是說，冷戰的「軟肋」理論是被誤導了，而我期望自己能因此在人類學或蘇聯研究方面發展學術事業。不過，局勢隨即轉向。我回國後不久，莫斯科爆發政變，推翻蘇聯總書記戈巴契夫。蘇聯開始瓦解，我的研究因此告吹——因為我的核心主題突然間成了歷史，而非現今的人類學。然而，新的機會浮現。我一直有當記者的想法；記者這行跟人類學一樣，背後的動力都是好奇心。蘇聯垮臺、陷入混亂之際，《金融時報》在蘇聯有個臨時實習生兼記者的職位出缺，我立刻抓住機會。

七個月後，一九九二年春末，我聽說塔吉克的政治抗議行動沸騰起來，於是再次搭機南下杜尚貝，但這次是以記者的身分。街頭最初看來毫無變化到一種怪異的程度，仍舊是一排排史達林風的公寓街區，還有雜亂無章、色彩單調的土牆屋舍。不過，局勢隨即變得暴力起來。抗議人士在街頭集結，衝突爆發，政府部隊回擊，槍戰逐步升級，之後成了內戰，最終導致數萬人死亡。⓯ 恐懼不已的我跟其他記者躲在杜尚貝的旅館裡，前言中提到的《每日電訊報》記者馬可斯就是其一。

他們連番問我情況。起初，我不確定該怎麼回答，一年前還住在歐比－薩非的時候，這位處於蘇聯境內的偏遠地方似乎十分和平，我從沒想過這裡竟會上演這番局面，體系就此瓦解。儘管政策圈對這「軟肋」議題爭論不休，但沒人料到蘇聯會真的這麼快就內爆。

⓯ 在前蘇聯爆發的衝突當中，關於塔吉克內戰的報導極少，因此死亡人數的硬資料很少。民主派團體粗估死亡人數介於三萬至十五萬人之間。無論確切數字為何，死亡人數都高得悲慘。

我不斷想著：**我的研究全是白費時間嗎？**

然而，我在杜尚貝的旅館觀察情勢時，卻體會到一點：我在歐比－薩非的見聞，比我想的還要有用。「軟肋」理論暗指塔吉克等伊斯蘭地區會率先反抗共產制度，結果他們卻是最後才動身。第一批脫離共產制度的是波羅的海的幾個共和國，而我的第一份工作——《金融時報》獨立記者——就是把立陶宛議會的快電發出去。議會那裡的抗議人士站在水泥塊後方，跟共產黨遠距作戰，塔吉克政府等到其他共和國差不多都要求獨立後才跳出來。情況正如我的猜想：塔吉克根本不是蘇聯的軟肋，而是堅韌的獸皮。我不快地反思：要是一年前有出版論文就好了，也許現在看來會是某種先見之明。

我對婚姻模式的研究竟也有所關聯。我來到歐比－薩非的時候，對於國家的從屬關係懷有定見。那些定見假設該民族國家是卓越的政治單位，是我從歐洲遺緒汲取而來；畢竟民族的概念自十九世紀以來就影響著歐洲歷史。既然「塔吉克人」住在「塔吉克」，說「塔吉克語」，我就開始透過民族的鏡頭，研究塔吉克人。然而，從婚姻伴侶的選擇看來，以下定見是錯誤的：卡倫谷村民只想跟類似的人結婚；在村民眼裡，就算不是卡倫谷的居民，也要是同地區的居民才可以論及婚嫁，不是所有「塔吉克人」都可以算在內。蘇聯共產黨把塔吉克國的概念強加於該地區，但村民並未真正接納（就好比歐洲帝國主義在非洲劃定人為的疆界與國家）。

一九九一年，我在歐比－薩非四處漫遊之際，婚姻伴侶的選擇不過算是我學術研究中的實用細節。不過，一九九二年，我躲在旅館裡的時候，前述觀察就有了政治上的（悲慘）重要性。反對黨集結在杜尚貝，要求塔吉克政府下臺，有些人把自己說成是某個「伊斯蘭黨」的黨員。西方記者把「伊斯蘭黨」詮釋成「伊斯蘭極端主義」和「共產主義」對立的徵兆，之後這兩個主義常被用來描述阿富汗境內（以及日後中東境內許多地方）的事件。其實並非如此。我在杜尚貝街頭跟「塔吉克」成員談話的時候，才發現這場衝突其實不是**意識型態**推動——畢竟兩派成員都說自己是穆斯林，公共／私人領域的劃分也與我在歐比－薩非所見相同。衝突的關鍵點在於反對黨來自某一個群谷區，政府來自另一個群谷區，雙方爭的是誰能在後蘇聯時代取用資源。這是地區戰爭，不是宗教戰爭。

這很重要嗎？若想理解這多變地區目前的軌跡，俄、美、中三國又是如何相互較勁，造出某種新的「大博奕」棋局，那麼答案於昔於今都是絕對肯定的：是的，很重要。若是歷史學家，想釐清冷戰期間美國中情局和其他單位何以誤判前蘇聯的易攻擊區，答案也會是如此。然而，塔吉克的局勢有個更深遠的教訓，遠超乎地緣政治範疇。在二十一世紀，以巨量統計和大數據進行由上而下的全面分析，此做法可說是備受尊崇。這種大量數字運作的分析經常能帶來深刻洞見，但我在歐比－薩非親身經歷後，明白了一點：**採用蟲瞻而非鳥瞰的視角，並設法將兩者結合，的確有其價值**。進行密集的當地研究和橫向研究，對情勢做立體的探討，提出開放式問題，思考人們沒說出口的話，這些對於任何研究都是有益的。待在他人的世界，獲得「身體記憶」和同理心，更是無價。蟲瞻法通常無法彙整出簡潔的PowerPoint簡報或試算表，但其揭露的資訊有時會多過於鳥瞰視角或大數據。人類學家葛蘭特・麥奎肯（Grant McCracken）表示：「民族誌研究法就是同理心。你先是會覺得『哦，不錯耶』，接著就能從他們的視角看世界了。」[29]

**接納蟲瞻法並非易事。文化衝擊會帶來痛苦；沉浸在陌生的世界，需要時間與耐心。**在專業人士忙碌的行程裡，無法輕鬆地把民族誌研究排進某個時段。然而，就算大部分的人無法冒險前往歐比－薩非等地，還是可以採納民族誌研究法的一些原則，例如：環視、觀察、傾聽、提出開放式問題、懷有好奇心、設法站在他人的立場思考。對於政治人物、領導者、主管、律師、技術人員等二十一世紀的所有職業，民族誌研究法都很有價值。更精確而言，對於忙碌的現代菁英部落成員來說，民族誌研究法是不能不具備的關鍵技能。

/第 2 章/

# 工程師無法掌握的全球使用者

對於「人生有何意義」的問題，人類學也許給不出答案，但它最起碼能告訴我們，有很多方法可以讓人生變得有意義。

——湯瑪斯．海蘭．埃里克森（Thomas Hylland Eriksen）

在加州山景城的電腦歷史博物館、寬敞明亮的會議廳，氣氛就算稱不上狂熱，也算是熱切了。時值二〇一二年九月，會議廳外頭展示的眾多產品，源自矽谷蓬勃發展背後的技術創新狂熱——蘋果電腦早期的原型機即是其一[1]——旁邊還放著一疊鮭魚色的《金融時報》。《金融時報》主辦了一場共同辯論會，多家科技公司和史丹佛設計學院的代表都參與其中。我當時是美國版《金融時報》的執行主編。

這裡跟塔吉克山區好似天差地遠，但也許不然。講臺上，我旁邊的人是珍娜薇．貝爾（Genevieve Bell）。她早年投入二十世紀人類學，現任職於運算巨擘英特爾，是個活力十足的澳洲女子，頂著一頭蓬亂的紅褐色鬈髮。她生於澳洲雪梨，小時候，母親為取得人類學博士學位，就搬到偏遠的內陸地區從事田野工作。接下來八年，貝爾住在愛麗斯泉附近，一個約六百人的原住民社區。⓰ 她說：「我輟學，平時不穿鞋子，一有機會就跟人去打獵。」她學會怎麼從沙漠青蛙身上取水，抓「巫蠐螬」（一種住在樹根間的澳洲毛毛蟲）當零食吃。「我運氣很好，童年過得很幸福。」[2]

她拿到人類學博士學位，特別關注美國原住民文化，並成為史丹佛大學教授。「我和家人常開玩笑，說人類學與其說是一種學科，不如說是一種心態。人類學是用來觀察我們不知該如何逃離的世界。前男友曾說我是差勁的度假旅伴，他告訴我：『妳把度假當成田野工作。』我告訴他：『我把生活當成田野工作。』」[3] 不過，一九九八年，她的人生出現奇妙的轉折。

某晚，她跟一名女性友人去了史丹佛附近的某間酒吧，在那裡跟創業者羅伯聊起天來。羅伯告訴貝爾，她的背景很適合在科技界工作。不久之後，英特爾——全球最大的電

⓰ 哪些詞最適合用來指稱澳洲原住民，在當地仍有爭議。有些原住民族群認為常用的 aborigine（土著）稍有蔑視意味，所以我的用詞是依照澳洲大學的建議，請見：https://teaching.unsw.edu.au/indigenous-terminology。

腦晶片製造商——某位高層邀請她參觀奧勒岡州波特蘭的研究實驗室。她斷言：「我對科技一竅不通！」結果那位高階主管告訴她，公司已經有很多對電腦無所不知的在職工程師，他們想知道的是：該如何理解全球各地購買科技裝置（含電腦晶片）的人類。英特爾邀請貝爾加入他們。

貝爾很清楚，這樣轉換職業跑道非常怪。二十世紀期間，有部分人類學家轉戰商界，但還是有很多人一想到要替大公司或政府工作，就不由得提防起來，擔心人類學在十九世紀帝國歷史的剝削模式會因此重現。另外還有個文化上的問題。會進入人類學領域的人通常具備以下特質：不墨守成規、反建制、喜歡分析規則、不想遵守規則——無論是在公司還是其他地方都是如此。

貝爾從小時候大啖巫螬蠐以來，就愛上了打破常規的滋味。她看得出來，英特爾工程師也許沒澳洲原住民族那樣奇特（至少在西方人眼裡是這樣），但在人類學領域，卻是一處新的邊疆。她很想知道，人類學概念要是套用到二十一世紀的商業與科技領域，會發生什麼情況？人類學會有實用的價值嗎？

「會吧？」我問貝爾，當時我倆正坐在電腦歷史博物館裡。「會的！」貝爾如此斷言。她解釋說，她和一組社會學家是怎麼努力把她學到的心得應用在企業界。這並非易事，工程師不見得願意與人類學家這種陌生又奇特的局外人合作。她曾經跟英特爾執行長保羅・歐德寧（Paul Otellini）在會議上針鋒相對，[4]不過，幾位人類學家說的話，倒是讓英特爾免於犯下代價高昂的錯誤，還為公司指出了一些良機。背後的原因很簡單，西方企業界與科技界有一項致命弱點：**訓練有素的工程師和高階主管往往以為每個人確實（或應該）像他們那樣思考，他們會摒棄、忽視或嘲弄那些看來陌生的人類行為與思想。這種心態在全球化的世界會淪為災難一場**。

該怎麼說服二十一世紀的工程師與高階主管改變思考模式呢？我很想知道答案，這似乎是個艱鉅的挑戰。

英特爾這類公司何以能夠——也應該——採用人類學見解，要明白當中的道理，最好停下來思考二十一世紀「全球化」始終存在的深奧悖論。在某些方面，我們居住的世界愈趨同質化，或看似「可口可樂殖民化」（人類學家烏爾夫・漢納茲（Ulf Hannerz）提出的用語）。[5]近年來，商務、金融、資訊、人力的流動，逐漸把全球各個角落緊密地綁在一起，所以一瓶可口可樂或一塊電腦晶片，幾乎可以觸及所有地方。這種局面就算不是人類學家大衛・豪斯（David Howes）提出的「文化殖民」，也稱得上是「全球同質化」。[6]然而，這當中有個問題：即使符號、概念、圖像、人工製品出現在世界各地，但在使用者眼裡，不一定有相同含義，更遑論創作者的用意了。比方說，可樂瓶的外觀看起來都差不多，但俄羅斯人覺得可口可樂可以撫平皺紋，海地人覺得它能讓人復活，巴貝多人則認為它能把銅變成銀。在電影《上帝也瘋狂》（*The Gods Must Be Crazy*）中，喀拉哈里沙漠的昆族部落把一個被扔出飛機窗外的可樂瓶當成了聖物。雖然這是虛構的故事，但其靈感是源自人類學家的報告：西方軍事部隊空投消費產品，美拉尼西亞和其他地方因此出現貨物崇拜的現象。當地人欣然接受那些產品，而後興起崇拜之情。[7] 這也許只像是一件奇特的瑣事，卻呈現出一項關鍵要點：**文化脈絡不同，物品創造出的意義網也會隨之而異**。

## 文化差異帶來商機

二十世紀人類學大師克利弗德．紀爾茲曾表示：「人類是符號化、概念化、尋求意義的動物。我們有驅力想了解自身經驗有何含義，並賦予形式與條理。這顯然與更為人所知的生物需求一樣真實又迫切。」[8] 此外，全球化還有個諷刺的地方。商業行為和數位科技把文化迷因往外傳播，卻也同時讓各族群更容易表達自身文化和民族的獨特性。電視、廣播、網際網路等媒體，有利於少數民族推廣他們的語言，在數位平臺上展現民族差異或拒絕全球化的符號，促使僑民團結、族群聯合起來。若要用輕快、幽默的角度看待這個現象，請觀看一九八五年的電影《可口可樂小子》（*The Coca-Cola Kid*），片中描繪澳洲小鎮抵抗這款全球飲料品牌的故事。全球化促使某些面向趨於一致，某些面向步入分裂，「可樂殖民化」因而成了矛盾的概念。[9]

陷阱由此而生，可口可樂的管理者吃了苦頭才弄懂。二十一世紀初，可口可樂高階主管決定在中國銷售瓶裝茶，但當地消費者卻不買單。他們很困惑，決定請一些人類學家進行調查。ReD 聯合顧問公司的人類學家立即著手，結果發現綠茶對中國消費者的意義有別於美國消費者。ReD 共同創辦人克利斯汀．麥茲伯格（Christian Madsbjerg）表示：「可口可樂以美國南部亞特蘭大為據點，根據該公司的文化，『tea』（茶）這個字的意思是清涼的甜飲，很適合搭配烤肉。對這種美式文化來說，茶是**加法**，要加糖和咖啡因，適合在傍晚提神用。但是茶在中國文化是**減法**，喝茶有如靜觀，是用來揭露真實的自我，應該把噪音、汙染、壓力等讓人煩惱分心的事物給帶走。」[10]

與此類似，一九九〇年代晚期，美林證券（Merrill Lynch）試圖在日本拓展證券經紀業務。他們在廣告中展現的公牛標誌，在美國會讓人想到市場樂觀氛圍。[11] 當調查結果顯示公牛標誌在日本有很高的消費者認知度，美林證券的高階主管十分開心，但他們後來才發現，公牛標誌之所以「認知度高」，是因為日本人會將其聯想到韓國烤肉，而不是金錢。產品的符碼是依脈絡而定〔瑞士語言學家費爾迪南・德・索緒爾（Ferdinand de Saussure）提出的概念〕，或者，再度引用紀爾茲的話來說，物品和習俗建構的「意義網」有可能不一樣，甚至天差地遠。

行銷課上經常會出現一則故事。美國嘉寶嬰兒食品公司（Gerber，現隸屬瑞士大公司雀巢）據說曾在跨文化訊息上犯下更糟糕的錯誤。二十世紀中葉，嘉寶試圖拓展國際業務，在西非銷售嬰兒食品，他們在玻璃罐貼上嬰兒微笑的圖片。這種廣告圖像在歐美十分常見，但在非洲的某些文化，罐頭上的圖片應該是用來表示食品的**成分**。[17] 豪斯寫道：「村民習慣在產品標籤上看見罐頭食品的內容物圖片，所以就以為玻璃罐裡裝的不是**給嬰兒吃的食品**，而是**用嬰兒做成的食品**。他們摸不著頭緒，思索著難道美國人會吃人嗎？」[12]

在全球交流頻繁的世界裡，**文化差異雖會打造陷阱，卻也能創造機會**。只要人們願意體會到意義網各有不同又易變，文化差異就能帶來機會。認知到這點十分重要，無論是像英特爾這類大公司，還是身在這個時代的人們，都應該有所覺察。文化的差異與易變性會帶來令人詫異的結果。雀巢有一個截然不同的故事，是跟日本巧克力 Kit Kat 有關。

二十世紀時，Kit Kat 似乎是十足「英國」的食品。Kit Kat 來自約瑟夫・朗崔（Joseph

Rowntree）創立的糖果公司（公司是以創辦人姓名命名）。朗崔是維多利亞時期的貴格會教徒，在當時，Kit Kat 巧克力對英國勞工宣傳的廣告標語是：「休息一下，來片 Kit Kat」、「英國最大的小餐點」。[13] 一九七〇年代，朗崔公司（日後跟英國麥金塔（Mackintosh）集團合併）運用英國品牌的行銷方式，把這款點心出口到其他國家，日本即是其一。Kit Kat 在日本銷售平平，因為媽媽們多半認為這款點心太甜，不適合給小孩吃。

然而，二〇〇一年，日本區 Kit Kat 品牌的行銷高階主管注意到一個怪異的發展：Kit Kat 銷量通常十分穩定，但是到了十二月、一月、二月，南部的九州銷量卻激增了，[14] 其中並沒有顯而易見的原因。當地主管進行調查，結果發現九州的青少年和大學生注意到「Kit Kat」的音很像九州方言的「kitto katsu」，意思是「必勝」，所以學生想買 Kit Kat 巧克力，當成大學和高中入學考試的幸運符。這種學力測驗在十二月至二月間舉行。

日本雀巢神戶地區分公司團隊起初覺得這道文化難題（或稱突變）不具有實際價值。位於瑞士沃韋的公司總部在全球品牌行銷方面有嚴格的規定，所以該款點心在日本不能改

⓱ 雀巢無從證實這件事的歷史準確性，因此故事有可能是杜撰，也或許源自某起真實事件。無論如何，這個故事獲得那麼多人重述，也呈現出以下關鍵要點：如果以為別人的想法跟我們很像，就容易落入險境。

名為kitto katsu(必勝）巧克力。然而，重要的關頭卻出了新聞。當地商學院教授菲利浦．蘇蓋（Philip Sugai）指出，Kit Kat 在日本的銷售量不佳，雀巢高階主管壓力很大，非得找出新的策略才行。「休息一下」的行銷口號在日本行不通，消費者調查並未解釋箇中原因，於是行銷團隊進行實驗，不**直接**問消費者「休息一下」有什麼問題，而是請青少年拍照表現他們對這個口號的解讀，並把照片貼在板子上，然後請他們在未受指示的情況下按照自己的主張解釋。這種做法最先出現在二十世紀晚期的美國行銷圈，借用了民族誌研究法的一些概念。在當時，跨足日本的西方公司亟欲採用該種做法，畢竟跨文化衝突經常讓人摸不著頭緒。

從青少年拍的照片看來，他們休息時會聽音樂、在腳趾上塗指甲油、睡覺等等，就是沒有人會吃巧克力。這揭露出一項重點：日本應試學生認為，吃巧克力「休息一下」，毫無放鬆的感覺。學生渴望的就只有時間真的很長的那種充分休息。日本雀巢行銷部部長高岡浩三（Kohzoh Takaoka）跟石橋昌文（Masafumi Ishibashi）、槙亮次（Ryoji Maki）等同仁因此決定淡化「休息一下」的口號，改而使用「Kit(to) Sakura Saku!」（櫻花必會盛開！）——意思是「願望成真」，還搭配櫻花（sakura）的圖片。

雀巢總部的高階主管要是看見，可能會覺得那就只是漂亮的圖片罷了。不過，在日本，櫻花是考試順利的象徵符號。日本雀巢團隊要在不違反瑞士高層的規定下進行 Kit Kat 品牌再造，櫻花的行銷活動已經夠好了。接著，日本雀巢團隊說服考場附近的旅館免費發送 Kit Kat 巧克力給客人，還附贈一張寫著「櫻花必會盛開」的明信片。石橋昌文日後告訴我：「當時我們沒向總部說明我們的做法，因為我們知道，他們會覺得很奇怪。我們想要悄悄開始，看有沒有效果。」

確實有效果，Kit Kat 銷售量一飛沖天，日本學生開始把巧克力當成是新型態的古代護身符（omamori，這種幸運符會先由神職人員賜福，再由神社賣給信徒）。對局外人而言，巧克力好像沒神聖到合乎護身符的資格。不過，日本人通常很務實，而且正如所有文化，日本的符碼比日本人（或外國人）認知到的還要更加易變。二〇〇三年，日本網站 Goo 進行消費者調查，結果顯示有百分之三十四的學生開始把 Kit Kat 當成幸運符使用，僅次於占比百分之四十五的神社幸運符。到了二〇〇八年，已經有百分之五十的日本學生把 Kit Kat 當成考試幸運符。社群媒體出現了一堆這樣的相片：十幾歲的孩子坐在考試桌前，手輕握著紅色包裝的巧克力，低頭像是在祈禱（有些人的表情顯露出高度壓力）。[15]

日本神戶團隊到此時終於把情況告知雀巢總部。總部的管理階層很吃驚，卻明智地沒阻止該次實驗與文化突變。日本團隊推出盒裝 Kit Kat，包裝上留有空白處，可以讓學生的家人寫下祝福好運的話語。接著，他們和日本郵政系統協調，成功將紅色 Kit Kat 包裝盒改成已付郵資的信封。二〇一一年，福島地震重創日本，雀巢高階主管說服當地鐵路公司將盒裝 Kit Kat 作為火車票使用。日本團隊還針對口味做了實驗。在英國，Kit Kat 巧克力有三層薄片，薄片之間是香草餡，最外層覆蓋棕色巧克力。二〇〇三年，日本團隊加入草莓粉，做出粉紅色的 Kit Kat，隔年則是加了抹茶。後續出現五顏六色的巧克力：紫色版是日本紅薯，綠色版是山葵，其他口味還有黃豆、玉米、梅子、哈密瓜、起司、奶油等。公司甚至推出特別版——「喉糖」口味，向世界盃日本足球隊的球迷致敬。當地的日本網站解釋道：「新款巧克力叫做 Kit Kat Nodo Ame Aji，意思是 Kit Kat 止咳糖口味，每一分量含百分之二點一的喉糖粉末，口味清新提神。」這款「喉糖」巧克力可以幫助球迷更大聲呼喊加油。[16]

到了二〇一四年，Kit Kat 巧克力成為日本最暢銷的糖果。在與日本文化產生密切的關聯後，更以「道地」伴手禮的形式廣受機場國際旅客喜愛。接著出現了另一個轉折。二〇一九年，雀巢開始在歐洲市場販售綠色的抹茶 Kit Kat（嚴格來說，抹茶巧克力實際上並非日本輸出，而是德國製造）。維多利亞時期的英國貴格會教徒朗崔在約克推出英國巧克力的時候，應該沒料想到將來會有抹茶口味。瑞士總部的高階主管對日本團隊深感佩服，於是採取了以前從未想過的措施——他們擢升槙亮次，讓這位年輕的日本高階主管執行多場「必勝」宣傳活動（石橋昌文與高岡浩三也升職了），並負責 Kit Kat 瑞士總部的全球行銷策略。他成為第一個擔任這個職位的日本人。「從這個故事來看，我們一定要站在主流以外的地方思考。」槙亮次一邊對瑞士同仁如此說著，一邊展示日本青少年的照片；他們握著紅色包裝的 Kit Kat 巧克力，祈禱考試順利。石橋昌文也應聲說：「重點就是一定要傾聽消費者的想法，考慮他們的所在地，不可以什麼事都覺得理所應當。」巧克力是這樣，電腦晶片也是如此。

## 運算巨擘英特爾的嶄新策略

一九九八年，貝爾抵達英特爾在波特蘭的研究部門。當時，該公司正面臨策略上的抉擇關頭。過去幾年，這家位於美國西海岸的集團成為全球最大的半導體製造商，同時也是個人運算生態系統的核心所在。然而，情況有所改變，雖然英特爾在西方市場仍占主導地位，但是現在增長幅度最大的，其實是亞洲等新興市場地區。儘管英特爾以前是販售晶片給那些製造辦公用電腦的公司，但消費者的需求現在已快速增長，英特爾的主管們必須去理解新的**非西方**使用者——還有**女性**。這些使用者是獨特的謎團，畢竟英特爾工程師大部分都是男性。貝爾後來表示：「我打包行李，搬到奧勒岡州。我對新任職的公司認識不深，對這產業不甚熟悉。上司對我說，他們需要我的幫忙，這樣才能理解女性的想法，**所有女性**的想法。」

貝爾告訴上司：「地球上可是有近三十二億個女性。」上司對她說：「沒錯。她們想要的東西，如果妳能都告訴我們，那就太好了。」[17]

貝爾加入「人類與行為研究室」，裡頭有數十位設計師、科學家、認知心理學家，還有幾位人類學家，例如：肯・安德森（Ken Anderson）和約翰・謝瑞（John Sherry）。安德森和貝爾都有古典人類學的背景，他投入的田野工作是研究亞速群島的音樂文化。研究室已經制定了一些新奇的方法，來研究美國境內的消費者。他們一度把改裝過的計算機黏到冰箱門上，自封「冰箱平板」，為的是看看消費者對於「讓電腦進入廚房」這種（在當時）很嚇人的概念可能會有何反應。謝瑞笑著告訴我：「冰箱平板真的引起工程師很大的關注。」不過，貝爾的任務是觀察美國以外的地方，例如：印度、澳洲、馬來西亞、新加坡、印尼、中國和韓國。她的助理把這些國家的英文首字母抽出來，組成縮略字：I AM SICK。[18]

貝爾一開始是雇用大學和顧問公司的當地民族誌學者，這些學者曾經住在前述國家一段時日，觀察家庭如何工作、生活、祈禱、社交，而科技又是如何應用在這些方面。這不是馬林諾斯基和鮑亞士的後繼者尊崇的那種徹底的參與觀察法，卻也借用了一些概念，亦即研究人員不仰賴統計數據和調查結果，而是利用**觀察和開放式對話**。用紀爾茲的話來說，目標是要觀察人們在生活中對於物品所賦予的「意義網」，並且「厚描」這些文化模式。因此人類學家不會一開始就問消費者：「你對電腦有什麼想法？」他們會先觀察人們的生活脈絡，設法看出——並想像——電腦應該可以應用在哪些方面。此時有些人會發問：「如果人類學家旨在綜觀全局並『厚描』，那要怎麼知道著眼於何處？」答案在於找出模式和符碼。好比 Kit Kat 巧克力在日本和英國分別有不同的意義網，電腦的待遇也會依脈絡而定。在馬來西亞，貝爾看到穆斯林族群使用手機的 GPS 功能找出麥加的位置，以便祈禱。在亞洲的其他國家，有些家庭會燒掉紙製手機當成祭品，供祖先在來世使用。在中國，人們會把手機帶到廟裡求神賜福。[19] 貝爾曾經在中國遇到某家通訊行的店長，明明庫存很多卻拒絕賣手機給她，只因店長沒有得到「幸運號碼」。她日後回憶道：「那就好像《蒙提．派森》（*Monty Python*）現場秀的場景，我看見全部手機都堆得高高的，可是他一直說沒有手機可以賣。」[20]

空間型態也很重要。貝爾表示：「在美國跟在馬來西亞的時候，我遇到很多人，跟他們一起度過了開心的時光。我向他們解釋，亞洲和美國有個差異，那就是住家的實際大小和配置。英特爾對數位住宅很感興趣，而我們必須很謹慎地處理自身對住宅樣貌的定見。」她告訴我，當某位美國設計師說，他的每個小孩在自己的房間都各有一臺電腦時，馬來西亞人說：「哇！你的小孩有他們自己的房間？這樣他們不會寂寞嗎？」[21] 美國人都嚇了一跳，沒想到馬來西亞人會有這樣的反應；馬來西亞人也很驚訝，沒想到美國人會嚇了一跳。

貝爾和其他團隊成員要把那些見解傳達給美國英特爾的工程師，這並不容易。工程師接受的訓練是利用具體的數字來**解決問題**，但人類學家比較喜歡訴說故事來**詮釋文化**。貝爾進公司幾年後，時任英特爾技術長（之後成為執行長）的派特．紀辛格（Pat Gelsinger）向記者承認：「硬性科學家（亦稱自然科學家）負責設計英特爾熟悉的晶片和物品，他們跟這些『比較軟性的』科學家一起工作，於是質性研究的證明和量測變得困難許多。」[22] 或許正如謝瑞所說：「你面對的問題是許多層面的文化轉譯。」英特爾的情況，便是科學家和人類學家之間的文化轉譯。

不過，英特爾的人類學家設法弭平分歧。貝爾在波特蘭辦公室的牆面貼上巨大的人物相片；那些是在世界上其他地區使用運算產品的消費者。她利用說故事的方式，把概念傳達給工程師，有時他們會否決她傳達的訊息。人類學家在早期研究階段向英特爾高階主管回報，世界各地消費者以驚人的速度接納手機，建議英特爾應該著眼於此，這項建議起初被置之不理（分析師日後斷定這項策略錯誤是英特爾的責任）。紙張問題也引起很大的爭論。英特爾有很多工程師深信將來辦公室會「無紙化」。他們自己習慣在線上工作，就以為其他人也都想要那樣。不過，人類學家跟矽谷工程師以外的人們談過以後，才體會到消費者喜歡紙是基於情感因素。貝爾表示：「那就是人類學家所說的、持久又頑強的產品。」

紀辛格指出，在其他方面，人類學家確實會對策略造成實質影響。二十一世紀初期以前，英特爾的管理階級往往以為個人電腦很難打進馬來西亞等國，因為那些市場的人均收入很低。然而，人類學家看得出來，當地家族會把資源集中起來，投資在特定產品上，而且他們極其重視教育。人類學家因此提出以下想法：「何不試著把個人電腦定位成為了讓下一代受教育而使用的產品？」這種做法很有效，個人電腦銷量大幅增加。接著，貝爾發現中國家庭普遍擔心個人電腦會讓小孩分心、不做功課，因此向工程師建議，請他們製作特殊的「鎖」放到電腦裡，防止小孩玩遊戲。英特爾工程師隨後跟中國個人電腦製造商合作，製作出「中國家庭學習電腦」，並於二〇〇五年推出，[23] 結果賣得很好。謝瑞表示：

「一開始，工程師根本不想聽我們的話，或者要等到他們看到成功的例子以後，才會把話聽進去。不過，他們一看到結果，就什麼事都想跟我們合作了。」

年復一年，人類學家在英特爾逐漸獲得敬重。貝爾獲拔擢為使用者研究總監，負責管理名為「數位住宅」的事業單位；另外兩位社會學家——艾瑞克．迪旭曼（Eric Dishman）和東尼．薩瓦多（Tony Salvador）——分別獲邀監督「數位健康」與「新興市場」團隊。接著，實驗的腳步加緊，工程師把電腦和晶片植入住宅、辦公室、汽車的各個角落，人類學家也緊跟在後，盡力注意每一項細節。[24]

舉例來說，二〇一四年，貝爾和另一位人類學家亞歷珊卓．薩費洛格魯（Alexandra Zafiroglu）前往新加坡一處地下停車場，會會一個名叫法蘭克、開白色休旅車的男人。兩人一開始先請他拿出車裡的每一件物品，放在一片塑膠板上，然後爬到梯子上拍攝那些物品。法蘭克拿出一大堆東西，有些是在意料之中，例如：汽車手冊、電子裝置手冊、藍牙頭戴式耳機、可拆式 GPS 系統，然而，大部分是意料之外的物品：多個 iPod、計算機、CD 和 DVD 收藏、車用 DVD 播放機遙控器、無線頭戴式耳機、雨傘、高爾夫球杆、信用卡、玩具、糖果、乾洗手、法蘭克從母親那裡收到的小佛陀、佛陀底下的止滑墊。[25]對工程師來說，這些好像是「垃圾」，跟他們專為汽車設計、精美製作的運算科技毫無關聯。

法蘭克自己也對這些「垃圾」感到難為情。貝爾和薩費洛格魯見過的其他車主也是一樣，從來沒有人主動談起車裡拿出的東西。這些雜物算不上是隱而不顯，但車主也沒把它們看在眼裡，甚至等到貝爾和薩費洛格魯把東西攤在塑膠板上，車主才意識到它們的存在。

不過，貝爾和薩費洛格魯認為，沒有任何一件物品只是為了「製造混亂」，更不會毫無關聯。我們覺得難為情的東西，都會透露資訊。塑膠板上的東西顯示出兩點：一，人們使用汽車不只是為了維持生理安全，更是為了獲得社交安全感——保留符號和儀式來劃出自己的領域。比如說，在馬來西亞和新加坡，人們竟然會把紅包放在車裡一整年。[26] 二，汽車駕駛並沒有如預期地運用科技。工程師在車內安裝嵌入式語音聲控系統，為的是減少開車分心的情況；他們以為大家都會使用這款創新產品，畢竟研究人員針對駕駛的調查中，幾乎所有人都說有用。不過，人類學家實際觀察駕駛的行為，發現他們在塞車無聊的時候，會拿起個人的手持裝置，而不是使用工程師滿懷熱忱設計出的語音聲控系統。動聽的說詞跟現實背道而馳。

貝爾敦促工程師接受這個模式，不要一味忽略或嘲弄。她向工程師提出建議，不要**以為**駕駛會使用車內的裝置，產品設計應該要能讓消費者把個人裝置跟汽車同步。在此有個更重大的一課：工程師之前往往是從創新的概念出發，然後將其投射在其他人身上；人類學家鼓勵他們，**一開始就要透過各種使用者的視線去觀看世界，據此做出因應**。這就像貝爾在電腦歷史博物館對我說的話，也是她一直設法傳授的觀念——**那也許是你的世界觀，但不是每個人的世界觀！**說來簡單，要記住卻很難。

二〇一五年，社會科學團隊的重心產生變化。貝爾最初加入時，研究小組大多數時間都在研究消費者對科技產品（例如：電腦）有何反應，以及這些產品如何應用在人們的生活中。這呼應了馬林諾斯基、米德、鮑亞士三位學者的知識後繼者的情況，亦即研究人、人工製品、儀式、空間、符號之間的互動情形。然而，二十一世紀逐漸流逝之際，網路空間變得越來越主流，重心也隨之偏向。機器再也不是純粹被動的物體，而是幾乎擁有主導權的互動式裝置，於是人類學家面臨一些新的問題。比如說，當機器開始擁有自己的「智慧」型態，人類該怎麼做？文化能不能藉由程式輸入至 AI？人類學家該不該把智慧機器當成新的「他者」進行研究？人類學家如何探究「物」與「人」之外的存在——網路？謝瑞表明：「人類學現在提供的，不只是使用者經驗的相關資訊，還要全面檢視科技。比方說，想想以合乎道德的方式開發產品時，需要哪種護欄。」安德森也表示：「人類學起初是在演化與比較的架構下研究『人類』這種動物。如今，AI 的新例證使得我們必須思考何謂人類，何謂非人，這促使人類學跨越了人類範疇。」[27] 工程師也因此面對一大堆新問題。英特爾科學長拉瑪・納赫曼（Lama Nachman）表示：「以前我們是工程師心態，只去探問設計在技術上的可行性，如今會去思考我們**應該**要設計什麼？兩者相當不同，我們必須看社會脈絡才行。」

於是人類學家開始研究 AI 的意義網，揭露出一些隱而不顯、別於尋常的差異。舉例來說，德國消費者似乎欣然接受使用 AI 作為長者居家照護裝置，但前提是裝置裡的資料不會傳送到住宅外的地方。研究人員認為，這是因為民眾還記得過去受政府監控的經歷。反之，美國人比較不在乎 AI 裝置收集的資料會不會分享到住宅外，比較擔心消費者能否「主導」機器。

有一項最引人注目的機密研究，是關於美、中兩國對臉部辨識科技的使用情形。該研究是由安德森主導，帶領排名前四強的團隊，做法與他身為學者時對亞速群島傳統音樂家做的研究相仿，都是需要耐心觀察並傾聽，排除先入為主的定見。該項專案以大約六個地點為據點，其中四個在中國，大部分位於杭州，有零售大樓和辦公大樓，還有假名為「X 高中」和「Z 高中」的兩所學校。另外兩個在美國，假名分別為：「私立聖尼古拉天主教學校」（位於仕紳化都會區，專收幼兒至八年級的學生）和「洛克郡警察局」。[28] 過去幾年，人類學家造訪各個據點，觀察臉部辨識科技和 AI 系統的使用方式。

部分觀察結果並沒有特別出乎意料。在美國的據點，團隊觀察到 AI 引發的「道德恐慌」呼應了媒體的定調。媒體一直提出警告，指出這類科技會危及美國的核心價值觀，例如：隱私和自由。然而，若人類學家看到人們實際做的事而非說的話，就會看見很多矛盾之處，如同汽車裡看似毫無意義的物品。研究團隊表示：「前陣子，聖尼古拉學校的校長採用臉部辨識系統，來監看出入學校的人。」然而，雖然校方實際上是要保護孩子的安全，系統卻只會監看成人，不監看孩子，以期達成「維護安全」並「合乎道德」。研究人員詢問學校何以需要 AI 系統，教師表示：「系統可以讓校長和櫃檯人員認出每個學生的身分，並且叫出名字、和他們打招呼，這樣可以培養共同體的感覺，確保孩子安全、快樂、健康、虔誠。」AI 到底要怎麼幫助孩子變「虔誠」，沒人解釋得出來。與此類似，在洛克郡警察局，安德森發現警察獲准使用「分散式犯罪調查團隊的臉部辨識軟體」。警察局的指導方針表明，影片來源不是城市內的公共監視器，他們只使用私人住宅或商用監視器。至於他們為何可以接受住宅監視器，而不接受政府監視器畫面，對研究人員來說仍是未解之謎。

中國的情況截然不同。團隊發現建物、商店、銀行、學校**到處**都有臉部辨識裝置。研究人員指出：「裝置的使用對所有人來說十分尋常又平淡無奇，因此經常不受注意。」有一次，團隊請一名女性走過住處的臉部辨識系統，她按指示做了，但走得很隨意，英特爾人類學家不得不請她一直重複走動，因為她太**正常**了，很難看出她跟臉部辨識監視器的整體互動情況。還有一次，英特爾團隊陪同一名中國男性前往臉部辨識的 ATM 領錢，也發生同樣的問題。「你幾乎看得到他在想著：『呃，外國人覺得臉部辨識很有趣嗎？是不是想騙我的錢啊？』我們還得請他登入三次，才捕捉到整個過程。」

對美國的觀察者而言，這種情況很容易引起大眾的恐懼，主要是因為二〇一七年有報告顯示，中國政府在使用監控工具——包括臉部辨識系統——對新疆省的維吾爾族進行壓制並踐踏人權。很多美國人都以為，中國消費者私底下肯定厭惡監控的概念，畢竟美國人就是如此。然而，英特爾團隊認為，要是以為中國人對事情的看法都跟美國人一樣，那就大錯特錯了。他們並沒有充分理解中國人的內心與生活；從學術標準來看，團隊的研究粗淺（時間相當短），溝通須倚賴口譯員（畢竟安德森不會講華語），且這項研究是在受政府監控的國家進行。團隊的報告指出：「那些監視器快照呈現不出完整的故事，我們根本沒有故事可說。」

儘管團隊面臨前述的限制條件，我們還是看得出來，中國人對臉部辨識系統的反應跟美國人可說是天差地遠。團隊解釋道：「大多數中國人認為，政府的存在是為了保護民眾安全。中國社會以人和機構的形式，公然監控民眾長達七十多年。監視器辨識系統的出現和設置所引發的爭議，自然會小於美國。」但還是有一些抗拒的情況。英特爾團隊追蹤了Z高中的反應，該所高中採用臉部辨識系統，來決定學生在餐廳可以吃的食物、不能吃的食物。比如說，超重的學生會拿到蒸魚，不會拿到叉燒。不過，家長與學生強烈投訴後，系統就作廢了。英特爾團隊還注意到部分中國學生對於侵入式的監控感到不安。「我這輩子上的學校都裝了監視器。」茱恩同學對安德森的團隊如此表示。她就讀的X高中架設了四十多臺監視器追蹤學生。「雖然他們監看是為了保護我們，但那樣有點令人毛骨悚然。我的意思是，他們對我們瞭若指掌，知道我們什麼時候去洗手間，有沒有跟誰交往。」她懷疑的事情最後獲經證實。之後有位老師跟英特爾團隊說：「我們知道茱恩已經談戀愛一個多月了，沒有禁止她是因為她跟男朋友的成績都很好。」

然而，這類反抗或疑慮的跡象並不表示美國人會把他們的定見投射在中國人身上。在中國，現實世界的臉部辨識系統無處不在，因此變得尋常無奇。安德森表示：「我們看著肯德基的顧客在螢幕上快速點餐，然後面帶微笑地付款。」這些就只是都會生活裡頭正常的、日常的、「沒什麼好說的」片段。絕大多數的中國人都認為，科技創新本來就是正面的，畢竟這樣可以促進成長，讓國家在世界舞臺上因此變得更加強大。在機器對人類的價值上，中國人和美國人的看法有一項不明顯卻重要的差異。美國人對於「機器作主」的概念心生恐懼，背後的原因之一是電影流行文化帶來的影響。例如，電影《2001 太空漫遊》（*2001: A Space Odyssey*）描繪名為 HAL 的 AI 系統掌控太空船，引發慘重後果。不過，中國發生文化大革命等事件後，民眾對人類官僚的信任度不高，因此改跟電腦打交道，甚至會認為情況有所改善。機器人比較不那麼反覆無常、冷血無情，具有 AI 功能的臉部辨識系統也不會向民眾收賄。在「個體性」的概念上，另有一項隱而不顯的差異。美國人擔心 AI 和臉部辨識系統會剝奪隱私與個人權利，但在中國，個人權利本來就不太受尊重，而臉部辨識監視器是根據個體長相來判斷，不會**只**根據匿名的編號，因此算是很不錯了。安德森表示：「說來奇怪，AI 臉部辨識科技在中國竟然是在『重視個體性』，這一點可是西方的文化與傳統特徵。」

安德森強調，他並不是說英特爾團隊**贊同**中國使用這類科技的方式，然而，從研究結果看來，美國人要是認為**只有**自己懂得把科技應用在生活中，那就錯得離譜了。重要的是，務必要研究差異之處，才能更加突顯各個文化的想法。此外，**既然跨越界線的不只是科技，還有想法和態度，那麼研究差異之處以後，就可獲得若干線索，一窺將來的樣貌**。

二〇一七年，安德森開始進行研究時，很多美國人害怕臉部辨識科技滲透進自己的生活中，然而，到了二〇二〇年，美國人跟中國人一樣，對於曾經感到陌生的創新技術，都漸漸變得無動於衷。因為創新技術已嵌入部分裝置中，新款的蘋果（Apple）智慧型手機即是其一。此時我們該提出另一個急迫的問題：「假如概念和科技一直跨越界線並變異，速度比任何人預期的還要快，那麼有誰能夠確立界線在哪？」納赫曼解釋道：「現在的重點是要以合乎道德的方式，滿足使用者在AI等領域的需求。要做到這樣，社會學家和工程師必須攜手合作才行。」

美國人以為只有西方人會提出這類問題或顧忌，這種定見當然也是錯的。二〇〇八年，英特爾剛開始進入中國市場，當時中國的大學多半不太懂得「人類學」的概念。⑱二十一世紀初期，英特爾雇用一些中國學者從事研究，那些學者在復旦大學等地受過社會科學領域其他分科的訓練。許多公司也做了同樣的事，該概念逐漸往外擴散。復旦大學有一群學者隨後創立睿叢（Rhizome）顧問公司，號稱是「中國第一家以應用人類學為特色的顧問公司」，結合民族誌研究法和數據科學。[29] 其後，二〇二〇年夏季，自稱商業人類學家、任職於北京中國社會科學院的張劼穎，在網路上發表了一篇備忘錄。[30]

「人類學的價值是為全球化時代提供跨國文化轉譯。」張劼穎如此表示，更指出微軟、英特爾、蘋果等美國公司已設立社會學家團隊。她敦促中國企業起而仿效，畢竟他們也需要理解全球化產生的特定文化矛盾和意義網。「今日，中國科技公司和數位產品都想走出中國，這需要人類學的文化轉譯。」張劼穎強調，中國公司之所以需要引進人類學概念，還有別的原因——倫理。「在科學和科技的發展上，人類學具有潛在價值，宛如警報器的警示作用。」她的說法跟英特爾團隊說的話出奇相似。概念有時會廣為散播，變異的程度甚至比巧克力的演進更出人意料。[19]

---

[18] 二十世紀初期，中國的確有剛萌芽的社會科學傳統。一九四七年，社會學家費孝通以中國社會為主題，寫了一份出色的研究報告，但剛萌芽的社會科學隨後遭文革破壞。

[19]「全球化」一詞經常被到處濫用，彷彿這只是一個現象，其實不然。根據 DHL 與紐約大學史登商學院提出的一套出色指標，全球化（至少）有四項要件：產品、金錢、人、概念流動。拜本世紀的網路發展所賜，「概念流動」呈現爆炸性發展，速度遠快於其他三項要件。參見：https://www.stern.nyu.edu/experience-stern/about/departments-centers-initiatives/centers-of-research/center-future-management/dhl-initiative-globalization.

## 步入商業領域的人類學家

二〇二〇年底，我在加州山景城的電腦歷史博物館跟貝爾首次見面的大約八年後，我再度跟她取得聯繫。那時，商業人類學領域和貝爾都已經往前邁進了不少。三十年前，人類學家很少會在企業工作，到了二〇二〇年，具有民族誌研究技能的社會學家已進入無數科技集團。舉例來說，英特爾打造人類學家團隊的不久前，全錄公司（Xerox）的露西·薩奇曼（Lucy Suchman）、朱利安·歐爾（Julian Orr）、珍妮特·布朗博（Jeanette Blomberg）、布麗姬·喬丹（Brigitte Jordan）等人類學家，提出了開創性的研究概念。之後，布朗博在 IBM 跟加入日產汽車（Nissan）的梅麗莎·賽夫金（Melissa Cefkin）一起工作。尼歐·史提爾（Nelle Steel）、唐娜·弗林（Donna Flynn）、崔西·洛夫卓（Tracey Lovejoy）在微軟（Microsoft）打造研究團隊，微軟遂成為人類學家的全球最大雇主之一。艾比蓋兒·波斯納（Abigail Posner）在 Google 發展社會科學，聘用了湯姆·馬斯喬（Tom Maschio）、菲爾·瑟勒斯（Phil Surles）等人類學家顧問。蘋果則是邀請喬伊·芒福德（Joy Mountford）、吉姆·米勒（Jim Miller）、邦妮·納迪（Bonnie Nardi）等人打造團隊。眾多消費產品公司開始聘用人類學家，這股趨勢變得十分顯著。二〇〇五年，英特爾的安德森和微軟的洛夫卓共同合作，設立專門論壇來發展商業型的民族誌研究法，名為「產業民族誌研究實踐會議」（Ethnographic Praxis in Industry Conference，EPIC）。這個不討喜的名稱把大部分局外人徹底阻擋在外，卻也有好處：對技術人員而言，這神祕的名稱聽起來比「人類學」還要更令人印象深刻，畢竟「人類學」有一種奇特又史前的形象。

不是所有人類學家都認為這是一場空前勝利，根本不是這樣。就算有 EPIC 推波助瀾，學術界有一些人類學家仍不能接受同行為企業賣命。英特爾人類學家凱西・齊納（Kathi Kitner）前往印度研究時碰到的某位學者就很典型，以下用假名「崔普」稱呼他。[31]有天晚上，崔普和齊納抽菸聊天。「抽菸的時候，崔普深深吸了一口菸，然後問我：『身為人類學家，又要在英特爾這種地方工作，妳是怎麼做下去的？』我知道對方真正的意思是什麼，他想問的是：公司是否已經把妳的靈魂吸乾了？為了公司利潤不得不出賣別人的人生，妳難道不會感到厭惡嗎？在資本主義怪獸的肚皮上工作，感覺怎麼樣？妳怎麼能在那麼**不道德**的環境工作？妳這樣做不是**背叛**嗎？」

齊納回以否定的答案。她認為自己在英特爾的工作很有價值，因為她是在幫助工程師對其他人產生同理心。貝爾解釋道：「我們努力在做的事情，是要讓大家知道科技產品的消費對象和設計者，不是只有加州那群二十幾歲的白種男性而已。」然而，有些學者還是感到不安，就連商業人類學的熱衷者也擔憂自己的方法可能會變得無力，從而被納入以下領域：使用者經驗（亦稱USX或UX）研究、人機互動（Human Computer Interaction，HCI）、人本設計、人因工程等。[32]

還有另一個問題。替企業工作的話，公司的作風一有變化，人類學家就得聽從擺布，英特爾也不例外。在二十一世紀的頭十年，英特爾急著雇用人類學家，為的是利用他們的研究來爭取客戶。不過，第二個十年過了一半，公司就進行了一波組織重整，社會學家分散到不同事業單位，人數也減少了。主因是他們的客戶也自行雇用民族誌學者，英特爾再也不是以個人電腦為基礎的單一生態系統的中心。還有一項原因，英特爾面對的策略挑戰與日俱增，多個亞洲對手搶攻晶片市占率。到了二〇二〇年底，英特爾面臨的挑戰格外嚴峻，頻頻遭受運動人士抨擊。理論上，這表示英特爾更需要雇用創新的思想家去瞻前顧後、策劃將來，分析公司內外的文化模式；實務上，英特爾跟其他碰到這種情況的公司一樣，選擇把讓管理階級苦惱的「非核心」活動縮減。[33]

於是貝爾又一次改變人生道路。二〇一七年，她回到澳洲，除了身為英特爾的資深研究員，同時也擔任澳洲國立大學3Ai創新研究所所長。她召集人類學家、核子科學家、社會學家和電腦專家組成前人無法想像的團隊，肩負創立工程設計全新分科的使命，打造出具AI功能，且「安全、永續、負責的將來」。[34] 她招募英特爾的亞歷珊卓・薩費洛格魯一起加入。如同電腦發明後，二十世紀的軟體工程師隨之興起；在二十一世紀，網路實體系統出現後，新型態的工程師也會隨之興起，只是他們暫時還沒有名稱罷了。她還加入澳洲政府的 AI、科學、科技諮詢委員會。

「妳距離起步的地方已經很遠了。」我倆在電話上交談時，我笑了出來，腦海立刻浮現她小時候在澳洲內陸吃著巫螃蟾的樣子。我想起自己待在歐比－薩非的那段日子，突然覺得也許該這麼說才對：「**我倆距離起步的地方都已經很遠了。**」然而，貝爾不這麼想。人類學家起初研究澳洲原住民時，就探索過新的邊疆或看似陌生的文化。在英特爾的時候，貝爾懷抱著類似的目標，前往難以置信之處——新加坡的地下停車場即是一例。現在，她探索的是「陌生」的新邊疆——AI。把所有心力都串連起來的線，是她在電腦歷史博物館對我說過的目標：必須告訴那些有影響力的西方菁英，**那也許是你的世界觀，但不是每個人的世界觀！**

她認為，從企業領導者到技術人員，都應該牢記這個概念。除此之外，還有一個群體必須把這個訊息聽進去，那就是政策制定者。在全球化的時代，無論是企業或是政府對風險的應對措施，忽略非主流觀點都很容易招致危害。

/第3章/

# 傳染病教會各國政府的一課

人類的多元使得寬容不僅是一種美德，更是存活的要件。

——勒內・杜博斯（René Dubos）[1]

鬍子花白的人類學教授保羅・理查茲（Paul Richards）坐在華麗的十八世紀會議室，牆上裝飾著英國顯要人物的油畫。此處位於白廳街的海軍部大樓，英國政府的總部。克里斯・惠提（Chris Whitty）坐在光亮的桃花心木桌另一端、理查茲的對面。這位禿頭的博士轉任官僚，是當時的首席科學顧問，負責英國政府的海外援助事務，在傳染病等議題上更是頗受敬重的專家。那是二〇一四年的夏末。[2]

有件事讓惠提很擔心。幾個月前，伊波拉（Ebola）這個高傳染力疾病開始橫掃英國前殖民地——獅子山共和國——還有鄰近的賴比瑞亞和幾內亞。世界衛生組織（World Health Organization，WHO）、無國界醫生（Médecins Sans Frontières，MSF）等團體匆促趕往當地，阻止伊波拉向外蔓延。英、法、美三國政府也趕赴當地援助，歐巴馬領導的美國政府甚至派遣四千軍力前往賴比瑞亞。世界各地的一流醫學專家負責研發疫苗，電腦學家運用大數據追蹤伊波拉。

不過，什麼方法都沒用。伊波拉持續挺進，穿越西非的廣闊森林。歐美政府做足準備，等待伊波拉登陸。華盛頓疾管中心發出警告，除非有某件事能夠扭轉狂潮，否則全球對抗伊波拉的戰爭就要輸了，一百多萬人將面臨死亡。[3] 惠提因此召集理查茲和其他人類學家，提出以下問題：為什麼運算學和醫學在西非會以失敗告終？科學家有什麼沒注意到的地方嗎？

理查茲真不曉得該笑還是該哭。二十年前，英國政府閣員諾曼・泰伯特（Norman Tebbit）在一棟白色灰泥建物裡工作的時候，宣稱資助人類學家是在浪費公帑，因為他們做的都是些**無關緊要**的研究。比如說，上伏塔谷地原住民婚前習俗研究。[4] 理查茲可說是泰伯特的目標縮影。他來自英格蘭的本寧山脈，最初的職業是地理學家，但後續四十年都在獅子山的森林地區，以曼德族為對象，耐心運用參與觀察法。理查茲跟曼德族住在一起，說曼德族的語言，還跟當地女性愛斯特・莫庫瓦（Esther Mokuwa）結婚。莫庫瓦憑藉自身能力成為經驗豐富的研究員，此刻也坐在桃花心木桌前、惠提的對面。理查茲是農業規範的專家，卻也著迷於曼德族的儀式，畢竟他信奉的是「涂爾幹」哲學觀——此名稱源於法國知識分子艾彌爾・涂爾幹（Émile Durkheim），認為宇宙觀會影響行為（反之亦然）。理查茲深信儀式至關重要，無論是婚禮、喪禮還是其他儀式，都很重要。[5]

泰伯特曾經對此嗤之以鼻。不過，二〇一四年，歷史有了特別的轉折。伊波拉擴散之際，當地傳出的某些行為與信念，讓西方人感到駭然又陌生。比方說，患者逃離醫院，躲避援助人員，攻擊甚至殺害醫護人員；群眾參與葬禮時，會觸碰伊波拉患者被感染且傳染力極高的遺體。惠提說：「聽說有人還會親吻死屍。」西方記者困惑又驚恐地報導這項細節，讓人想起了約瑟夫・康拉德（Joseph Conrad）的中篇小說《黑暗之心》（*Heart of Darkness*），書中那種奇特又具種族歧視的意象。

「他們不是毫無理由地去親吻屍體！」莫庫瓦反駁道。她來到白廳街的建物之時，正為垂死的同胞感到哀傷不已，同時也氣憤難當。她對惠提說，防疫政策之所以大錯特錯，主因在於西方的醫療「專家」只透過自身定見來看待那些事件，並沒有站在當地人的立場。**若是不運用幾分同理心，設法化陌生為熟悉，那麼醫學和數據科學就會變得毫無用武之地**。

聚會已近尾聲，一行人往外走的時候，理查茲注意到華麗的會議室旁掛著一塊歷史悠久的牌匾。他突然笑了出來。海軍上將納爾遜勛爵的遺體曾經存放在這間會議室，他是頗受推崇的英國海軍英雄，一八〇五年死於特拉法加海戰。他的遺體被浸泡在白蘭地酒桶裡，用名為「皮克爾號」（HMS Pickle。沒錯，Pickle 就是醃小黃瓜的意思）的船隻運回英國。⓴ 在這之後，遺體就展示在白廳街的格林威治海軍大樓，約有一萬五千人前來哀悼致敬，觸碰、親吻他那用白蘭地酒浸泡的遺體。[6]

「假如納爾遜有伊波拉的話，倫敦的每個人都會得病！」理查茲指出這點，惠提笑了出來。然而，理查茲想強調的重點是：**沒有任何一個文化有權基於陌生感去摒棄其他文化**，甚至沒意識到自己的行為之於他人也可能十分怪異，在疾病大流行期間格外如此。

「伊波拉」一詞源於非洲剛果偏遠地區的伊波拉河。一九七六年，多位醫生表示，伊波拉河附近出現一種怪異又可怕的新型「出血熱」（hemorrhagic fever）。患者一開始會發燒、喉嚨痛、肌肉疼痛、頭痛、嘔吐、腹瀉、起疹子，後續會引發肝腎衰竭和內出血。約

---

⓴ 這可是真實事件。如果你在偷笑或皺眉，那請問問自己：「為什麼？這件事透露出你有什麼樣的『正常』觀點？」然後，請觀賞影集《王冠》（*The Crown*），你會看到英國國王喬治六世的遺體是如何被保存並展示。那還是一九五二年，離現在不遠的事情。由此可知，「正常」的概念也會產生變化。

翰・霍普金斯醫學中心表示：「百分之二十五至九十的感染者會死亡。平均病例死亡率約百分之五十。」[7] 相當於歐洲十三世紀的黑死病。㉑

後續三十年，伊波拉在非洲各地零星爆發，又逐漸消退，因為患者很快就會死亡。二〇一三年十二月，情況起了變化。幾內亞的某座村莊有兩歲小孩感染，該村距離蓋凱杜鎮不遠，很靠近十九世紀殖民統治者劃定的人為國界。那條國界把遼闊的西非森林劃分成「幾內亞」、「獅子山」、「賴比瑞亞」三國，居民互動頻繁，時常跨越國界，疾病隨之快速散播。

深髮色的美國人蘇珊・艾瑞克森（Susan Erikson）是第一批聽聞伊波拉的西方人。她是美國和平工作團裡懷抱理想主義的志工，早年曾住在獅子山幾年，然後在一九九〇年代回到大學攻讀人類學博士學位。她把文化分析和醫療研究兩者結合起來，名為「醫療人類學」的新學科分支主張以下核心概念：疾病和健康需要放在文化和社會脈絡下檢視，光憑硬科學無法解讀人體。醫生往往是從生物學角度出發，然而，正如人類學家瑪莉・道格拉斯（Mary Douglas）所說，在大部分文化中，人體也被視為一種「社會形象」，反映出自身對各項議題（例如：汙染與純潔）所抱持的信念，[8] 人們對健康、疾病、醫療風險的看法也會因此受到影響。道格拉斯在其合著的書籍中表示，既然風險觀念是一種社會過程，那麼各個文化就會傾向於強調或低估某些風險。[9] 例如，在疾病大流行期間，人們通常會依附自己的群體——無論該群體到底是怎麼界定的。也就是說，**我們往往會過度強調群體外部的風險，低估群體內部的風險**。人們可能對本土傳染風險的控制自鳴得意，但從古至今，疾病大流行都跟仇外心理有關。

艾瑞克森最初希望運用醫療人類學來研究獅子山的生殖健康狀況，不過，一九九〇年代，殘暴的內戰在當地爆發。等待重返獅子山的同時，艾瑞克森待在加拿大西門菲莎大學的學術據點，將研究重心放在德國，探討數位健康科技對公共衛生造成的影響。二〇一四年二月二十七日，她在獅子山首都自由城一處租賃的房間內，讀到網路新聞說有疑似伊波拉的怪異出血熱出現。她回想道：「我心想：『喔，好的。』覺得自己最好注意一下，但沒有太擔心。那種『可怕疾病』的消息，我看多了。」[10] 接著，衛生部召開會議，打算擬定因應措施，與會者有多位政府官員，還有無國界醫生、聯合國兒童基金會（UNICEF）、世界衛生組織等團體代表，艾瑞克森的研究團隊則是出席做些參與觀察。

㉑ 正如醫療人類學家保羅．法默（Paul Farmer）所強調的，死亡率之所以高低不一，是因為伊波拉對各族群產生的影響不同，視經濟水準、醫療照護、基礎建設而定。

「會議一開始，某位行政官概略介紹伊波拉，還有其蔓延帶來的威脅。」研究團隊的田野筆記寫道。「然後話題轉到本次任務上：『我們（對抗伊波拉）有一套標準做法，但這次要本土化，擬出獅子山的做法。』他解釋說，標準做法是世界衛生組織根據烏干達（先前的伊波拉疫情擴散地）制定的文件，需要改成適合獅子山的做法。『我們來到這裡，是為了制定出監督和實驗計畫。』[11]

「與會者做出的回應，就像是他們以前已經做過這種事一樣。一群人開始討論監督的工具，針對伊波拉疑似病例和確診病例檢討判斷標準。大家開始爭論需要訓練多少人組成緊急應變小組。全國各地有一千兩百家衛生所，加上一些私部門診所，而一家衛生所需要兩名緊急應變小組的組員。計算後發現，總共需要訓練兩千五百人才行。」

對於與會者來說，這番對話看似平淡無奇——獅子山官員採用的、對抗傳染病的措施，是由世界衛生組織等國際組織擬定，並經過全球衛生科學認可。不過，艾瑞克森傾聽的時候，不由得擔心起來。官員拋出了一些縮寫字，當成護身符使用，以便避開危險、表明權力，並促使西方捐贈資金。這種情況她以前就多次見識過，但獅子山沒有主權可以就伊波拉疫情自行做出決定，也沒人去問他們的意見，了解哪種做法最好、將來的伊波拉患者可能想要什麼。艾瑞克森不由得猜想：**對抗全球流行疾病，這真的是最好的做法嗎？**恐怕並非如此。

兩週後，三月十一日，波士頓的科技平臺 HealthMap 發出伊波拉全球警示，這可說是美國創新的一大勝利。在這之前，一有新疾病爆發，向來都是世界衛生組織率先示警。不過，HealthMap 在獲得 Google 資助後，成功奪得先機。《時代》（*Time*）雜誌用斗大的標題宣告：「機器人知道伊波拉即將來臨，來見識一下吧！」旁邊搭配一些可怕的相片，還有醫護人員在非洲叢林穿戴著白色防護服和護目鏡的畫面。[12]《Fast Company》雜誌表示：「演算法竟然比人類更快偵測出伊波拉的爆發！」[13] 西方醫療團隊和技術人員聽到這些新聞報導全都為之一振。這類運算工具不僅能追蹤伊波拉，還能預測疫情接下來可能會蔓延到何處，因此得以迅速採取措施。在哈佛醫學院，英國研究員卡洛琳・巴克（Caroline Buckee）分析了肯亞境內一千五百萬支手機的紀錄，追蹤瘧疾蔓延的情況。她希望把這種做法應用在伊波拉上。她獲得 Orange 電信公司許可，讓她基於此目的使用賴比瑞亞境內的手機數據。「無處不在的手機徹底改變了我們對疾病的看法。」[14]

然而，在半個世界外的自由城，艾瑞克森開始擔心起來。站在鳥瞰的視角，數據科學令人嘆為觀止，但蟲瞻視角就不是這樣了。其中一項原因是 HealthMap 這類網站往往會追蹤英文新聞，而非非洲當地語言的新聞，或甚至幾內亞境內使用的法語新聞。專為對抗瘧疾而制定的模式，不一定可以用來對抗伊波拉。[15] 很少有可靠的基地臺能發送至關重要的「ping」。㉒ 最重要的一點，英特爾要努力應對以下問題：每個人的人生態度大不相同。在歐美地區，人跟手機之間通常是一對一的關係，手機是「私人」財產，是自我的延伸。對西方人而言，遺失手機就像失去了一部分的自己。獅子山就不是這樣了。「手機就像是衣服、書籍、腳踏車，家人和朋友都會借用、買賣、傳用。一支手機有可能是大家族一起使用。在農村，可能是和鄰居或整個村子共用。」艾瑞克森如此表示。[16] 由此可見，雖然紀錄顯示獅子山的手機持有率為百分之九十四，但這並不表示人人都有一支手機，可是西方科技專家往往會這樣認為。實際上，有些人是每家電信各有一支手機，有些人則完全沒有。ping 不是人，所以光憑 ping，無法建立準確的預測模式。**若想理解數據，電腦科學不能沒有社會科學**。

## 伊波拉防疫關鍵——同理心

二〇一四年初夏，伊波拉迅速擴散。獅子山、幾內亞、賴比瑞亞三國政府依照全球衛生團體的建言擬定標準協議；這是艾瑞克森在會議中聽到的討論結果。三國實施封城，患者須前往隔離中心（伊波拉治療單位），禁止跟親友見面。因屍體傳染力極強，活人不得接觸，患者屍體將以「安全」的方式埋葬。這類訊息全都寫在海報上、手冊裡，也在收音機的新聞快報播放。

在西方人眼裡，推行這樣的政策很有道理，不過，當中出了個悲慘的問題。針對該問題，人類學家凱瑟琳．波頓（Catherine Bolten）提出了令人不快的觀點。伊波拉爆發的幾年前，她在北部地區首府、地瘠人稀的馬卡尼鎮從事田野工作。回到美國後，她仍跟那裡的友人保持密切聯繫，任職於馬卡尼大學的當地律師亞當．古根（Adam Goguen）即是其一。二〇一四年初夏，伊波拉入侵古根所在地區，古根每天都會寄電子郵件給波頓，即時講述當地情況。

古根的所在地是少數遵守政府指示的村莊，因為村長會講英語，經常收看 BBC，跟地方上的非政府組織關係也很好，所以能夠理解世界衛生組織的防疫規定。村長封村，不讓外人進入，並落實隔離措施。村裡的每個人都活了下來。然而，鄰村的村長採取另一種

---

㉒ ping 是一種網路工具，運作原理為從用戶終端設備發送訊號到連線伺服器，測量訊號來回傳遞的速度，得出的數值可顯示兩端之間是否有延遲。

方針。他下令表示，伊波拉的源頭是巫術詛咒，伊波拉患者不得送到隔離醫院，也不得封城。古根和波頓後來在一篇合著的文章解釋道：「需要隔離的居民都要住在別的地方。當局打算把患者跟他們認為的照護者隔開，所以患者才會有這樣的反應：有些居民就算懷疑伊波拉是傳染病，而非什麼巫術詛咒，還是選擇偷偷照顧家人。」[17]對於「禁止觸碰」活人（和死者）的規定，村民也不予理會。伊波拉患者死亡後，負責村莊儀式的地下社團會舉辦傳統喪禮，絲毫不在乎屍體的高傳染力。

當地有位護理師出面解釋醫療風險，設法阻止人們觸碰伊波拉患者和死屍。古根對波頓說：「那位護理師追蹤第一場葬禮的接觸者，準確預測出誰（在觸碰屍體後）會生病。」然而，村民卻攻擊那位護理師，指責她「用巫術屠殺他們」。後來，士兵介入並埋葬了染病的屍體，但當地人仍把屍體挖出來重新埋葬。該名護理師勇氣十足，持續設法傳播世界衛生組織的消息。某戶人家中有幾人死於伊波拉，她前去拜訪，但村裡的年輕人帶著開山刀阻擋她和該戶人家的隔離作業，原本要隔離的對象各自跑到親戚的屋舍藏起來。此舉導致另外四十三人遭到傳染。

幾內亞、獅子山、賴比瑞亞都出現類似情景。世衛官員、無國界醫生、當地政府都加強宣導醫療風險，並利用士兵執行命令，努力對抗疫情。理查茲解釋道：「社會大眾只要獲得正確的伊波拉風險資訊，應該就會採取適當的行動吧。」[18] 不過，此舉卻產生了反效果。村民還是一直把病毒歸咎於巫術或政府陰謀。一群氣憤的暴民攻擊幾內亞境內無國界醫生的隔離單位。[19] 在幾內亞南部，村民殺死了伊波拉宣導小組的八名組員，還把屍體丟到公廁。到了秋天，反抗醫學埋葬管控小組的地區，平均每個月會發生十起攻擊事件。[20]

二〇一四年九月，華盛頓疾管中心發出警告，伊波拉疫情不樂觀，很快就會散播到西方，可能導致一百二十萬人死亡。至於療法或疫苗，在當時更是希望渺茫。波頓回想道：「面對口耳相傳的謠言，醫療教育似乎發揮不了作用。[21] 一聽說伊波拉有可能登陸，美國人就恐慌起來。」

二〇一四年十月，在獅子山、幾內亞、賴比瑞亞工作的幾位美國人類學家在喬治・華盛頓大學召開緊急會議，大家的情緒都十分激動。波頓回想：「我們坐在這個房間裡，對於我們（在西非）認識的那些人感到悲傷不已。」她才剛得知兩位友人去世，難以集中注意力。「我一直在看手機上面的消息。」她想確認她為援助而分發的物資是否已經抵達。她也感到氣餒內疚；會議室裡的人類學家花了多年時間設法理解西非文化，希望能在全球化的世界裡，將同理心散播出去，如今，偏見與種族歧視爆發了。

人類學家瑪莉・莫蘭（Mary Moran）表示：「有位美國記者打電話給我，問我非洲人怎麼會表現得這麼野蠻愚蠢。」在她看來，貼這些標籤很不公平。美國人以前向來是把已故親友的屍體停放在屋裡，並將遺體的姿勢擺好，塑造出「逼真的」場景，跟活人一起拍照。這習俗直到進入二十世紀後的幾十年間才逐漸消失。納爾遜上將——或英國國王喬治六世——的遺體處理方式並非不尋常，然而，西方的記者、醫生、援助人員現在卻抨擊西非人的「原始」儀式，還聲稱伊波拉是原住民吃「野味」所致。

人類學家認為，這樣的指控不僅不公平，也很惡毒。西非人在基礎建設極少的地方面對如此可怕的創傷，因此想以心目中合宜的方式來哀悼親友。根據當地的信念系統，人死去後，親友必須出席葬禮跟死者告別，而葬禮上會擺放遺體；不這麼做的話，死者會被送到永恆的地獄，死者身邊的人都會受苦。內戰期間，這個儀式不得不經常中斷，因而導致受詛咒的風險。沒人希望那樣的循環繼續下去。古根向波頓解釋：「伊波拉的死亡沒有伊波拉的葬禮那樣糟糕。身體同樣是死於伊波拉，但葬禮殺死了靈魂。」[22]

還有一項要點是西方評論家無法理解的：西非人在遵循世衛建言的時候，必須面臨現實世界的阻礙，畢竟當時存在的衛生基礎建設可說是少之又少。學術界的人類學家在華盛頓開會之時，醫療人類學家保羅·法默抵達西非。二十五年前，法默共同創辦了非營利組織「健康夥伴」（Partners in Health，PIH），為拉丁美洲、海地、（近來的）中非和西非等新興市場地區提供醫藥。雖然法默是訓練有素的醫師，相信醫療科學的力量，也認為必須要有實際的資源、人員、空間、系統才能對抗疾病，但他同時也意識到，**醫療照護必須尊重當地文化，並對社會脈絡有所認識才行**。他見到獅子山、幾內亞、賴比瑞亞的實際情況後驚駭不已。[23]在馬路上、計程車裡、醫院裡、在家中，伊波拉患者嘔吐、流汗、腹瀉，奄奄一息，大量醫生步入死亡，原已薄弱的醫療基礎建設分崩離析。無國界醫生、世衛等醫療團體雖設法遏制伊波拉，卻沒有真的提供治療照護。他氣憤不已，指控各單位提供的醫療協助太少了，怪不得患者一直逃跑或漠視指示，局外人實在不該嘲弄患者的做法。內戰漫長，加上被殖民壓迫的歷史，一般人少有理由去信任政府或那些恐嚇人的西方「專家」。**缺乏同理心不但害死人們，還加速了疾病的蔓延**。

人類學家能不能做些什麼來抗衡這種情況呢？在華盛頓的會議室，意見出現分歧。對於替任何形式的政府工作，部分學者仍懷有戒心。有些人類學家認為，只有西非人有資格替西非說話，歐洲人或美國人都沒資格。很少學者與政策制定者實際合作過；他們寧可旁觀，不願插手。[24]艾瑞克森說：「經濟學家很容易就會說出：『接下來會發生這種情況！』因為他們有人脈可以聯絡到權勢人士，有信心可以預測將來，就算預測的結果出錯也不要緊，他們會繼續往前邁進，可是人類學家不是那樣。」不過，人類學家知道自己有道德義務，要做點什麼才行。正如波頓所述：「我們坐在會議室裡，不禁想問：如果我們不起而發聲，那麼這些年來，我們一直在做的事情，還有任何意義嗎？」

接下來幾週，法默和「健康夥伴」的同事在氣憤下發起運動，要求改變政策；應該懷有同理心，著眼於患者照護，而非只專注遏制疾病。學術界的人類學家也做了一件從未做過的事：暫時組織起來，提供文化方面的建議。美國人類學會為華盛頓政府製作了當地文化的備忘錄；法國的人類學家也在巴黎做了同樣的事。聯合國伊波拉防疫小組雇用了醫療人類學家茱麗葉．貝福（Juliet Bedford），她回想道：「那是關鍵的時刻。聯合國確實意識到標準作業程序必須有所改變，卻不曉得方法。」[25]在倫敦，理查茲、梅麗莎．李區（Melissa Leach）、詹姆斯．費爾赫（James Fairhead）等人類學家建立專門的網站，名為「伊波拉應對人類學平臺」（Ebola Response Anthropology Platform）。

某份備忘錄中寫道：「（防疫措施的）目標是對抗病毒，不是破壞當地習俗。」[26]惠提召開會議，在華麗的白廳建物裡，聽取人類學家的建言。接著，莫庫瓦自願前往獅子山東部的叢林地區、伊波拉疫病肆虐之地。有好幾週的時間，她徒步進行艱鉅的越野追蹤，造訪她先前從事田野工作時就已熟知的族群，把報告傳送給惠提等人，以期提供當地的蟲瞻視角，去平衡科學家由上而下的調查。她回想道：「我不斷地走，努力傾聽。」㉓

在英國官僚看來，這類派遣揭露了意想不到的真相。在那之前，西方醫學專家和惠提向來以為，要遏制伊波拉，最佳策略就是把患者安置在大型專門隔離中心。不過，莫庫瓦解釋說，那種做法沒有用，因為治療單位離村民所在地很遠，患者的移動距離頂多就幾公里而已。以不透明牆面興建的隔離中心，更是嚴重的錯誤。要是沒人知道建物內部發生的情況，患者就更有可能會逃跑。把年輕的局外人派到當地，提出醫療建議，這種做法也同樣是災難一場。村民通常只接受村內長老的建言。其他人類學家因此提出了一些想法：何不把隔離中心改成透明的？何不在當地社區設立大量的小型治療中心？何不請村裡的長老傳達伊波拉安全措施的訊息？何不構思出醫療上、社群上都安全的葬禮儀式？何不認可堅持在家照顧病患的家屬，並告知哪些做法可提高安全性？就某方面來說，這呼應了貝爾對英特爾工程師說的話——當貝爾看到某些駕駛不管工程師的想法，堅持在車裡使用自己的

㉓ 莫庫瓦跟其他人類學家一樣，強調自己希望有更多當地人對西方政府表達看法，或者至少能傾聽西非人類學家傳達的訊息。不過，二十一世紀西方人類學的一大敗筆，就在於非西方的追隨者相當少。莫庫瓦和理查茲已花了多年時間，設法在西非的大學設立人類學學科，但這是一件艱困的工作，畢竟這類系所的資金十分不足（該地區的基礎建設也多半面臨此一困境）。

裝置——

## 何不跟當地文化合作，而非與之對抗？

這類訊息逐漸產生影響。在無國界醫生的內部，有些醫生開始呼籲大家要更重視治療照護，不要只是遏制疫病而已。㉔國際機構更改隔離中心的設計，將牆壁改成透明。[27]在白廳，惠提調整伊波拉治療單位的政策，並宣布英國政府會提供資金，在鄰近社區的地方，興建數十個小型檢傷分類治療點。醫療團隊開始跟當地社區討論如何修改葬禮儀式，在保護居民安全的同時，又能尊重死者。標準做法之所以最後能夠確立，是因為幾內亞叢林內的村子爆發了可怕的事件。有名孕婦死亡，當地的世衛官員最初試圖在遠離村子的地方快速埋葬遺體，不過，村民堅決要舉辦葬禮儀式並取出胎兒，以免受到詛咒。爭議就此爆發。當地人類學家茱莉耶內．阿諾科（Julienne Anoko）介入，跟社區合作，調整現存儀式來去除潛在的詛咒，還說服世衛支付儀式費用，結果很有用。她之後表示，遺體安全埋葬，世衛團隊的事務官還出席哀悼儀式，所以村民都很安心。當地人用傳統的和平之歌感謝每一位相關人士。[28]

當地社區也開始構思患者照護方案，以便在惹人厭的伊波拉治療單位外居家照顧患者。西方醫生雖不情願，卻也開始接受這些方案。在賴比瑞亞，村民穿上垃圾袋，再反穿雨衣，當成基本的個人防護設備。村民制定本土規範，利用倖存者進行接觸者追蹤並治療患者。負責經營地下社團波羅（Poro）和桑德（Sande）的長老，也都分別參與其中，掌管成員的葬禮。理查茲日後回想：「我們在尼亞拉大學舉辦研討會，大酋長跟幾位長老來了，請我們提供一些白色防護衣。我們問了原因，他們說想做一個跳舞的『惡魔』，讓酋邦裡的女孩認識伊波拉的危險性。」他們的做法，跟世衛和各國政府採用的訊息傳達策略截然不同，卻有效多了。

到了二〇一五年春天，再也沒有患者逃離隔離中心，居民也不再挖出遺體重新埋葬，或是攻擊醫療人員。疫情有所減緩。到了夏天，世衛宣布伊波拉疫情已經結束。最終死亡人數估計約有一萬一千人至兩萬四千人。[25] 這數字雖是高得悲慘，卻僅是疾管中心在二〇

---

㉔ 無國界醫生和世界衛生組織在西非政策上的內部紛爭，於昔於今都是莫大的爭議，我無法對此下定論。細節可參閱法默在其傑作裡的描繪：《高燒、世仇、鑽石：伊波拉與歷史的劫難》（*Fevers, Feuds, and Diamonds: Ebola and the Ravages of History, NewYorkFarrar, Straus and Giroux, 2020*）。

㉕ 醫護基礎建設薄弱，所以在數字上有明顯的不確定性。二〇一六年夏天，世衛評估最終死亡人數是一萬一千人，法默等觀察人士則認為這數字嚴重低估。參見：https://www.ids.ac.uk/opinions/a-real-time-and-anthropological-response-to-the-ebola-crisis/。

一四年夏天預計的、最壞情境的百分之二而已。「就結局來說，這是非常好的消息。」拉吉夫．沙赫（Rajiv Shah）之後這麼對我說。前美國總統歐巴馬任命他負責白宮的伊波拉應對事宜。「我們從中學到一點：只要跟社區合作，帶領他們構思解決方案，政策就會變得有效多了。」

人類學家對此可能會這樣回答：「這還用說。」

## COVID-19爆發，各國政府做對了嗎？

五年後，理查茲、莫庫瓦還有對抗伊波拉的其他老手遭逢了突如其來又似曾相識的事件，每個人都苦惱不已。這次的疾病不是伊波拉，而是COVID-19。然而，問題又是始於西方人眼裡的異國之地——中國武漢。「（在全球疾病大流行期間）怪罪鄰國是一種永久不滅的流行運動，嘲諷該國的飲食也是同理。」法默在二〇二〇年四月以辛辣的筆法寫道。當時COVID-19在歐美地區急速蔓延。「伊波拉時期，大眾對野味的密切關注，恰好表現在此次對武漢海鮮市場的評論。（在眾人的想像中）那裡有關在籠裡的果子狸走來走去，鰻魚與怪魚蠕動撲騰，穿山甲身上如黃金眼淚般的鱗片脫落。」[29] 然而，COVID-19

並未停留在異國之地。貝福表示：「伊波拉發生在非洲的偏遠地區——黑暗之心。北半球的普羅大眾多半認為那是『那裡』的事，離自己很遠。不過，他們後來就會發現，COVID-19 發生的地方，是自己從沒想過會面臨威脅之處。」

西方政府能否從過往經驗中學習，構思出更好的應對之道呢？人類學家最初是如此希望。二〇二〇年，惠提從英國發展局晉升到更有影響力的職位，成為英國政府的首席醫療官，並就 COVID-19 的宣導提出建言。他很適合擔任該職位；他從伊波拉事件中記取教訓，體會到醫學和社會科學必須結合起來。畢竟他在二〇一四年跟幾位社會學家合著的一些作品，正是在提倡醫學和社會科學的結合。[30] 世衛等團體也利用伊波拉的抗疫經驗，改善應對其他傳染病的策略；二〇一六年爆發的茲卡病毒即是一例。電腦學家結合社會學和數據科學，也變得更聰明了。在約翰．布朗斯坦（John Brownstein）於波士頓建立的 HealthMap 疾病追蹤平臺上，醫生和科學家逐漸體會到，數據必須放在社會脈絡下才行。布朗斯坦對我說：「大數據不是聖杯。我們都知道，唯有理解社會脈絡才有用。對於 COVID-19，我們必須結合機器學習與人類策畫。」[31] 重視全球醫療照護的比爾及梅琳達．蓋茲基金會（Bill & Melinda Gates Foundation）共同主席梅琳達．蓋茲（Melinda Gates）也對我說：「我們被迫重新思考數據使用的方式。一開始，我們對於大數據都振奮不已，堅信取得更佳的統計數據極其重要，也認為科技能達到出色的成就。雖然如此，我們也不能過於天真；理解社會脈絡是相當重要的。」[32]

因此，人類學家抱持樂觀態度，提出一些想法，想利用文化意識來對抗 COVID-19。[33] 他們建議政策制定者承認親屬關係模式會影響擴散率（例如，義大利北部多代同堂的家庭風險較高），更提出告誡，大眾對於「汙染」所採取的文化態度會曲解人們的風險觀念，讓人害怕局外人，卻忽略局內人的威脅。前總統川普即是一例。他把 COVID-19 稱作是「中國入侵」，關閉美國邊境，卻低估了「局內人」風險，導致疫情在白宮爆發。[34]

人類學家也指出，防疫訊息的傳達必須清楚明確、有同理心，還要合乎社區的需求，不能只有由上而下的指示。二〇二〇年春天，理查茲在 Oxfam 網站張貼備忘錄，[35] 寫道：「獅子山的主要語言曼德語中，伊波拉的名稱是 bonda wore，字面意思是『家庭反轉』。換句話說，就是家人必須大幅改變行為，才能應對伊波拉這種疾病，照顧患者的方式尤其如此。應對 COVID-19，家庭也必須做出類似的改變，尤其是保護長者的方式。防疫響應者採用了時髦術語，像是『自我隔離』和『保持社交距離』，但這些模糊概念的執行細節，卻被各地的社會想像填補。」

人類學家還強調，社會科學和醫療科學的結合有其必要，除了西非可作為證據，亞洲的例子也可說明。其中，口罩的故事格外令人訝異。二十一世紀初，SARS（嚴重急性呼吸道症候群）橫掃亞洲，幾位人類學家和社會學家——例如：彼得．貝爾（Peter Baehr）、基甸．樂斯科（Gideon Lasco）、克里斯托斯．林泰里斯（Christos Lynteris）——就亞洲地區的「口罩文化」進行研究。他們認為，口罩之所以有利於對抗疫情，不只是因為硬科學（口罩阻擋了病毒顆粒的吸入／呼出），也因為戴口罩的儀式是種強大的心理提醒，警惕人們修正自身的行為。口罩也是一種符號，顯示公民規範的遵循與社區支持。[36]「戴口罩」這項儀式改變了其他行為。

有些政府官員聽取了意見。以紐約為例，當地官員迅速推出宣導活動，說服居民戴起口罩。起初好像不可能成功，畢竟在紐約，口罩跟汙名有關，戴口罩似乎違背了紐約的個人主義文化。曼哈頓四處可見告示牌，上面寫的訊息都是在設法改變口罩的「意義網」。紀爾茲可能會說，這是把口罩**重新定義**為力量的符號，而不是汙名。某個告示牌寫著：「不戴口罩？那就拉倒！」另一個告示牌宣稱：「我們是堅強的紐約人。」（感恩節的時候）有告示牌寫道：「別當笨火雞，快戴上口罩！」理查茲和莫庫瓦當年在獅子山注意到的地下社團舞蹈，如今有了紐約的版本。這種做法成功了，紐約人隨即接受口罩，賦予近乎宗教信仰的熱忱。別的不說，戴口罩一事呈現出理查茲經常強調的論點：**文化信念系統雖是**

**至關重要，卻並非固定不變。**

在波士頓，共和黨籍的麻州州長查理・貝克（Charlie Baker）也發揮了創意。貝克雇用法默及其「健康夥伴」團隊，把他們從西非等地學到的教訓應用在COVID-19的防疫措施上。法默解釋道：「這叫做逆向創新。」他對貝克說，遏制疫情的最佳做法就是提供照護與同理心，並跟社區合作，不要只是仰賴由上而下的指示或數位應用程式。任職於「健康夥伴」團隊、受過哈佛訓練的醫生伊莉莎白・羅（Elizabeth Wroe）解釋道：「（接觸者追蹤）應用程式無法提供情感支持，也不能滿足患者複雜又獨特的需求。[37]你們必須要陪患者走一段，才能達成這些目標。」

然而，也有許多地方的官員並未記取伊波拉帶來的教訓，忽視社會科學。在華盛頓，國家科學基金會（National Science Foundation）的科學家丹尼爾・戈洛夫（Daniel Goroff）建立專門的網絡，協助政府各層級的決策者運用社會科學與醫療科學制定有效的防疫政策。[38]不過，川普的團隊不願接納行為科學與逆向創新。在英國，緊急情況科學諮詢小組（Scientific Advisory Group for Emergencies，SAGE）邀請行為學家大衛・哈本（David Halpern）加入。哈本發行備忘錄，建議英國政府學習德國、南韓等國家的口罩政策。[39]不過，SAGE是由政治人物和醫學領域的科學家主導，公布的政策經常恰好與人類學家

（或行為學家）的建言反其道而行。首先，英國首相強森宣布大家不應該戴口罩，接著又轉而支持戴口罩，自己卻不戴。政策是由上而下施行，政府選擇把大筆金錢投注於昂貴的數位接觸者追蹤科技，這種做法顯然不太有用。十一月，英國前任文官長格斯·歐唐納（Gus O'Donnell）感嘆：「政府不大採納行為學和其他人類科學的專業意見。政府宣稱他們『遵照科學』，意思其實是遵照醫療科學。這種單一面向的視角，做出的政策決議也有一些疑慮。」[40]

什麼意思？政治往往是一面之詞。㉖在美國，川普登上權力高位，帶著反移民、美國優先的訊息，嘲弄西非等貧窮國家是「糞坑」。在倫敦，強森倚重多明尼克·康明斯（Dominic Cummings）的建言，而康明斯時常推崇實證科學。[41]傲慢也是一項病徵。英、美兩國政府都認為自家醫療系統天下無敵，不需要接納逆向創新。[42]然而，人類學家理查茲猜想，還有另一項問題：容易引人誤解的**奇特**標籤。二〇一四年，惠提召集人類學家在白廳開會。之所以召開會議，是因為英國政府官員以為自己是在應對陌生的**他者**。到了二

㉖ 我明白自己忽略了其他西方國家，比如歐陸國家的應對就各有不同，但空間有限，我的重點是放在盎格魯撒克遜的地域上。

〇二〇年，他們已然認為自己是在**熟悉的**領域上，因此覺得不需要向他者學習、攬鏡自照。明明不過短短兩年前，英國政府建立、哈本帶領的行為洞察小組，就已強調過以下思維的重要性：「民選與非民選的政府官員設法應對他者的捷思與偏見，但民選與非民選的政府官員本身也會受其影響。」[43]

慘重的錯誤因此發生。假如西方政府在疫情危機的開端就攬鏡自照，也許能看到自身抗疫制度有何弱點；假如西方政府參看西非或亞洲的經驗，或許可以學到重要的一課：只要醫生懷著同理心跟社區合作，抗疫就容易多了。正如理查茲所言：「如果是像阿富汗那種在文化上需要費心理解的國家，政府就會知道自己需要人類學家的協助；如果是在國內的曼徹斯特市或南約克郡，他們就認為自己不需要。」

但政府確實需要人類學家。

所有人都以為自己的生活方式很「正常」，其他人都很「奇特」，這是人性使然。不過，這種想法是錯的。人類學家會告訴你，生活方式有很多種，每個人在他人眼裡都是怪異的。這個概念可以應用在實務層面：經由他人的視角觀看世界，也就能更客觀地回望自身，覺察風險與機會。身為記者，我就是這麼做的，許多公司也採用類似做法，以利理解各地市場。我們也可以借鑑人類學的觀念與工具，來理解組織或公司內部的情況，比如說：符號的力量、空間（習性）的運用、社會界線的定義等。

# PART 2／

# 化熟悉為陌生

ANTHRO - VISION

/第4章/

# 費解的金融神話與陷落

熟悉了就看不到了。

——阿娜伊絲・寧（Anaïs Nin）[1]

在法國的蔚藍海岸、尼斯的現代風市政廳裡，我坐在昏暗會議室的後排，覺得自己很蠢。我旁邊坐著一排排身穿淡卡其襯衫的男性，他們的脖子上繫了很大的塑膠掛繩，上面的名牌寫著「二〇〇五年歐洲證券化論壇」。在此處聚會的是一群銀行人士，負責複雜的金融工具交易，例如：跟房貸、企業貸款有關的衍生性金融商品。我以《金融時報》記者身分出席並報導。

在會場的前方講臺，金融人士正在討論自家領域的創新。簡報上面有算式、圖表、希臘字母，還有CDO、CDS、ABS、CLO等縮寫字。我彷彿又回到歐比－薩非，再度感受到文化衝擊，隱而不顯的程度比當時在塔吉克高出許多，畢竟此刻這種文化模式於我比較有熟悉感。不過，這些用語實在晦澀難懂。我不知道 CDO 是什麼，也搞不清整個論壇的情況。

投資會議就像是塔吉克婚禮，一群人利用儀式和符號，建立並加強他們的社會連結與世界觀。塔吉克人是透過一套複雜的過程，像是婚禮儀式、跳舞、餽贈繡花坐墊；在法國的蔚藍海岸，銀行人士則是交換名片、一起喝酒、參加高爾夫巡迴賽、在昏暗的會議室看簡報。不過，在這兩種情況裡，儀式與符號呈現並再現了共通的認知地圖、偏見和定見。

因此，坐在昏暗的法國會議廳之時，我努力把支撐會議的符號地圖（用紀爾茲的架構來說就是「意義網」）給讀懂，就像之前在塔吉克的婚禮那樣，注意人們沒談論的話語以及真正想討論的話題。模式出現了。金融人士以為自己掌控的語彙與知識少有他人懂得，因而覺得自己是菁英。「在我工作的銀行，也幾乎沒人真正懂我在做什麼！」某位人士開玩笑說。當時我請他解釋 CDO 和 CDS 是什麼意思——兩者分別是「抵押債務債券」（Collateralized Debt Obligation）和「信用違約交換」（Credit Default Swap）。金融人士使用的普遍用語，塑造出群體身分認同。就算他們的工作地點遍布全球，例如：紐約、倫敦、巴黎、蘇黎世、香港，還是會基於知識的緣故被牽繫在一起，經由工作建立社交關係。他們溝通的管道是彭博社（Bloomberg）交易終端機附加的專用訊息系統。**就像是個**

**彭博社村一樣**。金融人士有其獨特的「創世神話」來合理化自己的活動。局外人有時會聲稱，金融人士施展手段，只是為了賺取金錢，然而，他們在同行面前提及這類活動時，並沒有以賺錢為口號，而是要喚起「效率」、「流動性」和「創新」等概念。證券化手段背後的創世故事──也是該次會議的重心──讓市場變得更加「流動」，債務與風險可以交易並如水般輕易流通。如此一來，借起錢來就更容易了。他們堅信這種做法對金融人士和非金融人士來說同樣有利。

還有另一個明顯的細節。金融人士的簡報少了一項特性：人類的臉孔或圖像。某方面來說，這好像很怪，畢竟創世神話聲稱「創新」對普羅大眾有利，但金融人士談論自身的手段時，卻極少提到活生生的**人**。縮寫字、演算法、示意圖……填滿了投影片。

誰借了這筆錢？那些人在哪裡？這要怎麼連結到真實的生活？這些問題最先引起我的好奇，而不是警惕。人類學的思維模式跟新聞學一樣有個明確的特性，那就是難以抑制的好奇心，而我彷彿誤打誤撞闖進一處亟待探索的新邊疆。我對自己說，如果我以導遊的角色，探訪這個陌生地域，像記者同業撰寫矽谷新聞稿那樣深入報導，那麼《金融時報》的讀者應該會獲益匪淺吧。歸根結柢，人類學與新聞學都有個共通的創世神話，便是把創新這件事當成福音來傳播，將其可能為人類帶來的益處廣泛傳揚。

後來才發現，這個創世神話也有嚴重的「缺陷」（flaw）——這是美國聯準會前任主席艾倫．葛林斯潘（Alan Greenspan）使用的字眼。[2] 我在法國蔚藍海岸觀察到的文化模式，其產生的風險會在之後引發二〇〇八年的金融海嘯。金融人士是關係緊密的知識分子部落，不太有外在的監督，所以他們看不見自己的造物正在快速失控。金融人士堅信創世神話，對創新的益處深信不疑，轉頭不去理會風險。人類學家丹尼爾．貝翁薩（Daniel Beunza）把這種情況稱為「模式本位的道德解離」（model-based moral disengagement）問題；[3] 人類學家何柔宛則歸咎於他們對「流動資金的崇拜」（liquidity cult）；[4] 人類學家文森．雷比內（Vincent Lépinay）強調要「精通」複雜的數學。[5] 然而，無論是採用哪一種比喻，問題其實是出在金融人士**看不到自身業務的外在脈絡**（低利貸款對借款人的影響），**也認不清自身領域的內在脈絡**（排他、獨特的獎勵計畫導致風險增加）。

由此可見，人類學視野至關重要。人類學的好處是可以同理**陌生**的他者，也能反映出**熟悉**的自己。「熟悉」與「陌生」之間的界線總是難以明確劃分。文化差異是存在於不斷變化的光譜上，而不是僵硬靜止的盒子裡。然而，不管你是位於哪一個位置，無論熟悉與陌生是怎麼交融在一起，都可以拿這些專業人士從沒想過的簡單問題來問問自己：「假如我是火星人，初次接觸這個文化，可能會看到什麼？」

## 專業術語造成局內人盲點

我在一九九三年開始間接探討全球金融海嘯；那是我躲在塔吉克旅館房間，聽著內戰槍炮聲的六個月後。完成田野工作後，我隨即到《金融時報》實習，被雇用為自由接案的外國記者，並在完成博士學位時獲邀擔任畢業實習生職位。我心懷感激，抓住機會，畢竟新聞業對我很有吸引力。

抵達《金融時報》倫敦總部後，主管安排我在經濟室（或稱經濟團隊）接受訓練。這本該是一份榮耀，我卻感到灰心氣餒。我之所以決定進入新聞領域，是因為我對文化和政治著迷不已，然而，經濟和金融有如謎團，術語難以理解，我覺得無聊，很想放棄。我坐在經濟室，瀏覽多本「教自己理財」的書籍，心想：我當記者才不是為了這個！不過，我接著體會到，我的反應多半是恐懼和偏見所致。在大學，人類學的學生經常聚在一起，形成社會「部落」，和那些想成為金融人士的學生截然不同，而他們的用語把我徹底難倒了。要跨越這道文化鴻溝，必須具備跟人類學很相似的技能。二〇〇八年，金融海嘯爆發，英國記者蘿拉·巴頓（Laura Barton）訪問我，我對她表示：「我覺得這就像在塔吉克一樣，我要做的就是學習新的語言。一群人盛裝打扮參加活動，有一大堆儀式和文化模式，只要我學得會塔吉克語，就能學會外匯市場怎麼運作。」[6]

這種心理上的轉換帶來了回報。我越是觀察金錢怎麼在世界各地流動，就越是著迷其中。我向巴頓解釋：「人要是有藝術、人文、社會研究方面的背景，往往會覺得金錢和倫敦很無聊，甚至多少有點骯髒。然而，不觀察金錢在世界各地的流動狀況，根本無法真正理解世界。」但這當中有個問題。很多在金錢世界裡工作的人以為**唯有**金錢才能推動世界，這是錯誤的看法。「銀行人士老愛覺得，金錢和利潤動機就跟重力一樣是普遍原則。他們以為那基本上就是一件已知的事實，完全去個人化。其實不是這樣。他們從事的金融業務，重點就是文化和互動。」我對巴頓這麼說。我認為──或是說希望──自己要是能找到方法連結兩種視角，同時研究金錢與文化，也許會獲得深刻的見解。因此，後續幾年，我在《金融時報》奠定事業；先是待在駐歐經濟團隊，然後有五年時間擔任駐日記者與總編輯。我不斷反覆自問：金錢是怎麼推動世界的？世上不同的人是如何看待這個過程？換句話說，金融的「意義網」是什麼？

二○○四年底，我轉調另一個部門，地點在《金融時報》倫敦總部，名稱很怪，叫做

「Lex團隊」（Lex team）。㉗這個部門的記者要針對公司財務寫出簡潔的評論文章。我來到這裡純屬偶然，並非有意為之。在日本工作後，我希望以外國記者的身分前往伊朗，但懷孕後就改變了計畫。我的正式職稱是「Lex代理主管」，也就是說，我要負責監督《金融時報》所寫的公司財務評論。我有時會開玩笑地說：「那就像梵蒂岡教會新聞信的代理總編。」

二〇〇四年秋季某日，總編問我能不能寫備忘錄，概述Lex團隊報導過的題目，還問我這類報導能不能或應不應該有所改變。剛開始，我用一般的方式撰寫備忘錄，遵循媒體採用的規範：審視我們過去的專欄內容，閱讀競爭對手寫的內容，查看我們的新聞報導，然後再試著去推測我們的平衡報導是否合理。根據分析結果，Lex團隊的專欄不夠關注亞洲和科技領域。我趕忙寫完備忘錄，概述這個情況。

接著，我想到：如果我站在人類學家的視角去寫，這份備忘錄會變成怎樣呢？假如我是以既在局內、又在局外的身分，緊急降落在倫敦或《金融時報》的編輯臺，那我會看到什麼？若是仿效馬林諾斯基這類人在初布蘭群島搭帳篷進行的人類學研究，或是採用我在歐比－薩非運用的方法——在村子裡到處走動，一窺他人的生活——那就回答不了這道問題。在塔吉克，我享受著非凡的自由，盡情提問並觀察眾人。我帶著相機，跟一群孩子在谷地四處遊逛，做我的「功課」。我會照相並發送相片，村民也很開心，帶我去看他們生活的各個角落，就連未婚女性往往不會看到的角落，我也都見過了。可是在倫敦，銀行不會任由記者未經陪同就在辦公室閒晃；沒有公關人員監督（有些記者會開玩笑說公關是「隨扈」），記者通常不被允許進入建物。至於像股票交易所、英格蘭銀行（即英國央行）這類機構，記者也不能隨意進入。由此可見，金融人士在自然棲地的樣子，外人根本很難看到。換句話說，這種階級問題是早期人類學家從沒碰過的。馬林諾斯基等人前往初布蘭群島時，他們出身的社會比研究的社會更為強大。在倫敦，金融人士的權力遠大於記者或

---

㉗ Lex 專欄始於一九四五年，名稱的源頭不明。Lex 有時可以歸於《金融時報》對 lex mercatoria（拉丁語，意思是「商法」）的了解，也可能是跟 de minimus non curat lex（意思是「法律不為瑣事費心」）有關的雙關語。因為一九四〇年代，有家競爭報紙的專欄名稱，就是來自於某個會搶走「瑣事」報導的角色。參見：https://www.politico.com/media/story/2014/08/the-60-second-interview-rob-armstrong-head-of-the-lex-column-financial-times-002617/。

人類學家。真正的難關在於怎麼「鑽研」。㉘[7] 人類學家何柔宛表示：「在洛克菲勒家的院子、摩根公司的大廳或紐約證交所的地板上『搭帳篷』，這種想法不僅不合情理，而且可能僅限於『權力菁英』的研究，所以不適用。」她找到信孚銀行（Bankers Trust）的後臺工作，在二十世紀晚期與二十一世紀初期，投入華爾街的研究。[8]

我決定臨機應變。為了撰寫 Lex 專欄而去訪問金融人士的時候，我會加上一些開放式、非結構式的問題，試著傾聽對方說的話，留意對方沒談到的內容。有幾次，我借用自己曾在塔吉克村莊採用的策略：給對方一張白紙和一枝鉛筆，請對方描繪其所在世界的各個部分是如何連結在一起。在歐比－薩非，我運用該技巧來理解親屬關係的連結，這些家族模式又是怎麼影響谷地屋舍的實際所在位置。我請金融人士在我的筆記本上面畫圖，呈現金融市場各個部分的連結方式，還有各部分的相對規模。

局內人要繪製「地圖」來呈現出所有影響倫敦的金流，可說是出乎意料地困難。他們會看到這幅圖的若干部分（股權上市的數據就很完備），不過，任職於私部門銀行或政府機構的局內人，沒一個能提供容易遵循的傻瓜指南來呈現**所有**金流的互動情況。這點令人匪夷所思，畢竟金融人士對於量測東西似乎熱忱十足，但也許不是這樣。馬林諾斯基在《南海舡人》（*The Argonauts of the Western Pacific*）就率先指出，**局內人要看清那幅描繪其**

**所在世界、內容包羅萬象的「地圖」，向來十分困難。**

我還留意到一點。雖然局內人在一定程度上可以畫圖呈現金流動與活動的相對規模，但不一定能反映出相關對話的數量。更具體來說，《金融時報》等媒體會多方描寫股票市場，但公司債券的報導比較少，衍生性金融商品的報導幾乎沒有；即便銀行人士一直跟我說，公司信貸與衍生性金融商品的領域很龐大、獲利高，且仍在擴展中，說來動聽的熱忱跟實際行動卻背道而馳。從人類學家的視角來看，該模式的出現其實並不意外。在塔吉克，村民花了大把時間談論婚禮，卻沒有談及生活中的其他部分，而那些部分占據的時間不比婚禮少；村民在國營農場的工作即是其一。這種不協調的情況並不意外，但對身為記者的我而言，卻有著真實的含意。我對同事說：「金融體制就像冰山！」當中的一小部分（即「股票市場」）是看得到的，畢竟那是狂熱媒體的報導題材；有一大部分（衍生性

㉘「該怎麼鑽研」這個問題，起初有一九七〇年代人類學家蘿拉．納德（Laura Nader）詳實描寫，引發無止境的自我反省。有些人類學家的因應方式是進入他們設法研究的機構工作，像雷比內與何柔宛都在銀行工作。不過，這引發了道德議題：研究人員該不該表明身分呢？另一個選擇是迪娜．拉加克（Dinah Rajak）所用的方式，也就是在「企業社會責任」團隊工作。這團隊有一部分是屬於外部，負責監督企業。

商品與信貸）多半是埋沒在水下的。獨家新聞就此而生，或者說，我抱持著這樣的希望。

我撰寫正式備忘錄，探討 Lex 專欄的將來，寄給《金融時報》總編，然後寫了第二篇備忘錄，篇名是〈金融冰山〉（*The Financial Iceberg*），文中主張《金融時報》應該多報導金融界冰山「埋沒在水下」的部分，例如：信貸、衍生性商品等。股票市場的報導十分普遍，幾乎都商品化了，因此在我看來，撰寫別人沒報導過的題材會比較有意義。起初什麼事都沒發生，接著我收到人事異動通知；我被調離 Lex 團隊，改到管理資本市場團隊。總編對我說：「妳可以在那裡研究冰山的事。」我沒有很開心。在《金融時報》的生態系統，Lex 團隊可是處於高位。經濟團隊也是，豪華的辦公室靠近總編，景觀優美，可眺望泰晤士河和聖保羅大教堂。相形之下，資本市場團隊顯得冷清沉滯，地位又低，寫的報導往往埋藏在報紙背面，辦公室又位於建物另一端，遠離總編辦公室，窗外還會看見垃圾桶。

我不由得心想：我現在是步上媽媽之路了嗎？這是我第二次懷孕，很怕自己的事業停滯不前。Lex 團隊有位女性友人試著安慰我，她說：「有寶寶又要工作的話，資本市場團隊非常合適，因為真的沒有什麼事，每天五點就可以回家。」聽了這些話，我更難過了。

## 挖掘金融冰山

二〇〇五年三月，我開始新的工作，職稱是「資本市場團隊主管」。我熱切地探究金融領域這個陌生、新奇的邊疆地帶。不過，有個實際的問題要面對：要見識銀行人士「待在自然棲地」的樣子，唯有去參加金融會議才行，只有在這個場合，銀行人士會跟記者同處一室，又沒有如同隨扈的公關人員緊跟著。於是，我找得到的每一場會議，我全都去參加了。一開始是尼斯舉辦的歐洲證券化論壇，之後為了彌補不足之處，我還參與了多次正式（受掌控）的拜會，去辦公室會見銀行人士，努力打造出金融創新界的旅遊指南。

可真難啊！金融人士經常使用術語，局外人難以理解情況。債務「證券化」——描述金融人士從事的業務——並不是新概念，銀行人士藉此分割債務、發行新證券（例如：債券）已有二十年，部分原因在於要因應「巴塞爾協定第一版」（Basel One，名稱來自瑞士的城市）這套嚴苛的銀行法規。到了二〇〇五年，多個新版巴塞爾協定出現了，因為銀行人士試著利用企業貸款與高風險的「次級」房貸債務，以便從「巴塞爾協定第二版」（Basel Two）這個較新版的規定中獲益（用銀行人士的話來說就是「套利」）。至於這些新興次市場的規模，沒有隨時可取用的數據，也沒有手冊或傻瓜指南列出術語解析。我請銀行人士解釋 CDO（抵押債務債券）等金融工具的意思，對方會說：「那是指把多筆不同債務綑綁起來賣給投資者，當中含有高低不一的風險。」如果我問 CDS（信用違約交換）是什麼意思，對方會說：「這是一種金融工具，投資者可以用來評估某筆債務的違約風險並進行投資。」

不過，該如何把這些概念傳達給《金融時報》的讀者呢？最後，我認為最簡單的策略就是使用比喻：CDO 可以比作香腸，把幾大塊的金融「肉」（債）切碎，重組成新的腸衣，依照不同口味（企業或房屋的貸款，程度或「額度」不一的風險）進行調味，以便在世界各地販售。有時，投資者會將其切分，重組成新的金融工具，叫做「CDO 再包」（CDO squared）。我開玩笑地說，那就像是燉香腸。與此類似，CDS 可以用賽馬來比喻說明。人們交易的東西不是馬匹本身，而是去賭馬匹會不會贏。更精確來說，這是保險投注，對馬匹可能倒下死去的風險做空。為加強論點，我請《金融時報》的製圖團隊製作馬匹與香腸的示意圖，放在報導旁邊。我還在頁面上倉促放了一些相片，好讓題目看起來不那麼抽象。不過，很難找到可以搭配的人物相片——債務、衍生性商品或證券化領域的金融人士很少會想被引用或拍攝，複雜金融鏈末端的借款人也幾乎不見蹤影。

二〇〇五年流逝之際，這個陌生領域的輪廓也開始成形。金融人士的訪談狀況有所改善；他們逐漸好奇起來，越來越願意跟我交談。我心想：為什麼他們會願意開口呢？後來才明白，我誤打誤撞進入了一種類似歐比－薩非的模式。當初在塔吉克，村民看見我就很開心，因為他們都知道我就是那個研究婚禮的怪學生。他們也對其他人提供的訊息感到好奇，畢竟跟村民們相比，我有更大的社會自由去提問。倫敦的情況莫名相似。在市場領域工作的金融人士理應很懂得善用數位科技，所屬銀行也該擁有統一的內部作業，不過，實際上，同一家銀行內不同業務板塊之間的資訊流往往不佳。銀行人士的薪資是按所屬團隊的績效表現而定，因此他們會十分忠於所屬團隊。不同銀行內的不同業務板塊看不到整個 CDO 或 CDS 市場的進展，因為他們的視野受限於眼前所見。**這世界在局內人眼中異常費解，在局外人的眼裡就更難懂了**。我對同事開玩笑說：「我像是一隻蜜蜂，進到一大片花田。」我蒐集資訊「花粉」，在銀行間到處散播，就像當年在歐比－薩非的屋舍間到處遊走那樣。

還有一點更令人訝異。理應監督這項活動的機構（亦即中央銀行與主管機關）竟然也面臨迷霧。《金融時報》位於英國央行附近，部門結構類似我之前工作的地方：某個地位高（且能見度高）的部門負責監控總體經濟統計數據，某個能見度沒那麼高（地位多少較低）的團體負責監控資本市場與金融體制內的系統風險。負責管理後者的保羅．塔克（Paul Tucker）也設法為英國主管機關與政治人物製作「旅遊指南」，揭開金融冰山的陰暗部分。我倆經常交流資訊，但塔克也缺乏硬資料，還面對類似的溝通難關——他的同事和政治人物往往認為衍生性商品的技術問題，吸引力遠不如貨幣政策——術語又導致問題雪上加霜。塔克試著發明一些新詞彙，好讓複雜的金融聽來更具吸引力。「俄羅斯娃娃式金融」（Russian doll finance）是其一，「媒介式金融」（vehicular finance）是其二，[9]可是這兩個詞彙都沒有流行起來。

起初，這樣的模式只是讓我很心煩，幾週過去後，我開始擔憂起來。對局外人而言，情況十分複雜；除了局內人，很少有人能理解情況。金融人士堅稱不用擔心，畢竟這些工具理應減少金融體制內的整體風險，而不是增加。那是流動性創造情況背後的理論，也就是說，創新會使得風險在各市場間的流動如水般流暢，因此風險會被精準定價且分散出去。[10]回到一九七〇與一九八〇年代，當時，銀行把風險集中在簿記上（比如說，把錢借給同一座城市裡的一堆房貸借款人）。不過，證券化大幅分散信用風險，因此在有大量投資者的情況下，若發生損失，每個人承受的打擊很小，但沒一位投資者會願意承受打擊或重大損失，理論大致是這樣。背後推動的原則就如同以下這句老話：「問題分攤出去，也就解決了。」

**不過，萬一那種邏輯是錯的呢？**我之所以分不清它到底是不是錯的，正是因為這種邏輯非常難懂。有一些我無從解釋的怪事與矛盾開始敲響警鐘。二〇〇五年，當時就算中央銀行一直升息，市場的借款成本還是不斷下降。另外，創新理應會讓市場變得「流動」，資產交易變得更簡單，但 CDO 交易卻是少之又少，原因在於 CDO 極為複雜。由於缺乏真正的交易，難以定下這些金融工具的市場價格，因此就算系統理應根據按市值計價的原則或使用市場價格，但會計採用的卻是從評等模式中推斷的價格，把 CDO 的價值記錄在帳目上。這是莫大的知識矛盾。另外，證券化的意思是，銀行應該把自己的債務賣給其他投資者，從而**降低**資產負債，但根據英國央行的數據，這類資產負債卻不斷**增加**。有什麼地方不對勁。

我寫了幾篇文章，探討在這個陌生又陰暗的領域，風險究竟是不是真的日益增加？[11]金融人士提出反對意見。二〇〇五年秋季，我開始休產假，這個時機讓我沮喪不已。我跟幾位同事抱怨：「我會錯過一大堆有趣的事情。」我有預感，市場模式會變得很怪，最後市場就會修正，而我到時竟然不在辦公室裡。但我錯了。當我在二〇〇六年春天返回《金融時報》，市場不僅無法「修正」，借款成本甚至降得更低，展延的貸款額增加，創新變得更加荒唐。**我是徹底判斷錯誤了嗎？**自從在塔吉克被迫重新思考博士論文後，我就強烈意識到，自身定見有時真的有強烈的誤導作用。

然而，不安變得更為強烈，我的文章越來越具批判性。[12] 我猶如走在一條寂寞的小徑上，就算這活動變得更狂熱，還是少有局外人能一瞥這個陌生的領域，遑論試圖敲響警鐘。銀行人士為自身的手段編造了很有說服力的創世神話，立基的理論有「市場液化」、「風險分散」的價值等等；少有局外人覺得自己能挑戰他們，銀行人士也少有動機去質疑自己。這並不是因為他們**故意**說謊，更關鍵（且有害）的議題是「習性」。「習性」的概念是布赫迪厄提出，我曾經用它來解釋歐比－薩非公共與私人空間的劃分。[13] 在金融人士的世界，交易檯彼此競爭，銀行外部人員（或甚至其他交易檯）完全不知道實際情況，這些都很自然。混亂的交易執行業務交給後臺（銀行裡的另一個部門，社會地位較低），也是很正常的事。唯有金融人士理解那些費解的術語，對此習以為常。他們在電子螢幕上用抽象的數學進行交易，腦袋與生活完全脫離現實世界裡、證券化的含意，一點也不奇怪。

這種模式確實存在例外。正如電影《大賣空》（*The Big Short*，改編自麥可．路易士（Michael Lewis）的著作）[14] 所描繪，二〇〇五年與二〇〇六年，正值 CDO 與 CDS 的熱潮，幾位避險基金投資者卻決定做空次級房貸的金融工具。之所以想出這個策略，是因為有個金融人士去了佛羅里達，恰巧遇見某位鋼管舞者貸了幾筆她根本還不起的貸款。親眼看見一個活生生的人類處於金融鏈末端，呈現出金融手段的矛盾之處。事後回想起來，這有點令人吃驚，畢竟在整體情況中，**人**的存在十分罕見。少有金融人士願意費心跟借款人交談，全面去看底層的情況。金融人士的**鳥瞰心態**，人類學家的**蟲瞻視角**，簡直是兩個極端，因此才會導致局勢陷入危境。

有時，我試著向金融人士指出這點，但他們往往隨便聽聽。我之後對英國《衛報》（*Guardian*）記者巴頓解釋：「倫敦的銀行人士反彈很大，他們說：『妳為什麼要大力批判這一行？為什麼那麼負面？』諸如此類的。」二〇〇七年，我前往瑞士達沃斯，參加世界經濟論壇，一名權勢很大的美國政府人士站在講臺上，揮舞著我的文章，把我當成是散播謠言的範例。另有一次，二〇〇七年春末，倫敦某位資深金融人士請我去他的辦公室，抱怨說我老是用「隱晦」、「難懂」等字眼描述信用衍生性金融商品。他覺得這類詞彙根本是大驚小怪，沒有必要。他指責道：「那又沒有很難懂！不管誰需要什麼東西，用彭博社的機器就找得到。」

「不過，那百分之九十九、沒用彭博社機器的人呢？」[15] 這個問句把那位金融人士難倒了。他好像從沒想過，那些人可能有權關注金融情勢。我心想，**彭博社村又來了**。金融人士沒在思考或談論的事情，才是至關重要的，然而，人們卻早已習慣忽略。布赫迪厄曾經表示：「意識型態最有成效的影響力，是不用言語傳達的影響力。」[16] 美國小說家厄普頓・辛克萊（Upton Sinclair）更簡潔有力地斷定：「倘若不知就有薪水可領，要他求知可是非常困難。」[17]

這樣的問題不該只有金融人士承擔，媒體的文化模式也很重要。身為記者（局內人）的我比較難看見那些模式，畢竟我是所處環境與自身定見造就的產物。然而，對於不同社會產生的敘事方式，人類學家向來著迷不已。十九世紀的詹姆斯・弗雷澤（James Frazier）、二十世紀的李維史陀等學者研究神話敘事，[18] 人類學家霍登斯・包德梅克（Hortense Powdermaker）轉而研究二十世紀的好萊塢電影敘事。[19] 媒體也是現代敘事流的一部分，因此也受文化偏見的影響，但記者往往難以看清這點，畢竟他們在職場上要遵守原則，提供冷靜中立的報導。局外人經常著眼於「記者的政治偏見」此一爭議，但有個議題更隱而不顯、少有人討論：「記者是怎麼去定義、建構，並傳達政治、金融、經濟等領域的『報導』？」西方記者接受的訓練，是把含有以下關鍵元素的資訊都歸納於「報導」範疇：人物、具體的數字與事實、可公開的言論、敘事（最好有戲劇性）。若觀察二〇〇五年與二〇〇六年的金融界，「報導」具備的關鍵要素大量存在於股票範疇——公司做了具體的事情、顯而易見的股價變動、分析師提出的可公開言論、高階主管相片、完整敘事。

然而，債務與衍生性金融商品的報導有個大問題，就是其具備的前述特性幾乎都是付之闕如——在那當中，人的存在少之又少；有意思又能夠公開的言論難以取得；具體數字十分罕見；出現的事件都是些變動緩慢又隱晦難懂的趨勢，而非戲劇性的重大改變。還有一點更糟糕：該領域充斥一大堆討人厭的縮寫字，在局外人看來晦澀難懂，因而顯得複雜、古怪、乏味至極，容易受到忽視。像是沃爾夫在倉庫看到的空油桶，或是貝爾在停車場拍到的、人們汽車裡的一團混亂。我在備忘錄裡向法蘭西銀行（法國的中央銀行）解釋：「西方記者通常還是認為『好報導』須具備大量人類元素，戲劇化一點更好。」[20] 記者圈有句玩笑話：「流血就會上頭條。」證券化缺乏這類元素，故事變動緩慢、難解，改變發生得很隱晦。衍生性金融商品的領域外，很少有人會想費力理解這些麻煩的縮寫字，找出這看來乏味的世界裡發生的情況。我對法國央行說：「這題材不合乎『好報導』的常見定義，因此大部分報紙不大有動機投注心力在這類報導上，尤其當時媒體資源又逐漸縮減。」這才是金融界迅速失控，人們未能察覺問題的主因，並不是有意隱瞞，也不是有誰懦弱地打算掩蓋活動所致。我有時會對同事開玩笑說：「在二十一世紀的世界，想要隱瞞什麼的話，不用構思詹姆斯．龐德（James Bond）作風的詭計，只要用縮寫字掩蓋就行了。」[21]

## 不只金融界，現代人都需要人類學視野

二〇一一年，我跟艾倫·葛林斯潘不期而遇。這位傳奇人物在一九八七年至二〇〇六年間，負責掌管美國聯準會（美國的中央銀行）。當時我們出席每年會在科羅拉多州亞斯本舉辦的亞斯本意見論壇（Aspen Ideas Festival），他問我可以在哪裡找到人類學的好書。我訝異問道：「人類學？」[22] 在那之前，這位卓越的前央行人士——可左右金融市場的他甚至擁有「大師」稱號——似乎絕不可能對文化研究有絲毫興趣。葛林斯潘是經濟學者的典範，也是以下觀念的立基者：信奉自由市場理論，認為人類的動力是追求利益與合理的自利，而且一致到可以用牛頓物理學的模式追蹤。在這樣的觀念下，葛林斯潘倡導金融創新，採用不插手政策，就連擔心信用衍生性金融商品等因素導致金融泡沫形成之時，他還是認為情況會自行修正，畢竟市場是流動的，效率也高。[23] 他雖然偶爾會就衍生性金融商品既有的風險提出警告，卻也支持金融人士的想法，認同 CDO、CDS 等產品會讓市場更流動、效率更高。

我問葛林斯潘，他為什麼想了解人類學？他苦笑，告訴我世界改變了，他想要理解世界。二〇〇七年夏天，債務鎖鏈的部分債權人（例如：美國的房貸借款人）開始違約，金融海嘯隨即爆發。違約造成的損失起初沒那麼大，卻引發了金融版的食物中毒恐懼。此處

再次使用香腸的比喻會比較容易解釋：如果有一小塊腐肉混入屠夫的攪拌盆，那麼所有絞肉和香腸，消費者都不會買，因為他們分不清腐敗的肉可能會在哪裡。違約情況突然發生在房貸領域，投資者不願意碰 CDO；這類金融工具被切分了這麼多次，投資者追蹤不了其中的風險。那些工具本該分散投資者風險，從而更易吸收衝擊，卻把新的風險——即「失去信心」——引進系統裡。沒人看得出風險在哪裡。

將近一年的時間，金融主管機關努力遏制這個「金融食物中毒」的問題。他們先是撐住市場，為銀行紓困，然後隔離並去除那些含有房貸壞帳（毒物）的金融工具，但沒有用。二〇〇八年十月，金融海嘯全面爆發。對於葛林斯潘等人而言，金融海嘯是痛苦的知識衝擊。整個世代的政策制定者都認為，自由市場經濟誘因可以產生高效率的金融體制，一有任何過度情況（例如：信用泡沫）就會自動修正，不會造成實質損害。那樣的看法似乎是錯了。二〇〇八年底，葛林斯潘對美國國會表示：「（我的思維）有缺陷。」[24] 所以他才會想閱讀人類學的書籍，**想知道「文化」是怎麼把那些模式給搞砸的**。

我深感佩服。葛林斯潘率先在國會面前，提出他對「缺陷」的看法，這番坦誠的言論引發遍地嘲弄，在金融海嘯中損失金錢的人們格外嗤之以鼻。不過，領導者公開承認自己有所不足，這點可說是十分罕見，遑論是有「大師」稱號的葛林斯潘，而會去探究新的思考模式（人類學），試著重新檢視自身想法，這樣的人就更少了。在我看來，葛林斯潘信奉探索的精神值得讚許。不過，隨著我們探討人類學之際，我也體會到一點：葛林斯潘之所以想理解「文化」，背後的原因跟多數人類學家的動力不太一樣。對葛林斯潘而言，研究文化主要是為了理解他人的行為**何以奇特陌生**，就跟伊波拉疫情期間，惠提在英國向人類學家求助是一樣的——為了理解**陌生的他者**。我在亞斯本巧遇葛林斯潘時，他最想知道文化模式可能會對二〇一一年歐債危機造成何種影響，因為他發現希臘人的行為特別費解。換句話說，對他而言，希臘人是陌生的他者，恰與德國人形成對比，他想知道希臘人的文化模式能不能撼動歐元區。

葛林斯潘的關切有其根據。人類學家經常探討「他者」，但那只是人類學能提供的半數而已。在二〇〇八年的餘波期間，不只是希臘出現頗有意思的文化分析素材，華爾街或倫敦發生的債務情況也同樣值得探討。我建議他閱讀人類學家在西方金融領域撰寫的研究報告，有很多選項可供選讀。例如，二〇〇〇年，人類學家凱特琳·詹路（Caitlin Zaloom）在芝加哥交易圈、倫敦市場跟交易員生活在一起，對於趨勢轉向電子市場後，金融人士的文化受到何種影響，進行了追蹤。[25] 何柔宛對華爾街的「流動性」意識型態進行解構，並表明金融市場之所以老是失控，一大原因就是金融人士把這樣的架構放在現實經濟上，卻不明白那在別人眼中很奇怪（或不合適）。[26] 她表示：「為我提供華爾街資料的人們，並沒有把重複的交易與氾濫的員工流動當成是自己的當地文化，而是結合了組織的做法以及他們身為市場詮釋者的文化角色，把『自然的』市場法則和金融循環混為一談。」與此類似，蘇格蘭金融社會學家唐納・麥肯錫（Donald Mackenzie）分析了交易員的部落主義如何促使他們為各個金融產品制定不同的評價模型——就算用的是同樣（理應中立）的數學。[27] 美國法律人類學家萬安黎（Annelise Riles）則精湛地分析了衍生性金融商品合約書在日本與美國的文化含意。[28] 人類學家梅麗莎・費雪（Melissa Fisher）分析華爾街性別失衡的特殊議題。[29] 丹尼爾・蘇勒雷斯（Daniel Souleles）研究私募股權玩家的網路。[30] 亞歷山卓・勞莫涅（Alexandre Laumonier）探討基地臺位置如何影響芝加哥與倫敦附近的避險基金交易策略。[31] 還有位講法語的人類學家文森・雷比內，他在法國的銀行擔任股票衍生性金融商品交易員，撰寫出色的研究報告，說明了連金融人士也難以理解的「破壞式金融工程設計」與「創新金融產品帶來的風險」。[32] 正如人類學家凱斯・哈特所述，有一堆著作試著把總體經濟模式放在更廣的文化脈絡下，將經濟嵌入社交生活中，[33] 甚至有研究報告用啟發人心的出色筆法描繪葛林斯潘自己的「部落」。美國人類學家道格拉斯・霍姆斯（Douglas Holmes）研究英國央行、瑞典央行、紐西蘭央行等機構的儀式，做出以下結論：央行人士對經濟施加的影響力，多半不是倚賴呆板地改變貸款利率（經濟學者的模式往往如此推定），而是唸出口頭咒語——就算是央行人士，敘事與文化還是至關重要，或者說，在央行尤其如此。[34]

不過，葛林斯潘似乎沒有對他自身領域的文化研究特別感興趣。他就像絕大多數的非人類學家人士，以為人類學就是要著眼於**奇特**的現象（在他眼裡就是希臘）。這也怪不得他；客觀地回頭凝視自身或自己的世界，絕非易事，菁英尤其不易。**使用人類學鏡頭觀看自身，所處世界那些令人不自在的真相就會攤開在眼前**。無論是來自金融界、政府還是商界的菁英或媒體，少有人有動機去做那種事。曾經任職於全錄公司的人類學家露西・薩奇曼表示：「對企業來說，雇用人類學家會有個問題：他們可能會把你不想聽的訊息傳達給你。」

正是因為菁英難以翻轉鏡頭，才更需要這樣做。這點在 COVID-19 的例子中清楚顯現，在金錢世界亦是如此。假如金融人士在二〇〇八年前就採用人類學家的鏡頭，那麼金融泡沫也許不會這麼大，之後也不會突然破掉，造成慘重後果。假如更多央行人士、主管機關、政治人物——還有記者——具備人類學家的思考模式，就不會對日益增加的風險視而不見，也不會對銀行人士無條件地信任。

然而，事情遠不僅跟金融或醫學有關。企業領導者與政策制定者只要用人類學思考問題，無不獲益匪淺——假如火星人突然登陸並環顧四周，他們會看到什麼？我是否忽略了某個非常熟悉、並不陌生的現象？假如要在人生中運用「意義網」或「習性」這類概念，我可能會看到什麼？

/第5章/

# 失敗的三方合作

要看清眼前情景，必須不斷奮鬥掙扎。

——喬治・歐威爾（George Orwell）1

德國工程師本赫聽起來火冒三丈。他在密西根州沃倫市、美國汽車巨頭——通用汽車——的會議室裡，眼前的一群人跟他一樣是工程師。有些人來自通用汽車子公司釷星（Saturn），他們的工廠位於五百英里外的田納西州春丘；有些人的據點是沃倫市，他們在有「小車集團」（Small Car Group）之稱的地方工作，該處品牌有Chevrolet Cavalier、Pontiac Sunfire等。本赫的工作地點是在四千英里外的德國盧索斯海姆，他是歐寶（Adam Opel）公司的工程主管，要跟釷星和小車集團共同打造全新車款。這是個高調的合作關係，當時是一九九七年十二月九日。

大家都指望該次合作成功，特別是通用汽車董事會和投資人，希望能顯現出他們面臨衰退的振興之道。各集團的數百名工程師已經耗費一年時間，躲在沃倫市通用汽車建物的二樓，投注於代號 Delta Two 的專案。那是工程師們第二次嘗試合作，但出了些差錯。在室內一角，人類學家伊莉莎白．布里奧迪（Elizabeth Briody）試著釐清原因，她使用的參與觀察法跟我在塔吉克採用的技能基本上是同一種類型。

小車集團代表瑪莉表示：「上次見面我跟你聊過，我們把停車煞車線路徑規畫縮減至兩個系統——釷星路徑規劃，還有本田（Honda）路徑規劃。」該場會議是要討論 Delta Two 汽車的停車系統線路該置放在哪裡。「我們認為，務必要訂出『必要』與『想要』的標準，並且評定等級。釷星路徑規畫得到的分數是 2301.5 分，本田的得分是 2107.5 分，因此我們應該採用釷星路徑規畫。」為了強調這個決定，瑪莉揮著通用汽車的對手——福特——生產的線路板。接著，她拋下震撼彈：「歐寶對這個決定並不滿意。」

釷星總工程師表示：「妳不能先是相信這個流程，然後又說不喜歡數據。」

之前任職於釷星、現在擔任小車集團總工程師的羅伊插嘴：「我們做決定的時候，必須先有共識才行。對於某件事，必須要有百分之七十的自在感。歐寶的人不支持，就表示我們還沒做出決定。做出決定後，每個人多少會有覺得不自在的地方。」

歐寶總工程師本赫突然表明立場：「我的團隊不相信這個流程。」他的同事接著說：

「我們被否決了。」

羅伊反駁：「團隊提出建議，然後又說：『不行，我的團隊不相信這個流程。』這樣我們無法接受。」這群人已經耗費總共兩百八十小時討論這項議題，還是沒有做出結論，整個會議室的人都很不高興。

小車集團另一位高階主管艾略特表示，新車款的「電動助力轉向系統」（Electronic Power Steering，EPS）也有類似的爭論，但他這樣講出來，實在毫無幫助。本赫堅決地說：「我對釷星的解決方案有兩項疑慮：地毯，還有噪音和振動。」

「進度已經晚了一週半。」瑪莉的團隊裡有人指出。

「我認為這項議題必須維持未決狀態。」本赫反駁。

「我們認為你必須接受團隊的決定。」羅伊堅持。

「團隊並沒有達成共識。」本赫說。

「團隊的決定要取得共識，到底要怎麼做？」羅伊問道，似乎很絕望。好像沒人知道方法。[2]

布里奧迪努力觀察一切，匆匆寫著筆記。通用汽車勞工通常會忽視布里奧迪，畢竟嚴格來說，她是他們的一分子，任職於通用汽車研究（GM Research）這個隸屬製造商的單位。不過，她雖看似局內人，卻也知道自己的工作**要像局外人那樣思考**。她凝神傾聽，發現兩個令人訝異的重點，那是身為局內人的工程師看不到的。首先，此時正在進行的不僅是「德國人」與「美國人」之間的爭論，美國的不同群體間也存在爭論。通用汽車深受部落主義所擾。其次，該場會議之所以淪為災難一場，不只是因為工程設計觀念有差異（例如：布線方式），也是因為局內人看不到以下事情：在討論工程設計議題以前，不同「部落」對於何謂「會議」，就已經抱持不同的文化定見。他們從沒留意到彼此的差異，更不可能去反思，畢竟他們視會議為理所當然，覺察不出它的價值所在。然而，好比 Kit Kat 的例子——在世界各地的包裝類似，卻承載不同意義——**名為「辦公室會議」的現代儀式也許看似普遍共通，實則並非如此**。若在機構運作方式上不明白這點，就會引致災難，或根本運作不下去。

布里奧迪在 Delta Two 專案之後隨即向某位記者解釋：「我的工作就是把隱而不顯的地方變得顯而易見，有時那樣會讓人不自在，但這就是人類學家的工作。我們幫助大家把模式看得更清楚。」[3] 此外，從這類模式中可以得知，通用汽車等曾經優異的公司何以在二十世紀晚期走錯了路，試圖跨越疆界、進行併購，或純粹結合不同必要專業技能（比方說，汽車公司試著製造自動駕駛汽車）的其他公司何以無法擺脫風險。

## 生產線遊戲與勞工的怪罪文化

很多大公司都會雇用人類學家研究自家公司，通用汽車並不是先驅。這應該歸功於美國西方電器（Western Electric，AT&T電信集團的前身）。當年西電的主要工廠坐落於伊利諾州霍桑，一九二七年，哈佛大學的人類關係學院剛成立不久，西電管理人員就邀請那裡的研究人員前往西電的作業現場，從兩萬五千名製作電話設備與零件的勞工當中，挑出一些人進行研究。西電領導階層想分析的問題，至今仍是商學院研究與管理顧問的主題：**他們採用的做法能否有效促使勞工把工作做好？**這個議題自一九二〇年代起就引發莫大焦慮；快速的科技變化和全球化把商界搞得天翻地覆。

投入該項專案的哈佛大學團隊，由精神科醫師埃爾頓．梅奧（Elton Mayo）帶領，團隊中有個叫做威廉．洛伊．華納（William Lloyd Warner）的人類學家，先前研究澳洲原住民族群，後來改為研究美國公司制度，預示了貝爾在英特爾的轉型。[4]研究人員進行了兩種實驗，他們先讓不同團隊的勞工待在不同程度的光照下，觀察勞工的表現是否受光照影響。然後，研究人員更改勞工的班表與休息時間，再次進行觀察。

結果令人吃驚，卻不是大家想的那樣。根據觀察結果，光照與休息時間雖然更改，但勞工生產力卻少有變化。不過，相較於勞工以為研究人員不在場的時候，他們覺得自己被觀察的時候，生產力獲得大幅改善。研究人員因此頭痛起來，畢竟這表示光是研究人員在場就會導致研究對象產生變化（此現象稱為「霍桑效應」）。主管們也從中學到了一課：要改善勞工生產力，有時最簡單的方法就只是讓他們**以為**自己正被留意。這一課在二十世紀跟二十一世紀同樣重要。

接著，梅奧對勞工進行調查，但該場實驗並未依照計畫進行。勞工填寫問卷時，給的總是「他們覺得研究人員想聽」的答案，於是華納提出建議，採用他研究澳洲原住民時使用的工具——非結構式觀察法與開放式訪問法——也許會比較明智。人類學家貢札雷茲（Gabriel Santiago Jurado Gonzalez）表示，菁英學者要「不間斷」傾聽勞工想說的話，並非易事。[5] 米德說，地位高的教授與高階主管習慣出聲發言，不習慣以「兒童般的好奇心」進行觀察。三年期間，西電允許研究人員進行兩萬個非結構式的訪問，結果顯示管理階層對員工抱持的定見大錯特錯。他們以為勞工對經濟誘因的反應最佳，以為工廠裡講究形式、官僚作風的員工階級就是權力模式的運作方式，不過，貢札雷茲表示，研究人員發現：「公司裡的非正式結構，是從同事之間既有的社會關係打造而成，有別於公司組織圖與內部規定樹立的正式結構。」此外，**經濟誘因並不是唯一會影響工作表現的動機**。研究人員揭露了一些故事。比如說，有一名十八歲的女勞工表示，她因生活壓力不得不要求工廠加薪，卻害怕自己跟原本相處融洽的同事因而疏遠。

西電領導階層請哈佛團隊（當時的哈佛也跟芝加哥大學合作）研究哪些誘因會提高生產力。但又一次，研究結果沒有出現他們預期的答案。貢札雷茲表示：「勞工之間流傳一種謠言，說效率最高的人是管理階層的『奴隸』。管理階層提高團隊的平均產量，是為了獲取個人利益，結果沒有勞工想脫穎而出。」主管不曉得員工的實際情況，更沒有意識到自己一無所知。

經濟大蕭條來襲，西電的研究專案就此停擺。二戰餘波期間，運用社會科學的想法也失寵了。戰後的美國人迷上工程設計與硬科學，想成為高階主管的人學習的是科學管理、公司效率、高成效規畫的制度。工業技術看起來振奮人心，討論部落主義就顯得老派了。似乎也沒什麼誘因能讓雄心勃勃的美國高階主管思考文化差異，畢竟西方同盟國贏得戰爭，而美國的公司權力正在增長。

然而，氣氛開始有所轉變。通用汽車在不受矚目的情況下著手進行一項實驗。二十世紀初期，這個汽車巨擘就算無法在全球名列前茅，至少也曾經是美國最壯大又成功的公司之一。一九五〇年代，通用汽車確實大占市場優勢；消費者購買的汽車當中，近半數是來自通用汽車在密西根的工廠。通用汽車總裁查理．威爾遜（Charles Erwin Wilson）甚至公開宣稱：「對通用汽車有好處的，對美國也有好處。」然而，到了一九八〇年代，通用汽車的光環逐漸消失。一九六〇年代起，德國與日本汽車進入美國市場，一開始是進口，然後就在美國興建工廠。「外國人」迅速贏得市占率，工人的不滿與日俱增。一九七〇年，汽車工人聯合會（United Auto Workers）在通用汽車發動罷工，行動持續六十七天，通用汽車損失近十億。大眾對美國人的管理系統產生疑慮。通用汽車和福特在二十世紀前半葉之所以享有耀眼的成就，是因為其採用大量生產系統。這種系統認為效率最高的方法就是把勞工當成機器裡的齒輪，在階級嚴明的組織裡，每個人都會分配到一件——而且只有一件——指定的工作。然而，新興的日本對手採用不一樣的系統：豐田生產系統（Toyota Production System，TPS），亦即請勞工以小組形式合作，採更彈性的方式負責一輛車的生產過程，而非把每個勞工當成是與生俱來的齒輪。起初，美國人對這樣的安排嗤之以鼻，不過，到了一九八〇年代，態度就從藐視轉為反思。

通用汽車的高階主管就跟其他汽車製造商一樣，把金錢投入研發，雇用工程師與科學家改良汽車設計。其中一位是羅伯特．弗洛許（Robert A. Frosch），他是物理學家暨前任美國航太總署（NASA）行政官，負責帶領通用汽車的研發團隊。弗洛許是從硬科學領域起步，但在職涯初期，碰到一位在公司工作的人類學家——布里奧迪——他跟科學家共同合作，對於混合眾多視角的概念很有興趣。布里奧迪讚賞弗洛許：「他是個全能型的人才。」於是弗洛許決定把一位社會學家帶到通用汽車的研發團隊。

布里奧迪就像大多數轉戰商界的人類學家，從沒料到自己會進入這一行，也沒想過自己會跟弗洛許這類人有所交集。一九八〇年代初期，布里奧迪在德州大學從事人類學研究。在那個時代，同行通常會前往開發中國家從事田野工作。布里奧迪會說一些西班牙語，拉丁美洲或中美洲似乎是最理想的目的地，不過，她的經費嚴重不足，只好更改路線，轉而研究（大多數講西班牙語的）清潔工——那些人的職責是清掃她所屬大學的建物。從來沒有人做過這件事，畢竟這個「部落」看起來一點也不奇特，也毫無魅力可言，但布里奧迪很想知道自己可以找到哪些藏身在不起眼處的現象。她解釋道：「午餐時間，我會跟清潔工坐在一起，花時間傾聽他們講述人生和工作的故事，什麼都聽。他們跟我聊得很開心，因為以前不太有人想知道他們的事。」

後來，布里奧迪研究了來自墨西哥的農場移工，他們在德州果園採摘柳橙和葡萄柚。通用汽車的研究人員聽說了她的工作，邀請她用同樣的研究技巧，來觀察通用汽車生產線的勞工。一九八〇年代中葉，她來到通用汽車在密西根的辦公室，就此「上鉤了」。在她看來，研究工廠與其看似麻煩的工會會員，帶來的興奮感不亞於親臨亞馬遜或初布蘭群島。那是陌生新奇的知識邊疆地帶，美國航太總署物理學家弗洛許也跟她一樣，急於探究這個未知領域。

不久之後，布里奧迪來到密西根，研究一間嘈雜工廠的生產線。到了一九八〇年代中葉，通用汽車的經理已經使用了各種據稱科學的管理工具，藉以量測工廠的情況，尤其是要設法探究哪裡出了錯。然而，布里奧迪採取的做法截然不同。她採用典型的民族誌研究法，開始觀察眼前的一切，無論是否合乎一般的管理「問題」定義。例如：物料操作員搭著小巴呼嘯而過；倉儲區放滿到貨的存貨；組裝員在「坑」裡工作，把螺栓裝到車底；維修作業區塞滿貨車。對於哪一點比較重要，她努力不抱持先入為主的想法，而是像小孩或火星人那樣，仔細觀察周遭。

某天，布里奧迪跟在物料操作員旁邊觀察，對方說的話嚇了她一跳。「很多人會囤積零件。」操作員一邊說，一邊朝置物櫃做手勢。布里奧迪豎耳傾聽。那時，日本製造商拿下出色成果，刺激美國汽車業興起品質運動。工廠進行「品質訓練」，把品質的概念傳達給每個人，期望建立流暢的物流系統。**為什麼會有人囤積零件？**[6]

「如果你的生產線有某種零件快沒了，你就要負責。生產線要是關閉五到十分鐘，就會影響到領班、總領班、監工、廠長，還會導致通用汽車損失一堆錢。」某位物料操作員對布里奧迪這麼說。「結果很多人就囤積某些零件，存放在自己的置物櫃或錯誤的庫存區，只有他們自己知道零件放在哪裡。」布里奧迪觀察到某條生產線因缺乏零件而關閉。一名物料操作員解釋：「如果操作員以前就存了一些額外的零件，就不會碰到這個問題。」我在工廠的好幾個地方發現大家藏的零件。」他們對簡潔的庫存系統視而不見，反而玩起捉迷藏的遊戲。另一名操作員表示：「我們是遊戲或比賽的一部分，看誰先找到零件帶回家。」捉迷藏玩得很凶，布里奧迪估算那遊戲幾乎占了操作員四分之一的時間，十分驚人。還有一點更讓人訝異：通用汽車的管理階層甚至不曉得這個**遊戲**的存在。

問題因此而生：為什麼勞工會像頑皮的小孩那樣，想把零件藏在置物櫃裡？布里奧迪認為，答案是勞工的處境進退維谷。大量生產模式從前一直左右美國的汽車製造業，根據勞工身為齒輪的表現，使用量化指標來衡量。越多輛車從生產線製造出來，工廠就會發放獎金給勞工，反之則否。新的「品質運動」是以日本與德國的汽車製造商為首，用多種指標來評鑑勞工，例如：產品有沒有缺陷。像這樣的重心轉變，會給投資者留下深刻印象，不過，當中有個問題：即便打著「品質」的口號，美國工廠還是會看「數量」指標來評鑑勞工，並據此給薪。**工廠還是有階級結構，勞工還是被當成齒輪**。

勞工採用獨特的適應策略作為因應之道——「怪罪文化」。只要出了問題，勞工的第一個反應就是怪東怪西，不會自行思考解決辦法。他們覺得自己沒有足夠的主導權去解決問題。某位物料操作員向布里奧迪解釋：「如果你承認某件事是你的錯，你就必須做點什麼才行。怪另一輪班的另一個部門，這樣輕鬆多了。第一守則就是『保護自己』。」沒錯，布里奧迪檢視自己聽到的工廠對話紀錄，結果發現，工廠人員怪罪他人的機率是讚美彼此的七倍之多。[7]

這就表示投資者、高階經理人或某些政治人物提出的想法是不對的：通用汽車的問題，起因是工會與管理階級之間的鬥爭，但其實雙方的爭吵意味著更大的結構挑戰與矛盾。由此可見，通用汽車若只採取**由上而下**的視角，尚不足以解決生產力問題，還必須透過勞工的目光，**由下而上**觀察世界才行。雖然記者、投資者、政治人物和管理者老是沉溺於工會相關的明顯爭議，但最關鍵卻廣受忽視的一點，其實是不斷偷偷破壞工廠規定的行為。組裝工人的捉迷藏遊戲就是其一。

於昔於今，投資者與管理者都該學到更重大的一課。商學院老師傳授相關知識給學生時，往往著眼於正式的機構階級與組織結構，並據此思考不同團隊或階層之間何以爆發公開衝突。然而，人類學家向來都知道，**權力的運用不只是透過正式的階級，也會經由非正式管道，而且衝突不一定都是公開的**。這種現象可以參見人類學家詹姆斯・斯科特

（James Scott）以馬來西亞佃農為對象所做的研究報告。被壓迫的佃農面對地主時，往往不會以公開衝突的形式還擊，而是採取拖延策略與破壞，或者是斯科特所說的「拖拖拉拉」。[8] 馬來西亞農夫跟密西根工會看來好像沒什麼直接關聯，不過，布里奧迪觀察到的現象，純粹是另一種有效的「拖拖拉拉」法，藉以應對亂七八糟的庫存系統。這種做法會產生廣大又具破壞性的影響，某種程度上，企業管理者多半看不到其影響，畢竟他們從沒想到要去查看員工的置物櫃。

二十年後，二〇〇八年全球金融海嘯前夕，布里奧迪回到她曾觀察到捉迷藏遊戲的廠區。在那幾年間，通用汽車的亞洲對手搶到了更多市占率。通用汽車等公司的因應之道，就是把部分生產線從發源地密西根移到美國境內、工會沒那麼強大的地方（例如：田納西州），還把工廠搬到墨西哥等國。這類「外包」是為了降低成本，畢竟墨西哥的勞工薪資比密西根低多了。結果非常出人意料：墨西哥的工廠不僅能以較低成本製造汽車，品質也往往更高。

**為什麼？**布里奧迪被派回去調查，同行的還有通用汽車的兩位同事崔西・彌沃斯（Tracy Meerwarth）與羅伯特・查特（Robert Trotter），他們使用與先前類似的研究模式。某方面來說，他們的發現值得喝采一番。布里奧迪在一九八〇年代開始投入研究時，認為自己的建言儘管經過通用汽車董事會審查，有很多還是被高階主管忽視了。然而，二十年後，她發現公司整體變化大得驚人。由上而下的統計數據證明了以下現象：一九八六年至二〇〇七年，通用汽車的生產力提高了百分之五十四；一九八九年至二〇〇八年，顧客投訴件數減少百分之六十九（有瑕疵的點火開關醜聞損及了接下來十年的狀況）[9]；一九九三年至二〇〇八年，職業傷害與疾病造成的工作日數損失則減少了百分之九十八。[10]

還有一點更令人訝異。從民族誌研究看來，「怪罪文化」正在衰退。彌沃斯在密西根某家工廠目睹的插曲呈現了這個改變。某天，她去參觀一家剛運作的沖壓工廠，工廠的沖床和其他設備還沒全部裝設完畢，而且當時只輪一班。廠長戴維斯請一群勞工——所謂的「專業老手」——在嶄新的廠區選擇一處作為娛樂室。勞工們果然選擇了遠離沖床噪音的地方，[11] 但戴維斯希望娛樂室能夠靠近主管辦公室，雙方因此陷入僵局。汽車勞工工會（Union of Autoworkers，UAW）的主要成員唐恩對彌沃斯說：「他們先讓你有選擇，然後再把它拿走。這簡直是在我們臉上打了一巴掌！」二十年前，這樣的爭執可能會引發工會與管理階層相互爭執，不過，戴維斯讓步了，唐恩的團隊可以把他們選擇的地方當成娛樂室。唐恩說：「有時我會覺得好像在拿自己的腦袋撞牆。通用汽車的老套做法就是這樣的觀念：『嗨，我是新的老大，我的做法就這樣。』老實說，我們做出的改善比十年前還要大，比起二十年前，更是大上許多。儘管還是有些問題存在，我們已經握有成功的訣竅。」賦權文化逐漸興起。

布里奧迪的研究小組從沒機會向通用汽車的高階主管報告研究結果；他們才剛完成研究，金融海嘯就爆發了，引發全球大蕭條。通用汽車因此破產，交由政府控制。布里奧迪和其他研究人員失去工作，數以千計的通用汽車員工也失業了。布里奧迪表示：「情況令人難受。我認為，通用汽車在二十世紀初的表現應當得到讚許；他們當時終於要開始往更好的方向邁進，可惜為時已晚。」

## 你的會議不是我的會議

後續幾年，布里奧迪發現，她在通用汽車學到的教訓可以應用在許多公司。她會向一些全球集團提出建言，以期應對不同族群在公司內部產生的文化衝突；她和其他人共同撰寫手冊，協助那些轉移至外國的西方企業領袖應對看似**陌生**的文化。[12] 雖然她的建言是針對跨文化的溝通不良，卻也強調一項既關鍵又常被忽略的要點——**最嚴重的誤解有時是發生在同一族群的不同團隊之間**。來自不同地點的人員，或受過不同專業訓練（例如：IT

勞工跟工程師），產生的誤解會格外嚴重。即便人們說著相同語言，懷抱同樣的國家認同，有時也會出現嚴重的溝通問題。原因在於**沒有人會留意或質疑自己的定見，更不會花時間去了解他人的想法**。研究西方專業文化其他層面的人類學家向來都會強調以上論點。

回到一九八〇年代，法蘭克・杜賓斯卡斯（Frank Dubinskas）跟一群研究人員攜手合作，探討幾個不同族群的「時間」觀念——粒子物理學家、從事基因研究的生物學家、半導體工程師、醫療專業人士、律師、金融人士。杜賓斯卡斯表示：「對於我們調查的族群來說，時間含意各有不同。我們習慣把時間講成是『西方文化』的一部分，彷彿有某種統一的脈絡或支配架構可以仿效時間。然而，在從事科學工作與技術工作，或在塑造科學專家與技術專家共同體的時候，社會建構的多種時間差異是非常關鍵的要素。」[13]

日後，布里奧迪回頭看了自己在通用汽車 Delta Two 專案期間所寫的紀錄，才意識到當初的研究一開始是立基於錯誤的定見。這種情況屢見不鮮。通用汽車的人多半以為該項專案之所以出現種種揮之不去的問題，是「德國人」（亦即德國盧索斯海姆的歐寶工程師）跟「美國人」（田納西州春丘的釷星，以及底特律地區的小車集團）之間的爭執所致。不同團隊說著不同語言，捍衛著不同的汽車技術；這種情況很容易讓人想使用這類的民族標籤。然而，布里奧迪觀察團隊的運作，卻發現民族標籤只能用來解釋問題的一部分而已。令人意外的是，在盧索斯海姆工作的美國人表現得有如歐寶團隊的其他成員，也就是德國人；在底特律地區工作的德國人反而表現得有如美國團隊的多數成員。重要的不是**民族**，而是不同機構與場所內部出現的**文化**。令人訝異的還有一點：「美國人」並非都一樣，也存在一些文化鴻溝。其中一個團隊的據點在密西根，鄰近公認的通用汽車總部，第二個團隊來自田納西州春丘；一九八〇年代，通用汽車在春丘建立工廠，拚命設法阻擋日本的競爭對手。當時，通用汽車高階主管故意不在密西根設立新廠，為的是削減工會的力量，同時改變工廠的作業模式，並制定新做法，讓管理者與勞工更「團結」。結果，春丘工廠的文化有別於密西根工廠，兩者的文化差異就跟「德國人與美國人」同樣重要。

勞工本身無法描繪所屬文化獨有的特徵，畢竟人人都以為自己的工作方式很「自然」。布里奧迪一直設法比較勞工來找出差異，她跟其他人類學家都發現了一點：**觀察儀式與符號有利於釐清模式與差異**。在塔吉克，我採用這個方法觀察婚禮儀式，布里奧迪則是著眼於公司的會議。[14] 一般來說，上班族不太會花時間思考「會議」的意思。[15] 不過，布里奧迪仔細閱讀自己在 Delta Two 協商期間觀察會議時所做的文字紀錄，結果發現三個團隊對於「會議」應該有的樣子，各自抱有不同定見。盧索斯海姆的歐寶團隊覺得，會議應該要簡短，事先明確定好討論事項，日常工作大多數是在會議以外的地方執行，因此會議唯一的作用就是做出具體決定；「我在開會」並不等於「我在工作」。此外，既然會議的目的是做出決定，那就應該由領導者主導。階級權力結構是存在的，至少他們是這麼認為。

然而，來自底特律地區的小車集團工程師認為，「開會」等於「工作」，而工作時間多半是花在坐著開會上。有別於盧索斯海姆團隊，底特律團隊認為開會很適合分享概念，因此不應該事先決定會議的討論事項，而是在交流資訊時漸漸確立方向。盧索斯海姆團隊有著階級式、領導者導向的系統，但底特律團隊覺得開會做出的決定應該合乎多數人的偏好；也就是說，該項決策要獲得多數人支持才行。

田納西州團隊採用的又是另一種心理與文化模式。田納西州的工程師有一點跟盧索斯海姆團隊很像；他們都認為會議應該要簡短，大部分工作理應在別的地方進行。但另一點又跟盧索斯海姆不大像：田納西州團隊認為，會議的重點是形成共識，不是做出決定，所以不應該事先定好討論事項。此外，他們不喜歡依照階級、由領導者做出決策。不過，春丘工廠有一條既有的正式規定：唯有所有人都同意某個概念起碼有百分之七十的正確性時，才能以此下決定。換句話說，「美國人」不是單一的群體。

之後，布里奧迪研究了通用汽車另外三家分公司的會議儀式：巴西通用汽車（GM do

Brasil），通用汽車在巴西的公司；通用汽車卡車集團（GM Truck Group），以密西根州龐蒂亞克為據點的單位；五十鈴（Isuzu），日本藤澤市的公司，跟通用汽車達成合資交易。她在這三處看見更多不同的版本。龐蒂亞克的通用汽車卡車集團採用「個人自主力量」的模式來完成工作，巴西通用汽車採用「合作」模式，五十鈴採用單一的「權威聲音」模式。五十鈴的理想公司文化是「和諧」，巴西通用汽車是「相互依存」，通用汽車卡車集團是「個人主義」。[16]這三種文化模式沒有對錯之分，但確實不一樣，而且因為大家都很熟悉會議的概念，所以往往不會留意到那些差異。換句話說，通用汽車大部分的工程師與高階主管從來都不曉得，改善作業最簡單的方式就是退一步去想——假如我是從底層員工的角度，而不是高高在上的「長」字輩高層去看這個組織，會是如何呢？空間是怎麼用來強化社會與心理上的區分？換句話說，**人類學家可能會看到什麼？**當然，前提是人類學家獲准進入團隊，而領導者又願意聽取他們意見的話。

一九九九年，布里奧迪向 Delta Two 團隊簡報研究結果。那時，專案顯然陷入困境。通用汽車產品開發資深主管認為，三個團隊無法共同製作出座位底下有通用系統的小車，於是中止了專案。有些工程師把這議題歸咎於科學，但布里奧迪試著扼要列出與會者對會議懷有的不同定見。她傳達的訊息讓大家嚇了一跳，卻也鬆了一口氣。

「有位資深工程師靠坐在椅子上，雙手抱頭說：『我終於懂問題在哪了！』」布里奧迪回想當時的情景。「他一直說：『我以前就是一直不明白這個，但現在我懂了。』」文化至關重要。

/第 6 章/

# 奇怪的消費者

不奇怪，才奇怪。

——約翰．藍儂（John Lennon）

二〇一五年春天，壞保姆（Bad Babysitters）顧問公司的高階主管梅格．金尼（Meg Kinney）收到洛杉磯數位策略顧問傳來的緊急訊息：「有個客戶需要妳的協助。」

該客戶機構是報春花學校（Primrose Schools），據點在喬治亞州。從書面資料上可以看到，報春花學校似乎是大獲成功。該校創立於一九八三年，負責照護六週至五歲的嬰幼兒，總資產額接近十億美元。他們在美國各地都有分校，總共有四百家托兒所，一萬一千五百名員工。之所以能達到這樣的規模，是因為管理階層廣為採納數據與教育專業知識。他們提供有專利的「平衡學習」課程，內容以發展研究為基礎，結合知名早期學習哲學家提出的最佳見解，運用一些經濟模式預測將來的供需，並使用大數據建立趨勢與潛在追隨者的輪廓。金尼在報告中表示：「如果媽媽在樓上用 iPad 查看幼兒園的等級和評論，爸爸在樓下開著電視，用手機查美式足球比賽分數，這個時候，報春花學校就會知道，然後把版本獨特、可提高認知度的內容分別推送給他們兩個人。」[1] 儘管要去托兒所的其實是孩子，而不是家長或祖父母。

不過，報春花的高階主管碰到一個問題：關鍵績效指標（Key Performance Indicator，**KPI**）很奇怪，轉換率很低。家長瀏覽網站、跟內容互動、造訪社群媒體，但在關鍵時刻──參觀學校後──註冊率卻不如預期，讓人摸不著頭緒。品牌認知度似乎足夠，消費者的諮詢率日益增加；方案沒有改變，預測模式也沒有改變，不過，確實有地方出錯了。從家長的數位行程中蒐集的大數據資訊，雖能呈現出家長的行為表現，卻沒有解釋**原因**。

金尼投入調查。她所屬的策略顧問公司名稱──壞保姆──跟早期教育的專業化毫無關聯，他們多半是跟消費產品公司或零售商合作，選擇這標語只是為了增加記憶點的行銷手段。不過，該家顧問公司之所以突出，是因為他們採用了民族誌研究法。金尼大部分職涯是擔任廣告業的業務企劃，負責處理寶僑等公司業務，不過，她偶然發現了民族誌研究法與人類學的概念，並欣然接納。這樣的人不只她一個。人類學興起於十九世紀，為的是研究**陌生**文化的儀式、符號、神話、製品，還有制度與社會體系。二十世紀，有些人類學家（例如：通用汽車的布里奧迪）採用這些工具，觀察制度裡的情況。它們也可以闡明消費者文化；以局外人的眼光去觀察美國消費者眼中的「正常」時，這些工具尤其好用。

一九五〇年代，人類學家霍洛斯・麥納（Horace Miner）以令人難忘的方式做到了這點。他寫了劃時代的諷刺文章，觀察「加利美亞人」（Nacirema，是American倒過來寫）部落——鏡子裡的美國——的「身體儀式」。[2] 麥納在該文中描繪，某位人類學家無意間踏入一個北美族群，居住領域介於加拿大的克里人（Canadian Cree）、墨西哥的雅基人（Yaqui）和塔拉烏馬拉人（Tarahumara）、安地列斯群島的加勒比人（Carib）和阿拉瓦克人（Arawak）之間。他們對人體特別著迷，有個習俗是每天在有聖水盆的神龕前做兩次儀式，儀式的動作是由「聖人」教導年幼的小孩，也就是由「牙醫」教導刷牙儀式。到了二十世紀晚期，許多行銷與廣告團體採用麥納的概念來看待消費者。為此，企業有時會雇用那些受過人類學訓練的人士。[3] 然而，人類學家以外的人也會採用民族誌研究法的概念，這股趨勢讓一些學者感到不自在，抱怨非學術研究很膚淺、損及人類學。新興的企業民族誌學者恰當地提出反駁，他們指出，在這股趨勢下，人類學有了新的影響力，促使「田野工作」的概念出現一些意想不到的創新。

## 失效的專家牌

壞保姆是這股趨勢中的絕佳範例。回到馬林諾斯基與米德的時代，當時的人類學家多半是以肉眼觀察人們——面對面觀察是人類學的明確特性。然而，金尼跟多媒體敘事者哈爾．菲利普斯（Hal Phillips）合作，進行影像民族誌研究，使用攝影機拍攝一切，方便日後回顧當時的互動情況。於是研究人員開始能使用另一種工具，看見那些其他人沒看見的地方，並且研究全貌，藉此輔助大數據。金尼解釋：「企業問題就是人類問題。每一個數據點在核心上就是代表著某種人類行為。」[4]

金尼和菲利普斯在報春花學校的案例中推行了該策略。他們徵求十幾個美國家庭——包含既有和潛在的家長——並選了兩個地點。這些家長平均年齡為三十三歲，每年家戶所得超過五萬美元。研究人員把「練習簿」寄給每個家庭，裡面有開放式的問題，例如，假如選擇幼兒園是一種運動，家長會怎麼描述它（有些家長會將其比喻為水肺潛水，因為可能會有溺水的風險）。此外，研究人員會用攝影機記錄那些家庭，了解他們在學校、商店、遊戲場及住家附近的日常活動。研究人員還會參加報春花學校的參觀日，拍攝家長在參觀後、進入自家汽車時有何反應。

影片呈現出的重點有利於解決報春花謎團：家長和老師的托育服務觀念分別有不同的

意義網，核心問題有一部分跟世代相關。報春花的高階主管大多是 X 世代，亦即一九七五年前出生的人，汲取的是二十世紀晚期的美國價值觀。他們長大成人的時期，「專家」備受尊崇，當時的人覺得家長會尋求托育服務，是因為想去工作，同時也想為小孩找到教育成就，例如：學習閱讀。

然而，二十一世紀的家長——年紀介於二十五至四十五歲——抱持的態度截然不同。金尼表示：「這些人剛好是美國至今教育水準最高的一群，也正好是在薪資停滯的時代被雇用，工時更長，還要背學貸。這群人在『注意力經濟』時代身居親職的最前線。在這個時代，注意力長度縮短，壓力增加，還有個人化需求……年輕家長要在網路第一的世界裡養兒育女。」[5] 這些家長往往被稱為「千禧世代」，不過金尼本人會避免使用這個稱呼。在育兒方面，他們比前人更加感受到**道德衝突**：家長把小孩送到托兒所，是因為雙方基於經濟理由都必須工作；而政策制定者、企業、收入穩定的家長不斷強調早期兒童經驗扮演的關鍵角色，容易引發愧疚與恐懼。至於老師在早期教育扮演的角色，老師和家長的觀念也各有不同。老師強調的是學習里程碑；家長想要的是培養小孩的個性、好奇心、自我表達、韌性，讓小孩準備好投入各種社交互動。家長對不明確的將來感到煩心，畢竟小孩以後得跟不同的人類和具有 AI 功能的機器和平共處。金尼表示：「在文化上，原本是鼓勵小孩的信心（例如：參加獎），漸漸改為培養小孩的韌性。適應力是二十一世紀的技能。」

還有個差異，那就是家長不尊崇**垂直式的權威階級**，也就是說，需要聽取他人建言時，科學家、老師、執行長——或報春花學校的高階主管——等「專家」不一定是最佳人選。家長會受到「水平式」或「分散式」信任的影響（這兩個用語是由社會學家瑞秋・波茲蔓（Rachel Botsman）提出），比較重視同儕提供的資訊。[6] 在家長的眼裡，專家不是權威來源，也不會成為他們願意支付幼兒園費用的原因。這點很重要，因為報春花的行銷文宣都是在誇耀自家的「專家」，還用了很權威的「一對多」語氣。

壞保姆向報春花學校的「長」字輩高層報告他們的研究結果，所有人都非常吃驚。報春花學校品牌管理副總保羅・薩克斯頓（Paul Thaxton）對金尼說：「我們以前從來沒有經歷過這樣的事情。」校方贊同壞保姆的看法，改變策略，把品牌標語從「美國早期教育與托育的領導者」改成「小孩的人格跟知識同樣重要」。校方還改變數位內容，對於統計數據、學術研究、專家的建言，一律輕描淡寫，用更親切的語氣，摒棄「研究顯示」，改用「我們認為」這類用語，鼓勵學校董事把正式講稿定調為積極傾聽。為打造橫向社區感，學校董事還採用人類學的另一個核心原則：儀式與符號。他們體會到，家長做出註冊決定就像是加入社區一樣，於是使用文化裝置來加強這方面。比如說，發送「入學紀念」

背包，以教導友誼的「狗狗艾文」戲偶為主角，舉辦儀式。

結果很有用。研究完成後的一年期間，家長註冊率成長百分之四，諮詢率增加百分之十八，參與度增加百分之二十四（採用社群媒體指標）。在教育界的公共認知度上，報春花從第四位提升至第一位。這樣的改善幅度雖不算是革新，也足以稱得上是躍進了。

**為什麼光憑大數據無法解釋消費者文化？**若要理解箇中原因，請參考哈佛大學演化生物學教授亨里奇提出的、西方人的「奇怪」（WEIRD）本質。那些概念很值得一讀。亨里奇最初的職業是航空工程師，之後轉到人類學領域，研究文化、人類生物學、環境之間的互動（或說是結合體質人類學和文化人類學）。㉙ 在投入人類學的期間，他曾經前往智利，去馬普切人那裡從事大量田野工作。亨里奇的研究結果與其說是揭露了馬普切人的實況，不如說是揭露了西方心理學的本質。[7] 此領域在二十世紀與二十一世紀蓬勃發展，對人腦運作（或不運作）的方式提出了實用的見解，但當中隱含不利因素。亨里奇說，心理學家提出的理論，很多都是研究那些容易觸及的研究對象，也就是學生志工——通常是西方人，教育水準高，將近二十歲或二十歲出頭。由此可見，心理學的研究雖標榜會提出普遍共通的研究結果，實際展現的卻是教育水準高的西方腦袋的運作方式。亨里奇對馬普切人進行同樣的實驗，卻得到不同結果。

這些差異可以分成幾大類。第一種：大腦是以何種程度透過循序推理法（A造成B造成C）與嚴格篩選式觀察法（不是全面觀察整體情況）來解決問題並吸收資訊。循序推理法跟西方啟蒙時代的思想有關，而普遍閱讀拼音的習慣更是有增強效果。因此，亨里奇在美國學生面前展示一些相片，並請他們解讀的時候，學生往往會注意並追蹤相片裡的關注焦點，忽略脈絡與背景。[8] **人們被邏輯分析與狹隘視野給支配了**。沒有書寫文字的文化往往是採用嚴格篩選式觀察法，馬普切人即為一例，他們使用適合脈絡的整體關係來支持自己的選擇。亨里奇在其他地方進行類似實驗，發現儘管有程度上的差異（而且各地區內部、人們之間也有差異），但其他國家的人還是可以分成兩類：分析式思維，在荷蘭、芬蘭、瑞典、愛爾蘭、紐西蘭、德國、美國、英國是主流；全局式思維，在塞爾維亞、玻

㉙ 雖然體質人類學與文化人類學在二十世紀初就已分成兩個獨特的學科分支，但有些人類學家還是繼續從生物學與實體環境的角度來分析文化，這種做法在近年逐漸流行起來。賈德・戴蒙（Jared Diamond）的幾本暢銷書有推波助瀾之效，《槍炮、病菌與鋼鐵：人類社會的命運》（*Guns, Germs, and Steel: The Fates of Human Societies*）即是其一，亨里奇的作品與此類似。羅賓・鄧巴（Robin Dunbar）的作品也有異曲同工之妙，這位演化生物學家的工作就是探討大腦尺寸會對社群團體的結構與規模產生何種影響。

利維亞、菲律賓、多明尼加共和國、羅馬尼亞、泰國比較廣泛應用。

第二種差異是身分認同。當亨里奇問別人：「我是誰？」美國人和歐洲人的回答往往涉及個人特質（例如：職業），非西方人（例如：桑布魯人、肯亞人或庫克島人）則是用家族關係來確立自我，還會談到親屬關係和社群角色。亨里奇寫道：「著眼於人的特質與成就，而不是角色與關係，可說是心理包袱裡頭的一項關鍵要素，而我會將其統整為個人主義情結。」[9] 第三種差異是道德觀。當亨里奇詢問對方，能否為了家人而說謊或欺騙，西方社會的人通常會回以否定的答案，認為道德和規定應該要普遍應用，然而，非西方群體往往會回以肯定的答案，認為規定可視脈絡改變。[10] 亨里奇舉了某項令人吃驚的自然實驗為例，跟紐約停車罰單有關。二〇〇二年以前，聯合國外交官收到紐約停車罰單，可享有豁免權。儘管車子停錯地方不會罰款，但在這段期間，英國、瑞典、加拿大、澳洲等國外交官收到的罰單總數是**零**。就算違規不用付出代價，他們還是會遵守規定。然而，埃及、查德、保加利亞的外交官每人累積了一**百多張**罰單。在他們眼裡，道德取決於脈絡。

對於這種情況，西方人可能會有的反應就是批評非西方文化，說他們很「奇怪」。不過，亨里奇認為，怪的其實是歐美社會的態度，因為從古至今，人們都是在糾纏不清的緊密家族網下長大成人。在這些受規範的關係世界裡，人們的生存、身分認同、安全、婚姻、成敗，端賴於親屬人際網是否健全繁榮。**西方社會才是局外人**。人們往往高度個人主義、自戀、控制導向、不遵循常規、善於分析，把自己看成是獨一無二的存在，偏好享有控制感，自己做選擇。[11] 他把這些特性稱為 WEIRD（字面意思是「奇怪的」），亦即 Western（西方）、Educated（高教育水準）、Industrialized（工業化）、Rich（富有）、Democratic（民主）。

若想理解消費者文化，這樣的區分就很重要。在 WEIRD 文化中，人們往往以為個人是所在世界的中心。㉚ 此外，社會是個人衍生的產物，個人面對自己的命運與身分認同應該是有選擇的。在二十一世紀，此概念確實擴展到昔日難以想像的程度，原因在於數位科技助長了以下概念：消費者可以按照自己的期望去塑造周遭的世界——音樂、食物、咖啡、媒體等可以客製化，幾乎什麼都能自己選。我們都活在自身版本的《駭客任務》（*The Matrix*）裡，也可以說是「C 世代」（Gen C，Generation Customization，客製化世代）。

所有人因此覺得西方消費者的動力是個人選擇，於是經常採用心理學與大數據，來證

---

㉚ 之所以使用「往往」一詞，是為了強調亨里奇提出的架構是描繪出所有社會都有的一種行為模式，只是程度不一罷了。就算是在 WEIRD 社會（例如：美國），還是會有大得顯眼的差異存在。

明人腦如何運作、個人在線上做了哪些事。然而，雖然消費者認為自己的決定是基於全然理性又獨立的選擇，且合乎WEIRD的理想，但事實很少是如此。他們使用的符號與儀式是從周遭環境承繼而來，用以確立自己的身分認同。**消費者是由群體忠誠度和社會關係所塑造，並且在空間型態下運作，而那些型態有一部分是由他人打造的。**消費者從所在環境吸收的概念有可能極其矛盾，層次又多。不過，消費者也許不會承認這點，原因正是他們懷有WEIRD的設想，以為只要運用有邏輯的循序思維與狹隘視野，問題就能夠解決，或**應該**得以解決。因此，現代消費者文化雖是從WEIRD價值觀興起，但要真正理解，光憑WEIRD思考模式是做不到的。西方消費者比自己認知到的還要更為複雜。

## 看不見的消費者情感訴求

對於消費者文化的矛盾之處，從巧克力到寵物食品、無所不製造的巨擘公司瑪氏食品再清楚不過了。該集團最知名的產品就是糖果，經典的瑪氏巧克力棒即是其一，但自一九三〇年代起，瑪氏也開始販售寵物食品。這條業務線一開始不太顯眼，然而，到了二十世紀末，寵物食品部門迅速成長，反映出市場不斷發展的情況，尤其是在美國。一九八八年，只有百分之五十六的美國家庭養狗或貓，到了二〇一二年，比例躍增至百分之六十二。[12] 一九九四年，美國人花一百七十億購買寵物食品，到了二〇一一年，金額變成三倍多，高達五百三十億。

二〇〇九年，瑪氏食品高階主管認為，寵物食品部門的表現引人注目，想提高產品市占率，然而，哪些行銷訊息可能最有成效，他們並不清楚。畢竟西方人對寵物食品的重視大得怪異——或者說，以更寬闊的（人類學）視角去看的話，就會覺得那樣很怪。西方世界進入二十世紀以前，人們往往是拿剩菜餵寵物吃（世上有許多地方至今仍是如此），到了二十一世紀初，美國飼主開始認為寵物需要吃特別的食物。**為什麼？**購物者怎麼判斷寵物食品好不好？畢竟收受者本身——狗——又不會講話。

人類學家瑪麗安．麥凱博（Maryann McCabe）應邀進行研究，這位溫文爾雅的女性學者善於融入背景。她的職涯始於一九八〇年代紐約大學的學術人類學領域，研究美國的兒童性虐待、親屬關係和法律，接著，她被消費者研究吸引。她在這塊領域學到的教訓，跟貝爾、安德森在英特爾學到的一樣：公司想獲得人類學的見解，但沒有想利用學術界人類學家的研究方式（亦即，使用跨文化比較與理論的分析式架構，針對單一族群進行長期的耐心觀察及研究），而是針對多個關係網——不是單一族群——進行短期研究。部分學者因此感到氣餒。但這種做法仍能帶來啟發，畢竟短期研究還是提供了立體的微分析，跟大量統計數據組形成很好的對比。

瑪氏食品高階主管請她研究兩個地區：費城和納希維爾。麥凱博選了十二個養寵物的家庭，請他們製作相片日誌和拼貼畫，用來表現他們覺得養寵物的意義是什麼。這跟雀巢高階主管對日本 **Kit Kat** 採用的做法很類似，概念是讓飼主觀察自己養的狗，只是採用較不直接的方法。麥凱博和另一位人類學家共同觀察那些家庭和狗在家中的情況。他們跟那些家庭一起去買寵物食品，鼓勵飼主以意識流的方式談論自己的感覺。有時，麥凱博會請瑪氏食品行銷團隊陪同進行，畢竟她覺得自己能提供的、最實用的服務不只是寫報告而已，還能教導管理階層以不同視角觀察世界，或者更像人類學家那樣思考。

結果相當令人訝異。麥凱博觀察那些家庭後，發現寵物對他們來說不只是動物，或是自然王國裡的樣本。她在報告中表示：「養寵物的人是以親屬稱謂稱呼寵物。受訪者說，他們家的貓和狗『有如血親和家人』。」對美國家庭來說，這類的意象似乎很正常，然而，從全球歷史和其他眾多社會的標準來看，「血親和家人」的說法未免異乎尋常。在人類學家研究的大部分社會裡，動物所屬的心理與文化種類皆有別於人類。人類學家李維史陀在巴西進行研究時，發現人類對自己的定義往往是跟動物對立的。在另一個脈絡下，美國原住民拉科塔族也認為，動物是在人類或家庭的範疇之外。奧格拉拉蘇族部落的兩位資深學者表示：「傳統上，（拉科塔族）認為自己不是動物的主人。他們會把食物餵給狗吃，也會照顧狗，但是狗還是住在外面，自由自在做自己。」[13] 由此可見，在許多文化中，把寵物說成是人類家庭的一分子，聽起來相當荒謬，尤其是大部分非 WEIRD 社會都認為親屬關係是組織社會關係的基本概念（此為亨里奇的說法），而且親屬關係是被施加在人們身上，毫無選擇的餘地。

然而，就算人們會自行定義家庭，WEIRD 文化還是往往會讚頌「個人選擇」。由此可見，讓狗進入家庭是以下消費者主導感的延伸：人們決定根據個人感受去更改自己對「家庭」的定義，而不是只接受自己繼承的「家庭」。（狗本身沒有選擇，但那又是另一回事了。）為什麼人類會**想**行使那樣的選擇，讓狗進入家庭呢？麥凱博認為，這是為了**加強人類的關係**。這種說法聽來也許有違常理，但核心問題在於 WEIRD 價值觀引發的另一個後果：正是因為家庭被視為可主動選擇維護（或不維護）的事物，所以重視家庭概念的西方消費者很想找出維護家庭的手段，因為他們覺得有其他因素會使得家庭面臨威脅。例如：令人分心的數位裝置，像是手機。只要文化裡的人們不會把家庭關係全然視為理所當然，就可能用動物來強化家庭關係。

「寵物是可用於溝通的資源。」麥凱博提出建言，說明家長和小孩是怎麼帶狗去狗狗公園，在萬聖夜替狗打扮，不斷聊著狗的事情，分享一些笨事，創造出共同的經驗。某個家庭的媽媽表示：「在我們家，沒有一天不討論自家的寵物。比如說，牠們有多可愛，做了什麼蠢事。」寵物的感官特性強化了情誼感，因為人類的家庭成員跟狗貓玩耍、照顧狗貓的需求，去傾聽、觀看、觸碰、嗅聞寵物，就會變得更親近，並形成回憶。[14]

麥凱博認為，這項發現暗示了瑪氏食品該怎麼販售寵物食品。在此之前，行銷主旨是根據動物的健康與科學制定。大家都以為飼主最重視寵物的生理，不過，麥凱博認為，公司要有更好的表現，就要著眼於人與人之間、圍繞著寵物發展的關係，而非只是關注動物本身，或是動物與人的關係。主管們把她的建議聽了進去。瑪氏以前的廣告是描繪一隻孤單的動物，或一個人跟他的寵物，二〇〇八年後，瑪氏改變這類印象，轉而描繪幸福家庭跟動物玩耍、彼此聊天、創造回憶、建立關係的畫面——以更**人類**的方式呈現寵物，強調團體動力和以下觀念：「家庭」是透過選擇建立的。在瑪氏食品公司內部，管理者也就消費者眼中的寵物食品含意展開了新的對話。行銷宣傳活動大獲成功，美國人對自家寵物的關注度不斷膨脹到驚人的程度。二〇二〇年，瑪氏販售寵物食品的收益超越巧克力。二十年前，沒有人能預料到這點。不過，就跟綠色 Kit Kat 的故事一樣，瑪氏食品就是文化裡出現奇怪又意外之轉折的又一例證。

麥凱博為各式各樣的企業進行類似研究。她跟另一位人類學家提姆．馬勒斐（Tim Malefyt）組成團隊，共同進行金寶湯（Campbell Soup）公司委託的專案，研究美國媽媽對料理食物的看法。[15] 在這個領域，人們看待食物的態度就像看待狗的態度那樣充滿矛盾。以結構式訪談、引導式的問題問起料理食物，那些母親受訪者會表示，烹飪是家務。因此，金寶湯公司的產品廣告主打便利的概念。後來，麥凱博和馬勒斐以非結構式觀察重新做了一次訪談，卻發現那些母親談到料理食物時，會為自己的創意感到得意，對於用餐時建立的社會關係也感到開心。**食物跟狗一樣，都是人們可用來維繫家庭的工具，是一種主動的選擇**。由此而生的是二十一世紀中產階級西方文化的另一項特性：很多消費者推崇廚房設計、健康料理、居家料理的食物。於是麥凱博和馬勒斐建議，金寶湯公司製作的行銷主旨應該要頌揚創意，不要只是主打便利。

洗衣粉市場也很類似。[16] 二十世紀晚期、二十一世紀初期，消費產品公司設法販售洗衣粉給消費者，他們強調洗衣粉的力量（功能）——可去除髒汙，且有科學根據。這似乎很符合邏輯，畢竟有多家消費產品公司使用引導式的洗衣問題進行了調查，結果發現購物者認為洗衣是家務，就跟烹飪一樣。二〇一一年，消費產品集團寶僑請麥凱博研究消費者的洗衣習慣。麥凱博使用非結構式問題提問，獲得的回答類似之前的料理食物訪談。麥凱博表示，受訪者一方面把洗衣說成是無聊又反覆的過程，永遠看不到終點，[17]但另一方面，很多女性卻也不願把這件工作交給別人。（應寶僑的要求，該項研究跟金寶湯公司的專案一樣，都是以母親為重心。）「我討厭洗衣服，可是別人洗，我又受不了。」這句老話很常聽到。麥凱博認為，原因是消費者可透過洗衣來加強家庭關係。「艾咪有三個小孩，都在讀幼兒園。她聊起髒圍兜時，記得六個月大的女兒把她餵的綠色蔬菜泥吐了出來，另外兩個小孩在後院做泥土派，身上被泥土弄髒了。在衣物洗淨的過程中，母親碰到、聞到、聽到、看到髒衣服，就跟過去、現在、將來產生了連結。母親記起了髒衣服過去穿在身上時所出席的社會場合，並且想著抽屜裝滿的乾淨衣物可用來培養將來的主體性，就這樣踏入了消磨時間的境地。」[18]於是麥凱博向寶僑及其委託的上奇廣告（Saatchi and Saatchi）提出建議，要他們在試圖銷售產品時，不只是站在科學角度，還要讚頌、維護、展現社會連結。

二十一世紀的第二個十年步入尾聲之際，麥凱博採取的分析法逐漸變得普及，就連 EPIC 召開的年度會議，票也在幾小時內就賣光了。這股狂熱跟十年前的情況形成驚人對比，某部分也呈現出英特爾、臉書（Facebook）、優步（Uber）、亞馬遜（Amazon）、

Google 等資金充裕的科技公司爭相採納民族誌研究法，投入數位範疇的使用者研究。然而，人類學家也在觀察消費者行為的其他層面。他們研究日本航空與波音，觀察身心障礙乘客的飛行體驗；[19] 他們探討美國女孩（American Girl）娃娃品牌，觀察這些娃娃是如何讓女孩更有自主力量。[20] 人類學家葛蘭特．麥奎肯觀察消費者使用串流平臺 Netflix 的模式，更因此建議 Netflix 不該把追劇形容成毫無節制、宛如「暴飲暴食」（bingeing）的行為，應該是「享受盛宴」（feasting）。如此一來，其中的掌控意味也較正面些。[21] 有時，人類學家只會根據自己看見的文化模式撰寫報告，[22] 但也有些人會去設法改變客戶的心態。例如，負責經營 Stripe Partners 顧問公司的人類學家賽門．羅伯斯（Simon Roberts）就告訴管理階層，他們自己必須接納參與觀察法的經驗。羅伯斯認為，要是以為只憑 WEIRD 理性推理就能理解消費者行為，那可就大錯特錯了，因為經驗、習慣、儀式化為的「身體記憶」也極其重要。羅伯斯說：「心理學對消費者研究的影響太大了。我們想知道的事情，大部分都在我們的腦袋裡，只需要找到方法進入消費者的心。但身體記憶的知識具有很強大的力量。」為了向金頂（Duracell）公司解釋這點，他堅持帶高階主管去墨西哥邊境附近的公園露營，強迫他們體驗露營者在野外使用電池的方式。從該次的身體記憶，金頂學到了一課，進而改變他們的廣告手法。[23]

## 快與慢——顧客的金錢觀

消費者經驗有一塊領域，始終莫名地遭受忽視——金錢。在全球金融海嘯的餘波中，人類學家研究了大眾跟金融市場的互動情況，但往往著重於金融人士有時所稱的「批發」金融，或者金融公司（例如：銀行或保險公司）和金融市場裡的情況。英特爾的幾位人類學家研究消費者的金融經驗，加州大學爾灣分校教授比爾・莫瑞爾（Bill Maurer）創立研究機構以研究金錢與金融科技，比爾及梅琳達・蓋茲基金會則提供資助。[24] 令人驚訝的是，銀行、保險公司或資產經理很少會關注民族誌研究法，這跟科技與消費產品領域形成強烈對比。然而，有個罕見的例外出現在丹麥，也是 ReD 聯合顧問公司急於探索的世界。在世紀之交不久後，該顧問公司在丹麥替樂高玩具公司（Lego）進行民族誌研究與社會研究。前樂高執行長約根・維格・庫斯托（Jørgen Vig Knudstorp）表示，該項研究有助於理解兒童的玩樂情況，並與其重新建立關係。後來，庫斯托認為，那些見解是幫助樂高這家丹麥公司再起的關鍵要素。[25] ReD 也因此得以拓展到醫療照護、時尚、汽車等其他消費領域，還為北歐金融集團丹尼卡執行消費者態度專案。

ReD 研究員不是一般學術路線的人類學家，當中的米格爾・拉斯穆森（Mikkel Rasmussen）是曾為丹麥政府工作的經濟學者，他制定了複雜的總體經濟模式。還有一位馬丁．葛隆曼（Martin Gronemann）是政治學者。他們跟金尼一樣，都是職涯晚期才被人類學吸引，體會到一些分析法會忽視脈絡，在應用上有其極限，於是轉而採用文化分析法。比如說，拉斯穆森之所以愛上民族誌研究法，是因為他為丹麥政府制定的總體經濟模式似乎排除了許多重要變數，社會脈絡即為其一。拉斯穆森和葛隆曼非常困惑，設法用消費者觀點看待金錢的人類學家實在太少了，於是兩人決定發起研究。結果在競技場上才發現，WEIRD 態度其實是當中最奇怪的。

二〇一六年初，四十四歲的活動顧問琳達坐在桌前，把十四張信用卡分別攤開放在桌子上。在日常生活中，她會使用這些信用卡購物、管理金錢，但除此之外，她還有現金、幾筆房貸、半打保單和很多退休金。她一邊說明，一邊感到不好意思。

房間另一端，ReD 研究團隊傾聽著。研究人員花了好幾週，拜訪德國、英國、美國的幾戶人家，跟他們談論銀行、保險公司、退休金，並觀察交易情況。理論上，這些應該是簡單的對話。金錢「推動世界運轉」，是很流行的老套口號，而西方經濟學科往往以為人類是自利的生物，背後的動力是利潤最大化。根據財務模式，人們的誘因與行動應該是一致的，可利用牛頓物理學的架構進行預測。多數人也認為，金錢可以用來換成同價的物品，因此才具有價值，也成為交易的媒介。

然而，那些跟葛隆曼和拉斯穆森聊過的消費者，並沒有表現出金錢觀很一致的樣子。話題的部分內容很簡單輕鬆，比如說，消費者很樂於解釋他們如何使用手機支付購物費用，對於該項科技的便利性也很高興，但一講到存款、保險、貸款產品、投資產品，他們就變得困惑、沉默或尷尬起來。[26] 葛隆曼表示：「很多西方人覺得談性比談錢容易，金錢是忌諱。」[27] **為什麼？**其中一個問題是個道德悖論：美國人與歐洲人承襲的概念就是人應該努力獲取金錢，但大多數宗教與西方文化都說，人的動力不應該是「熱愛金錢」，因為它是「萬惡的根源」——在此引用基督教的口號。不過，認知失調也是一個問題：西方消費者都知道，人**應該**以一貫又理性的態度去看待金錢，其用途要合乎 WEIRD 的理想，但實情並非如此。拉斯穆森和葛隆曼觀察的那些家庭，他們累積了無數的信用卡卻很少使用，有退休金帳戶卻拋在腦後，著了迷般地追蹤及控管某一部分財富，對其他錢視而不見。葛隆曼說：「對方經常花一堆時間跟我們聊某部分的財務狀況，像是他們做的永續投資，或是信用卡、房子。不過，整體資產中的其他重要部分，例如：退休金帳戶，他們就完全忘記要提了。」六十八歲的物理學家克利斯汀向團隊表示：「我也許很懂核能與原子物理學，但對自己的退休金就是一竅不通。」[28]

這個現象的原因可能是出自個人的大腦或心理。心理學家丹尼爾・康納曼（Daniel

Kahneman）指出，人腦的偏見會影響我們的金錢觀。比如說，人對財務的損失會記得比收益還要牢，決策模式也各不相同，背後的動力要碼是「快速的」衝動，要碼是「緩慢的」推理。[29]擁有這類的心理洞察力，就有利於促成一整個流派的行為財務學與經濟學。不過，拉斯穆森和葛隆曼感興趣的領域超乎心理學範疇；他們想要探討群體圍繞著金錢所建構出的文化意義網。他們傾聽消費者的看法後，提出的建議如下：文化框架有個關鍵要點，就是大多數消費者並未把金錢視為單一的「事物」。西方經濟學者往往認為，金錢可以換成同價物品，是任一種經濟模式的核心。然而，人類學家描述的無數社會各有不同符號類別的金錢以及交易範疇。[30]拉斯穆森和葛隆曼審視自己的田野筆記，發覺受訪者在設想二十一世紀的金錢時採用了區隔感。為描述這樣的分歧，ReD 團隊借用康納曼提出的「快」與「慢」標籤。

消費者眼中的**快錢**（fast money，或稱聰明錢）是日常付款使用的金錢。消費者談到這時，並不會將其視為祕密或感到羞愧，因為他們覺得自己掌控得了這部分，更亟欲得知哪些東西能強化這樣的掌控感與效率。育有兩名子女、擔任慕尼黑出版社律師的四十五歲母親安妮塔表示：「我希望，需要的時候，錢就會跑出來，就這麼簡單。」其他金錢是**慢錢**，也就是當成有價之物而使用的金錢，大家在這方面的態度截然不同。消費者經常忽視慢錢，或假裝視而不見、表現出恐懼。來自倫敦、一年賺八萬英鎊的二十八歲資深醫療照護經理愛麗絲就很典型。葛隆曼在報告中寫道：「一方面，她發現晚上出門玩樂時，很容易就會把信用卡刷爆；一方面，她仍勤快地把錢轉給雙親，作為一種儲蓄手段。」她雖然把退休金視為「備用」方案，卻不信任它。就算住宅價格幾年前有過動盪，她還是覺得自己的住所是最可靠的財富。「在愛麗絲看來，房貸是實用又有效益的債務，但她對信用卡額度卻是疏忽又縱容。」

拉斯穆森和葛隆曼認為，這項發現會對公共政策產生廣大的影響。許多消費者很難談論這類慢錢，也分不清自己是否有效利用金融服務，因此很容易被剝削。二〇〇八年的危機就呈現出這樣的風險。這種模式也會影響到金融；顧客討厭慢錢的話，金融公司就不可能贏得顧客的心。有一點致使該模式變得更差：業界本身支離破碎，不同公司提供不同的產品給消費者，同一家機構的不同部門也都會服務消費者，這樣只會加深**快**與**慢**的分歧。有些公司竭盡心力運用科技、提供不費力的快錢產品，但消費者是以不同方式處理慢錢。

有辦法改變這個模式嗎？曾與 ReD 聯合顧問公司合作過的丹尼卡壽險與退休金集團決定放手一試。丹尼卡的高階主管不太花時間研究自家的消費者，直到二〇一三年才有所改變。業務開發主管約翰・葛羅楚（John Glottrup）解釋：「在消費者業務領域，大概唯有壽險與退休金業務，公司幾乎沒意識到自己有消費者，還以為自己有的是保單。為什麼？因為我們今日的活動，要五年或十年後才會記錄下來，惰性這麼大，很可能會搞錯。這行業的人全都受過數字訓練，幾乎可說是專家，畢竟我們是精算師與經濟學者。有個核心信念左右了我們……退休金、壽險產品不太吸引消費者，沒人在乎，於是你跟消費者可能只談過一、兩次，然後就不用再打擾對方了。」[31] 換句話說，人們對壽險的態度，就好像壽險跟文化毫無關聯，但透過金融方式打賭某個人會活多久，其實深植於獨特的西方文化概念。在其他人看來，這種概念非常怪異，就像是我們能用模式來預測某個人會活多久，且這種做法完全合乎道德。[32]

壽險與退休金公司經常忽視消費者，還有另一個原因：他們詢問顧客，有什麼因素影響了他們的決定，聽到的回答都很古怪，很容易被視為 WEIRD 邏輯，信任度大打折扣。葛羅楚說：「消費者挑選保單，我們問消費者他們認為什麼最重要，對方會說出標準的答案，例如：費用、預期報酬、服務、親切度等等。不過，當我們提出第二波疑問：你去年付了多少錢？你的收益是多少？你上次實際使用我們的服務是什麼時候？對方往往腦筋一片空白，回答不出來。這些東西完全不可能是原因。」

ReD 團隊建議丹尼卡高階主管實驗看看，先承認消費者把退休金看成是**慢錢**——亦即所屬類別會引發恐懼與疑惑——然後找方法把慢錢變得更吸引人。也就是說，給顧客那些跟**快錢**相關的特色：即時的透明感、掌控感、選擇感。於是丹尼卡建立了「紅綠燈」儀表板，供消費者下載到電子裝置，即時監看他們的慢錢投資。然後，跟先前不同，這次的做法是請顧客啟動儀表板並談論目標，最終成功打動顧客。葛羅楚表示，該項創新提高了消費者留存率。此外，公司內部的態度也隨之改變。精算師並沒有放棄內心鍾愛的模式與大數據組，卻也體會到自己可以更有效地詮釋大數據、宏觀層次的統計數據和微觀層次的文化觀察。該次教訓跟衛生官員應對伊波拉疫情時學到的一樣，也跟壞保姆團隊向報春花高階主管強調的重點無異：**電腦**、**醫學**、**社會科學結合起來最有效**。這個原則適合應用在任何地方，無論那場域是「熟悉」還是「陌生」。

我們居住的世界始終喧鬧不休。人類學的力量在於幫助我們傾聽社會沉默，尤其是把那些藏匿於不顯眼處的事物看個清楚。以這種方式傾聽，有利於民族誌研究法的採用，達到既在局內、又在局外，還能借鑑一些想法，例如：習性、互惠、意義建構、橫向視野。透過這樣的分析架構，對於政治、經濟、科技、辦公室運作（這類乏味問題）或是永續運動的崛起，我們就能透過不一樣的鏡頭觀看。

# PART 3／
# 傾聽社會沉默

ANTHRO－VISION

/ 第 7 章 /

# 我們都是所處文化的產物

意識型態最有成效的影響力，是不用言語傳達的影響力，只要求合謀的沉默。

——皮耶．布赫迪厄

在瑞士的高山地區、達沃斯某間旅館餐廳裡，氣氛正熱鬧著。時值二〇一四年一月，二〇〇八年金融風暴引發的嚴重恐慌已經過去五年了。我參與世界經濟論壇會議，對信用衍生性金融商品即將出現的風險提出警告，也已經是七年前的事。金融冰山藏在水面下的部分——亦即 CDO、CDS 與其他金融創新產品——所帶來的風險，所有人也都清楚意識到了。這個領域終於有了名稱，也因此登上報紙頭版，讓大家得以思考、討論——「影子銀行」。二〇〇九年起，主管機關實施改革，促使金融體制變得更安全。世界經濟論壇每年一月在達沃斯舉行，全球商界、金融界、政界領袖菁英齊聚一堂，影子銀行相關的座談會總是充滿無止境的憂慮。

二〇一四年一月，世界經濟論壇的討論話題起了變化；我看得出來，議程逐漸不安排金融方面的討論了。這並不是因為金融體制已完全穩定，重大問題還是潛伏不散，特別是影子銀行的部分。不過，金融開始復甦，全球經濟走向振興，大眾對 CDO 的討論也感到厭煩了。我也是。其他主題好像更具吸引力，像是臉書、Google、亞馬遜等公司的科技創新。我很想把鏡頭換成廣角。

「我突然想到，我應該要確保你知道達娜．博依德（danah boyd，原文照錄）的事。」該年一月初，在我前往達沃斯之前，倫敦經濟學院校長（也是人類學家）克雷．卡宏（Craig Calhoun）寫了封電子郵件給我。卡宏解釋說，博依德在微軟贊助下，從事社群媒體與大數據研究，而且應用了人類學的訓練。卡宏希望我跟博依德見一面。他認為博依德在科技領域的做法，呼應了我在華爾街和倫敦的經驗。

我的好奇心被勾了起來。我赴宴出席，地點在某家破舊但價位高得要命的瑞士旅館，鄰近達沃斯多爾夫火車站。博依德站在講臺上，多家科技公司的代表坐在臺下。她就像我曾經研究過的、那些學術界的人類學家，一副叛逆不羈的邋遢樣。她頂著一頭蓬亂的鬈髮，毛茸茸的怪帽子底下是瞇起的眼睛，腳下踩著大靴子。我後來才知道，她堅持自己的名字要小寫，用來反對不必要的西方文化常規。她跟很多人類學家一樣，直覺地反建制、反主流文化。不過，她的徽章標明她是達沃斯菁英，所謂的「全球青年領袖」。這個矛盾的稱呼常讓她感到心煩。

「我的研究主題是青少年和手機。」她對聽眾如此說道。他們坐在桌前，桌面上鋪了僵硬的白色亞麻布，瓷盤上擺著不易消化的瑞士肉品和馬鈴薯。我豎起耳朵。我女兒再過幾年就要進入青春期，我已經讀了好幾篇關於手機成癮的文章，明白其危害之大。作家尼可拉斯・卡爾（Nicholas Carr）撰寫的暢銷書也提出警示，他寫道：「網路會損及耐心和專注力。當刺激因子導致大腦過度負荷（盯著連網的電腦螢幕看的時候經常會這樣），注意力破碎，思考變得膚淺，記憶力衰退，我們變得沒那麼深思，更為衝動。我認為，**網路根本無法讓人變聰明，反而降低了智慧。」**[1] 曾是 Google 工程師的崔斯坦・哈里斯（Tristan Harris）更為苛刻，他氣憤地指出，科技公司的工程師故意使用「勸誘」技巧，把遊戲和應用程式設計得盡可能讓人上癮，而且目標對象往往是小孩和青少年。他對《金融時報》表示：「手機和應用程式的作用就是設計花招來鑽進你的大腦，從你清醒的一刻到入睡，都抓著你不放。」他在 Google 擔任工程師期間，一直協助製作這些產品，而現在他想揭露出來，阻止他們。[2]

家長或政策制定者該怎麼減輕危害呢？博依德的答案出乎我的意料。她對晚宴上的聽眾說，過去幾年，她在美國境內來回移動，運用民族誌研究法研究青少年怎麼使用手機。該項研究就跟人類學家為科技公司和消費者團體所做的工作一樣，不大像是馬林諾斯基或鮑亞士投入過的那種人類學，畢竟博依德不會只待在一個社區，而是跟不同地點的多名青少年聊天。[3]在多變的世界中，這種改變是必然的結果。在馬林諾斯基的時代，只待在一座島嶼算是合情合理，但這個時代是由網路空間塑造，待在島上（或只待在一個實體地點）就不是如此了。博依德等人類學家逐步研究網路，跟不同地方的人們對談。雖然那些人不是同一個實體社區的人，但還是互有關聯。博依德花時間跟青少年一起待在房間或家裡，傾聽他們對手機有什麼想法，觀察他們怎麼使用手機。她出席青少年的活動，例如：高中生的美式足球比賽，還跟他們一起去購物中心玩。她跟以前一樣，打算提出非結構式的問題，盡量觀察一切，而她思考的事情也不只是那些麻煩的手機而已。

博依德跟青少年坐在房裡，才體會到美國中產階級的青少年對時間、空間的態度令人訝異不已。有位青少年就很典型，她叫做瑪雅，住在佛羅里達州中產階級郊區。她對博依德說：「我媽通常會安排事情給我做，所以星期五晚上要做什麼，我其實沒有太多選擇。」她還列出課外活動，像是競賽、捷克語課、管弦樂團、在養老院當志工。「我好久沒有自由的週末。我都想不起來上次自己安排週末是什麼時候了。」來自堪薩斯州、十六歲的尼可拉斯也有同感。他說大人不准他跟朋友出去玩，只想把他的行程塞滿體育活動。住在奧斯汀郊區、十五歲的混血兒喬登說，大人很少會讓她出門，因為他們覺得陌生人很危險。她解釋道：「我媽是從墨西哥來的，她覺得我會被綁架。」住在西雅圖、十五歲的娜塔莉對博依德說，家長不准她走路去別的地方。同樣來自西雅圖的十六歲混血兒艾咪表示：「我媽不太常讓我出門，所以我做的事差不多就那樣……用手機跟人傳訊息聊天。我媽總是有某個怪理由，要我一直待在家裡。」家長也證實了這個說法。住在奧斯汀的安立奎說：「我們住在一個充滿恐懼的社會。我身為家長，必須承認自己非常保護女兒。我看不到的地方，就不准女兒去。我是過度保護嗎？也許吧，不過，反正就這樣。我們會讓她一直很忙，不讓情況變得沉悶。」

家長和青少年都覺得這類的控制很正常，除非有人問起，否則他們很少對這個情況發表意見。不過，博依德很清楚，美國的早期世代，青少年都會跟朋友聚在一起、和熟人起衝突、親自踏出門外。一九八〇年代的費城，她自己還是青少年的時候，會跟其他青少年一起去當地的購物中心玩。現在的購物中心經營者和家長卻禁止青少年這麼做。青少年只要試圖在公園、街角等其他公共場所群聚，就會被趕出去。二十世紀中葉，青少年走路或騎腳踏車上學、參加襪子舞會（sock hop）、在市區到處閒晃、為了工作自行往返通勤、在街角或運動場上群聚……這些都很正常。博依德表示：「一九六九年，幼稚園到八年級的小孩有百分之四十八是走路或騎腳踏車上學，百分之十二由家人開車接送。到了二〇〇九年，數據反過來了，百分之十三走路或騎腳踏車，百分之四十五是開車接送。」對於這些新的束縛，博依德沒有下任何道德判斷，但她確實提到有少量證據證明陌生人的危險在近年逐漸增加。她在達沃斯的晚宴上表示，如果想了解青少年為什麼使用手機，光是觀察手機或網路空間並不足夠，但家長和政策制定者卻是站在那樣的角度去討論這個議題；工程師設計手機時，也是如此。對他們而言，手機外的現實生活，好像沒有手機裡的虛擬世界那樣重要。

家長、政策制定者和技術人員都忽視了現實世界中的實體——非手機——議題，而這些議題卻十分重要，因為**實體世界的控制會讓網路「漫遊」具有雙倍吸引力**；青少年若要跟朋友自由探索、聚集，做青少年在現實世界都會做的事，唯一的場域就是網路空間了。沒錯，青少年挑戰極限、測試極限、重塑身分認同的地方，只有網路空間沒有「直升機家長」盯著，想約人見面也不用硬排進忙碌的行程。

科技公司不能因此免除他們對數位成癮的責任。博依德很清楚，工程師正在使用「勸誘」科技，讓應用程式變得足以吸引人們的大腦。然而，這也就表示，家長要想了解青少年何以對手機成癮，就不得不認知到前述的實體約束。多數人把網路空間當成是無形的場所，於是忽視了實體世界。這錯誤之大，就好比二〇〇七年以前，人們忽略金融界的衍生性金融商品那樣。我內心想著，那就像是金融冰山。

我離開達沃斯時，許下了兩個承諾：一，確保自己的孩子有一堆機會漫遊在這實體世界；二，不斷提醒自己要考慮到盲點。在所有場合，我都必須去傾聽社會沉默，就像當初在金融界那樣。人們很容易忘記那樣做，而媒體就像是現代生活，記者和他人製造出來的喧鬧聲成了主軸。**大家爭相取得「故事」，追蹤別人在談的話題，傾聽沉默因此顯得放縱**。然而，要說我跟信用衍生性金融商品的起舞，如果真讓我學會什麼的話，那就是只要記者關注沉默之處，不要只注意喧鬧聲，媒體就會發揮最大效用，尤其是政治人物變得越來越喧鬧的時期。

## 川普的「Bigly」

兩年半後，二〇一六年九月二十六日晚上，我人在《金融時報》紐約辦公室的新聞編輯部。當時，美國選舉進入高潮，編輯部上方的多臺螢幕播放著川普和希拉蕊參加第一次正式電視辯論會的畫面。進行到一半，川普用了一個幾乎沒有人在用的怪異字眼——「bigly」。新聞編輯部爆發一陣笑聲，我也笑了出來。川普之後堅稱他說的是 big league，不是 bigly，是別人聽錯了。㉛ 不管怎樣，這個字詞聽起來很怪，不是總統應該使用或記者日常採用的那種「合宜」英語。

我在笑的時候，腦海裡閃過一個偶然的念頭：**我又忘了自己受過的訓練了嗎？**笑聲終究不是中立的，也不是毫無關聯，至少對人類學家來說並不是這樣。我們往往忽視笑聲，感覺它像是社交互動裡無可避免的要素，是心理上的安全閥。然而，**笑聲可說是不經意地成了社群團體的特色，畢竟必須有共同的文化基礎，才會懂得笑話的好笑之處。局內人懂得什麼時候要笑，甚至是直覺性地理解，但局外人不然。**笑聲還有另一個作用：協助社群處理日常生活中無以計數的含糊與矛盾之處。這點於昔於今都很重要，從人類學家丹尼爾．蘇勒雷斯的研究就得以見之。二〇一二年至二〇一四年，蘇勒雷斯研究華爾街的私募股權產業，採用的研究法跟我之前觀察 CDO 的方法一樣——參加銀行會議，然後就自己

---

㉛ 依辯論內容的前後文判斷，川普用 bigly 來形容「大幅度地」。例如：大幅度減稅、遣返移民。但英語使用者鮮少使用這個字，因此引發極大討論。

看見的儀式和符號進行解碼。他很訝異，私募股權的高階主管竟然也跟大家一起發出了慣例般的陣陣笑聲。他開始蒐集笑話，帶著驚人的細膩觀察力和好奇心，就像李維史陀專注蒐集亞馬遜叢林部落神話那樣。他之後寫了篇論文，叫做〈抗憂鬱藥、壯陽藥、鎮定劑不要混在一起：金融人士的笑話呈現之不平等〉（*Don't Mix Paxil, Viagra, and Xanax: What Financiers' Jokes Say About Inequality*）。讀了這篇論文就可得知，這些笑話既不中立，也不是毫無關聯。[4]

金融人士在會議上開著玩笑，不僅鞏固了菁英交易師組成的小圈子，還幫助他們處理成立信念裡頭的潛在矛盾之處。二〇一二年，全球金融海嘯發生後，私募股權高階主管被政治人物與社運人士抨擊。他們急於替自己辯護，編造出一個強大的說詞，講述私募股權據稱讓美國經濟更高效率、更蓬勃發展。然而，好比我二〇〇五年在蔚藍海岸看到的、衍生性金融商品交易員編造的創世神話，私募股權的說詞含有金融人士不想處理的大量知識矛盾。說出內部人士才懂的笑話，就能憑著共有的矛盾感來凝聚團結力。

記者也會運用這種方式。聽到川普說 bigly 就竊笑，有可能是因為記者輕蔑地以為，川普那樣（誤）用詞彙，就表示他不適任。這般公然的厭惡和有意的輕蔑，就是顯而易見的**喧鬧聲**。Bigly 之所以聽起來這麼好笑，是因為有社交上的**沉默領域**，而很少媒體願意承認這點。大部分記者理所當然認為，要替社會生活定調，說話就必須**合宜**，說出教育水準高的人常用的遣辭用句。美國大眾可接受的菁英主義很少，語言能力算是其一，因為它是個人教育成就帶來的功績。這樣的定見在日常公共領域獲得強化。那些控制電視螢幕、新聞報紙、電臺節目——還有其他具影響力的場域——的人士，都是靠著語言能力做到的。大家都認為，語言能力和教育是取得權力的先決條件，反之，就不得其門而入。

然而，不是每個美國人都覺得自己有語言能力，金錢、權力就更不用說了，多數人都沒有。這會形成知識論上的分歧，但菁英通常只是隱約意識到而已。我付出慘痛代價才學到教訓。二〇一六年夏天，我認為英國投票選擇脫歐是錯誤的決定。我個人很討厭離開歐盟的想法，有一部分是因為我自己的身分認同偏向全球化和歐洲聯盟的觀念；我以為別人都會跟我有同感，誤以為英國大眾會投票選擇留在歐盟。投票結果嚇到我了。經過那番磨練，我決心在美國選舉發揮更好的工作表現。接下來幾個月，我遵守以下準則：盡量保持開放的胸襟，試著把我碰到的不同美國人的想法聽進去。**對方說的話**、**沒說的話都要聽**。在這種做法下，我認為民眾對希拉蕊的敵意遠高於好感度。很多人都渴望破壞到來，也隨時準備好去冒險。

我還得到以下想法：教育水準高的菁英（例如：記者）看待川普的態度，所依據的知識論有別於許多選民使用的文化架構。有個說法可以用來形容這項差異，那就是記者賽琳娜・齊托（Salena Zito）發明的用詞：菁英是以「逐字理解卻不認真」的方式去看待川普，投給川普的選民很多卻是反其道而行，以「認真卻不逐字理解」的方式看待他。[5]或者，使用我在前一章引用、亨里奇就 WEIRD 文化概述的觀點：美國「教育水準高」的群體在詮釋川普的言論時，是透過 WEIRD 教育教導大家的順序邏輯，也就是單向推理，因此會覺得川普的言論毫無「道理」。不過，就像亨里奇向來強調的，WEIRD 思維有程度上的差異，就連美國這樣的 WEIRD 國家，也有不同版本。我發現有些選民不採用這種單向的推理與邏輯，對於川普和他那最重要的品牌整體願景，卻做出了反應。像我這樣的人，聽到 bigly 這個字，可能會笑出來，因為那無法形成有邏輯的句子，可是別人聽到以後，就覺得那表示他不是菁英，然後歡呼起來。

還有別種方式可以表達出當時的情況。紀爾茲等人類學家可能會倡導這種方式，那就是思考行為表現、符號、儀式。川普投入總統選戰的初期，一位叫約書亞的朋友對我說：「如果你真的想了解川普，就應該去看摔角比賽。」約書亞在紐約州北部的貧窮鄉村地區和北卡羅萊納州長大成人，他解釋說，因為中產階級觀眾都是從《誰是接班人》（*The Apprentice*）節目認識川普，而拜摔角比賽所賜，勞工階級觀眾多少算是認識他的品牌，因為川普投資了世界摔角娛樂公司（World Wrestling Entertainment）的電視比賽。對許多美國勞工階級來說，摔角超受歡迎，卻多半被菁英忽視。社運人士娜歐蜜・克萊恩（Naomi Klein）指出：「在大部分自由派選民看來，職業摔角作為文化力量，也許多半隱而不顯，可是世界摔角娛樂公司的年度營收將近十億美元。」

我去曼哈頓中城看了一場比賽，發現賽事活動竟然媲美川普的造勢大會和宣傳活動，我嚇了一跳。克萊恩還表示，摔角比賽背後的動力是明確的儀式表演感。[6] 參賽者被取了綽號，像是「小約翰」。他們展現出格外好鬥的動作，來激起觀眾的情緒，還屢屢製造出戲劇化的衝突。觀眾大聲歡呼，心裡也很清楚這個場景是人為的。無論是有意還是憑直覺，總之，二〇一六年，川普在競選活動上採用了差不多的表演模式：他為對手取綽號並脫口而出，同樣一次次製造出政治通俗劇，展現極端好鬥的樣子，激起群眾的情緒。[32] 川

[32] 這類的儀式型表演和信號，在其他文化有人類學家大量研究。其中最知名的例子就是克利弗德・紀爾茲針對巴利內的鬥雞進行的研究。紀爾茲在研究中強調「深戲」（deep play）的角色。然而，艾德・李博（Ed Liebow）表示，紀爾茲的「深戲」感多少把戲劇表演看成是脫離了「真實」生活。無論如何，川普使用的摔角風表演信號席捲了現實世界的美國政治好一段時間。

普支持者在政治場域上的表現，往往像是在摔角比賽那樣；摔角表演風格藉由象徵手法和演說，應用在政治競選活動上。或者，正如克萊恩所說：「他精心助長著他跟其他候選人之間的宿怨，和職業摔角的風格一模一樣。他散播一些羞辱人的綽號（「小馬可」、「泰德騙子」），在造勢活動上扮演馬戲指導者的角色，呼喊著過分羞辱他人的口號。」

這有兩個重要的含意：一，支持者並沒有把川普的言行看成是逐字逐句的政策文件，而是一個個表演信號。不過，教育水準高的菁英不是這樣詮釋，所以齊托辨識出了「逐字理解」和「認真」的分歧。二，菁英們多半沒有看到這知識論上的莫大分歧。主要原因就是菁英對摔角比賽不那麼感興趣，所以看不出兩者相似的地方。還有個原因，是遣辭用句這件麻煩事。教育水準高的人理所當然認為，教育應該要能影響人們講話和思考的方式，並且確立價值，因此他們甚至不會注意到其他思考模式，或單純認為不重要。在WEIRD思考模式和定見的支配下，人們往往會忽視其他心理模式。除非坐在摔角場，實際跟觀眾一起把觀看摔角賽的經驗化為身體記憶，否則很難意識到知識論的鴻溝。[7]「記者、社會學家、作家、研究者都必須謹記這一課。也就是說，**我們全都是自身所處文化環境的造物，往往會有馬虎的定見和偏見。**」二〇一六年十月，總統選舉之前，我在專欄中表示，媒體對川普的選民有很大的誤解，令人遺憾。我認為，唯一的解決之道就是媒體要借鏡人類學，想想人類學有時稱之的「髒鏡頭」問題到底是什麼。記者沒有表現得有如培養皿上方的顯微鏡，不是中立又一貫的觀察工具，他們的心理鏡頭有了偏見（即髒汙）。這時，記者必須採取四個步驟：一，意識到自己的鏡頭是髒的。二，有自覺地注意自身偏見。三，設法從不同視角看待世界，試著抵消偏見。四，必須記住，就算採取前三個步驟，個人鏡頭永遠都不會是乾淨無瑕。[8]我們不該一笑置之，而是要去傾聽社會沉默。

## 傾聽沉默，拓展所知、所見、所聞

於昔於今，大眾很容易忘記髒鏡頭的教訓，這點我在知識旅程犯下的過錯中就已經熟知了。二〇一六年初夏，我誤判了英國脫歐公投。該年稍晚，我比很多記者還要更認真看待川普的候選資格（我撰寫的選舉專欄文章後來竟成了先見之明）。[9]儘管如此，那年秋天在新聞編輯部聽到他說出 bigly 這個字，我還是直覺地笑了起來。我也是自身所處環境的造物。與此類似，二〇〇五年和二〇〇六年，我或許看出了金融界的社會沉默，但對於其他類型的沉默，卻還是很盲目。科技就是一個例證。在達沃斯首次遇到博依德的一年後，我前往「數據與社會」（Data and Society）智庫。博依德跟同行的社會學家在曼哈頓中城創立該智庫，獲得多家科技公司資助，其中一家是她工作過的微軟。「數據與社會」智庫的宗旨，是利用人類學鏡頭探討數位經濟。我們討論了青少年和手機。她的一個同事問我，有沒有試過在腦海裡描繪網際網路的運作方式。我沒有試過。我想到網路空間的時候，都想像它是一團朦朧又龐大的雲朵，或是一連串像素快速飛過空中，不知怎的落在周遭的塑膠裝置上。就算日常生活中幾乎每一個層面都仰賴網路，對於那些連線怎麼運作，我還是一無所知。於是博依德的同事、藝術家暨社會學家英格麗．柏林頓（Ingrid Burrington）對我說明了他們創立的模型，解釋有哪三「層」在推動網路運作：表面層，大多數使用者會在乎或看到的唯一環節，由應用程式等多項數位功能組成；中間層，能讓機器彼此交談；底層，由路由器、纜線、衛星組成，用非常實體的方式把理應無形的網路連結起來。我連這底層是在哪裡都不知道。

「在紐約，你身邊到處都是！」柏林頓對我說。人行道上漆有一些符號，用來表示可連網的纜線是鋪設在哪裡。我每天都走過人行道，卻從來沒有注意到那些符號的存在，我的大腦已被訓練成自動篩除那些符號。我就跟在 WEIRD 世界長大的人們一樣，**從小到大都是用嚴格篩選的方式來看待自己所處的環境，而非全面觀察**。我沒有發現自己的視野這麼容易支離破碎，還以為這樣十分正常。

為了抗衡這種情況，柏林頓為紐約市出版了都會網路基礎建設圖鑑，告訴讀者怎麼找到那些半隱半現的曼哈頓網路，並且解釋他們眼皮底下、街道上面，那些往往被忽視的符號代表什麼意思。她強調，該圖鑑不是地圖集，而是一種工具，用往往被忽視的東西，協助人們製作自己的地圖。她還籌辦紐約和其他城市（例如：芝加哥）的徒步導覽，不僅打算解釋網路對人們的作用，還會說明它如何改變人們**看待這世界的方式**。她解釋道：「只要一談起科技、運算、網路，其實就只是在談權力。這東西一直是晦澀難懂的話，（對菁英而言）就很容易保有權力。大家的定見就是：事情本來就是這樣。」[10]

想理解的話，下次走在西方城市的街道上，請試著往下看看人行道吧，肯定會有陌生的符號，是你以前從沒見過的。這有如日常的提醒，**對於塑造我們生活的那些結構，我們看到的**、**知道的，其實並不多**。那些結構也許涉及金錢、醫藥、網路或任何東西。也就是說，只要開始觀看沒那麼空蕩的空間，主動傾聽社會沉默，我們看到的、知道的，就會變得更多。

/第8章/

# 「免費」的經濟狂熱

宇宙是遼闊的交流系統，當中的每一條動脈都在運作，在相互作用下跳動著。

——艾德溫．哈伯．查平（Edwin Hubbel Chapin）

二〇一六年春天，川普贏得美國總統選舉的半年前，我剛好遇見羅伯特．莫菲德（Robert Murtfeld）。他在劍橋分析公司的數據科學團隊工作，[1]我們是在紐約的研討會碰到的。我從沒聽過他的公司，卻樂於聊一聊，因為我（誤）以為那家公司跟我的母校劍橋大學有關。他很想跟我一起共進午餐。他知道我受過人類學訓練，而那家公司的創辦人認為他們自己是行為科學專家，運用了社會學家、心理學家、人類學家等學者的研究。於是，五月二十六日，我坐在曼哈頓下城的日本餐廳，桌上擺滿便當。莫菲德旁邊坐著一位開心的德國人，還有身材削瘦、神情認真的英國人，他叫艾力克斯．泰勒（Alex Taylor），負責管理他們的研究。

那時我還不知道，稍後的情況會是很重大的一課，呈現出技術人員、經濟學者、記者何以需要傾聽社會沉默。泰勒打開了薄塑膠板製的小冊子，裡頭有美國地圖，上面有鮮豔的複雜圖表。我後來才曉得，這張示意圖指的是 OCEAN 心理模式——二十世紀晚期很流行，根據不同人格特質把人分類，取決於每個人的經驗開放性（Openness）、盡責性（Conscientiousness）、外向性（Extraversion）、親和性（Agreeableness）、情緒不穩定性（Neuroticism）（取每個單字的首字母，簡稱 OCEAN）。泰勒解釋說，這類圖表可預測選民在選舉期間可能會出現的行為。

**那真的很奇怪，他們瘋了嗎？**我納悶不已。這張圖表看來跟我所知的人類學沒有關係。這是數據分析啊！不過，泰勒和莫菲德反駁說，這是**新版**的社會科學；嘗試理解人性時，不是全面集中盯著少數人，也不是從微觀層次到宏觀層次觀察來進行推測，他倆提出的模式是針對數百萬計的大眾生活細節，收集大量數據組，以便大規模地全面呈現。我問他們，他們怎麼收集資料？有沒有支付費用？

「看情況。」其中一位說。有些資料來自資料仲介，他們是二十一世紀的新型態公司，獲取消費者在使用信用卡、線上購物服務或任何平臺時留下的數位足跡，把這些資訊重新包裝賣出。劍橋分析公司也有其他來源（例如：社群媒體），這類資料是「免費」取得的。

**免費？**這個字眼嵌進了我的腦子，聽起來實在太奇怪了。報導金融市場多年後，我往往以為現代資本主義的定義是**每個東西都有貨幣價格**。不過，那天我並沒有逼他們解釋「免費」的意思，因為當時政治形勢下的喧鬧媒體害我分了心。劍橋分析公司的人員表示，他們會替川普的二〇一六年總統競選活動做事，只是還沒公開宣布而已。川普有沒有可能勝選呢？我很想知道他們的想法。我們保持聯繫，畢竟我很想記錄總統選舉的情況。不過，我沒費心去寫 OCEAN 示意圖的事，因為我真心覺得那些示意圖很怪。

這完全是一大錯誤。幾個月後我才明白，我應該要更注意那些陌生的圖表和「免費」兩個字才對。那年秋天，川普贏得選舉，引發對手陣營公憤。他們調查川普團隊的策略，憤怒感隨之變得更強烈。原來劍橋分析公司製作圖表的方式，是收集臉書等網站資料，用以追蹤選民情緒，並制定有影響力的競選活動。[2] 克里斯・懷利（Chris Wylie）——當時頂著粉紅色頭髮、替劍橋分析公司工作的數據科學家（後來自稱吹哨人）——描述這種情況是「心智操控」。他聲稱該公司的計謀是用不實消息操控選民情緒，「破壞這世界」。[3] 劍橋分析公司的人員強烈否認。不過，違反隱私權之情事和令人不快的政治策略，引發大眾強烈抗議，公司最後倒閉。[4]

大家都很驚訝。不過，媒體極其關注政治操控手法，反而掩蓋了第二個可能更有意思的社會沉默場域：「免費」二字引發的問題。臉書醜聞爆發時，批評者聲稱個人資料**被偷了**。然而，這種說法並不正確。其實劍橋分析公司是利用交易方式取得大部分資料，而資料換來了服務。集團前任財務長（與最後的執行長）朱利安．惠特蘭（Julian Wheatland）後來對我說：「我們大約有一半的資料，不用付錢就收集得到。」[5]

沒有簡單的字眼可以描述這種資料服務交易，或表明它真正的重要性。使用「免費」二字，等於是用負面的方式來表達這個情況；這個迷戀金錢的世界往往會忽視不用花錢的東西。對經濟學者而言，把某個東西標示為「免費」，相當於在油桶貼上「空」標籤。沃爾夫在一九三〇年代曾經寫過這方面的事情：（把某事物）黏貼一張相當於「零」的文化標籤，就會顯得很乏味，容易受人忽視。然而，有個用詞可以描述這類交易，那就是「以物易物」。技術人員幾乎沒用過這個詞，畢竟它通常會讓人聯想到史前部落交換漿果與玻璃珠的畫面，而不是運算位元組。經濟學者也沒想到，自從亞當．斯密（Adam Smith）的時代以來，「以物易物」就已經被鄙視為原始做法。[6] 雖然經濟學者和技術人員可能會迴避「以物易物」此一用語，這類交易卻是矽谷運作的核心。除非政策制定者明確討論「以物易物」的模式，否則若想打造出一個科技部門，既能合乎消費者的道德、對抗政治上的不實消息，又能精確描繪經濟的運作方式，就會是困難重重。基於這項原因，我們應該透過人類學家的鏡頭，去看劍橋分析公司的故事；不要只看喧鬧的政治醜聞，還要看那些跟以物易物和經濟有關的社會沉默。這樣做有很多好處，特別是這個故事有個出乎意料的地方——該公司本身有一部分是源於人類學領域。

經濟學者和技術人員為何必須更關注「以物易物」的模式？想要了解原因，有個不錯的地方可以作為開始，那就是思考英文字「data」的字根。技術人員很少會去探問 data 這個單字是來自哪裡，如果真的要他們思考，多數人可能會猜它是跟數字有關的東西。我請一整室的矽谷專家猜猜看，他們問：「它的字根和數字一樣嗎？還是日期？」不是的。詞源學者認為 data 的源頭是拉丁文動詞 dare，意思是「給予」，以過去被動式表示。資料與生物醫學研究的醫療人類學家卡蒂嘉．費里曼（Kadija Ferryman）表示：「從拉丁文字根就可得知，data 的意思就是給出去的東西。」她還補充，「給出去的東西」其實就算是「禮物」了。[7]

對網路使用者來說，這也許很怪。人類學家大衛．格雷伯（David Graeber）表示：「現代人理想中的禮物不可能反映出市場行為；禮物是純粹慷慨的行動，不考慮個人利益。」。[8] 劍橋分析公司涉入的資料收集行為，看起來不是出於慈善目的。正因為大家通常認為「禮物」會反映市場或商業行為，所以學者提出的經濟模式往往會排除「禮物」。然而，跟大多數經濟學者相比，人類學家看待經濟時採取的視野廣闊多了。他們不是只追蹤那些以金錢作為媒介的市場和交易，還會研究交易行為是以何種方式盡其所能地凝聚社會。人類學家史蒂芬．古德曼（Stephen Gudeman）認為：「經濟是西方環境的造物。[9] 在人類學家工作的地方，經濟中有許多領域（也）很重要，家庭經濟就是其一。」[10] 有個關鍵主題會影響這項交易研究，那就是法國知識分子馬塞爾．莫斯（Marcel Mauss）提出的概念。[11] 莫斯認為，「送禮」是世界各地特有的舉動，包含以下三個部分：給予、收受、回禮。有時，雙方的互惠是立即的，例如：交換禮物。不過，互惠通常是發生在一段時間後，創造出**人情債**（我從你那裡收了生日禮物，之後我會回送）。互惠可以是**雙向的**（我收到禮物就必須回送你禮物，不是送給別人），也可以是**概括的**（我可以把欠下的人情債還給整個社群團體）。無論是哪一種互惠，**禮物創造出人情，把個體凝聚在一起**。

這種互惠模式可能看似跟現代市場經濟毫無關聯，然而，只要改採廣角鏡頭，就會看到周遭盡是不具金錢標籤或金錢目標的各種交易。從經濟模式也可以看得出來。想想美國龐大的學貸產業是怎麼嵌入家庭的義務與關係，光是兆元美金的數字還不足以形容。正如人類學家詹路所述，雖然這些金流是跟金錢有關，但涉及的範疇卻遠超乎金融，因為這些金流深植於親屬結構以及隨之而來的互惠模式。[12] 無數類型的交易行為確實存在著，所以在二十一世紀討論「以物易物」，才顯得沒那麼怪。經濟學者經常以為過去的社會之所以採用以物易物，是因為沒有金錢或信用；這表示，一旦發明了現代金融，以物易物就會消失才對。然而，格雷伯指出：「我們對貨幣歷史的標準紀錄正巧是倒過來的。」人類並不是**先**採用以物易物，**再**「演化」到運用金錢和信用，發生的順序恰好相反。這種說法也許難以置信，但沒有證據可以證明古代社會的運作方式跟亞當·斯密想像的一樣。我在劍橋的教授漢弗萊表示：「沒有一個經濟範例是純粹以物易物，更沒有一個例子可以證明金錢交易源於以物易物。根據所有可用的民族誌研究法，從來就沒有一個實例。」[13] 其實，不使用金錢的族群通常會有廣大又複雜的「信用」系統，畢竟家庭會創造社會上、經濟上的債務。

那些針對經濟「演化」提出的馬虎定見，我們應該要重新思考一番。在現代社會，以物易物的制度並未消亡。在矽谷，資訊經常被「放棄」，用來換取免費服務的「禮物」。純粹主義者可能會吹毛求疵，抱怨說這不大算是以物易物的交易，因其沒有經過審慎的協商過程。有道理。這類以物易物的參與者有很多都沒有明確意識到自己參與其中，然而，既然沒有其他立即可用的字詞可以描述這類交易，那麼使用 barter（以物易物），或許是不錯的選擇。畢竟用了這個英文字，我們就會看到尋常看不到的現象。不能指望科技領域會一直改善，讓我們都看得清楚，經濟學者必須改採廣角鏡頭，不只要探討經濟，還要探討交易。思考劍橋分析公司的爭議事件，是起步的其中一種方式。

## 當代社會的以物易物

二〇一五年十一月，在倫敦ASI顧問機構的辦公室，一名穿著藍白條紋襯衫、神情認真的金髮年輕男子，在一群社會與運算科學家面前發表演說。他叫傑克．韓森（Jack Hansom），是倫敦大學實驗物理碩士，劍橋大學實驗量子資訊博士。十年前，他要是想求財致富，那樣的教育背景也許會促使他前往倫敦發展。不過，二〇〇八年金融海嘯之後，倫敦失去了（一些）魅力，曾經移往衍生性金融商品的優秀技客轉而跨入新的領域——廣告科技。他們使用複雜的演算法來追蹤資料，協助行銷和廣告公司更有效地發送訊息。這領域人才必須具備的能力，很像是打造CDO時的必備技能。

「我想要先提出一個問題：你們會愛上電腦嗎？」韓森問聽眾。[14] 在他背後，簡報上顯示科幻電影《雲端情人》（*Her*）的圖片。該部電影由瓦昆．菲尼克斯（Joaquin

Phoenix）主演，史嘉蕾．喬韓森（Scarlett Johansson）聲音演出，講述具備人工智慧的電腦善於讀懂人類發出的信號，讓寂寞的男人陷入戀愛。「要愛上電腦的話，需要有電腦愛上你才行。使用數據科學和機器學習領域的工具，能不能讓電腦理解並預測你的人格？」

聽眾發出竊笑聲。韓森解釋說，前陣子，他開始跟劍橋分析公司的同事合作，使用臉書資料追蹤選民的人格，其根據是我在紐約餐廳看到的OCEAN心理框架。「對於顧問公司來說，了解選民是非常重要的。如果我們能在個人層次上了解選民的人格，構思的訊息就能真正引起每個人的共鳴。我想使用臉書的按讚功能來預測人格。」他說這類「讚」具備的預測力令人訝異。「對紐奧良聖徒隊按讚，表示你比較不負責任；對勁量兔按讚，表示你比較神經質。」他在板子上貼了一張辦公室的相片。「有了這個範例和臉書的讚，我就能預測你有多負責任、多神經質，比你同事更了解你！其實，有一天，你的電腦會很了解你，甚至讓你愛上它！」聽眾笑了出來，紛紛鼓掌。

當時，辦公室以外的人幾乎都沒看過那次簡報，要是有人看了，反應可能跟我一樣：**他瘋了吧**。不過，在韓森的故事背後，還隱藏著社會學與數據科學的使用，以及潛在的濫用。劍橋分析公司的起源是策略傳播實驗室有限公司（Strategic Communications Laboratories Ltd.，SCL），創辦人是上層社會的英國廣告高階主管奈吉爾．歐克斯（Nigel Oakes）。一九八〇年代，歐克斯曾經跟上奇廣告合作。他剛入行的時候，「創意」是廣告業的主流。在電視劇《廣告狂人》（*Mad Man*）中，名傳後世的這些人物覺得直覺或行銷天分最能影響消費者。歐克斯認為，還有更細緻的做法。他回想：「我們研究人類學、社會心理學、符號學、結構分析，看看該怎麼把社會科學和創意溝通連結起來。」[15] 這跟採用「勸誘」科學的主題形成呼應——一九五〇年代中期起，這類科學一直出現在廣告中。[16] 他離職，在瑞士創立顧問公司，希望以公司客戶作為服務對象。不過，那方面的需求有限，於是他把重心放在一群對他的想法有興趣的客戶上。比方說，印尼、南非等新興市場，或是想利用行為科學贏得選舉的政治人物。曼德拉的團隊就是其一。

二〇〇四年，歐克斯把策略傳播實驗室的據點移往倫敦，還說服老友亞歷山大・尼克斯（Alexander Nix）加入行列。那時，歐克斯決定不再把服務賣給新興市場的政治競選活動。他回想：「在那裡做生意很不開心，大部分的人後來都不付錢給我們。」尼克斯和歐克斯向西方軍隊竭力推銷，主張行為科學可以對抗伊拉克、阿富汗等地的伊斯蘭極端主義。他解釋道：「我跟他們說，重點是使用科學挽救生命。如果資訊競選活動能說服敵人走開，總會比射殺敵人好。問題是該怎麼說服敵方群體改變行為？有什麼好處嗎？該跟宗教領袖談嗎？還是其他方式？一定要了解文化才行。」

歐克斯爭取到一門又一門生意。「我們沒有在戰區工作，卻成為北約的主要供應商。」為了取得所需的文化分析，他低調雇用了一些學者來幫忙。「我們選擇的學者多半是牛津和劍橋的博士，因為要運用可信賴的社會科學，就需要實驗心理學家和人類學家。」這項策略不是什麼新鮮事。美國人類學家露絲．潘乃德和英國人類學家伊凡－普理查就協助過二戰盟軍了解不同文化，美軍之後在韓戰、越戰期間也聘用了人類學家。這在人類學領域頗具爭議，因為很多學者一想到要協助政府的軍事策略就很反感。㉝歐克斯堅稱自己是在參與人道任務：「重點是**挽救性命**。想想伊拉克吧……真的有必要把一個國家炸得稀巴爛，在那裡花一兆美元嗎？還是說，可以靠策略傳播？利用勸誘的方法，就合理多了。」

二十一世紀的第二個十年，歐克斯和尼克斯分道揚鑣。尼克斯想回去從事政治選舉生意（歐克斯不喜歡），還迷上數據科學。尼克斯不是該領域的專家，他在大學研究的是藝術史。然而，二〇二〇年代的頭幾年，尼克斯碰到幾位矽谷傑出人物，他們對於「追蹤個人網路足跡，就能了解人類行為」的想法感到興奮不已。歐克斯覺得這個想法很可笑，因為這類數位足跡往往品質不佳。片段的個人數位活動究竟能不能好好引領人們了解文化模式，歐克斯心存疑慮。他跟大多數人類學家一樣，認為行為也會被群體的情緒影響，光憑片段的個人資料點是追蹤不了的。（同樣的論點也推動人類學家和民族誌學者進行消費者研究工作，詳情請見第 6 章。）「如果我在臉書說，我喜歡某個人的帽子，那並不表示我一定是喜歡帽子的實體，或許我喜歡的是那個人。我說出讚美的話，是為了維繫社會關係。不過，收集按讚的資料沒辦法呈現這點。」

尼克斯後來碰到優秀的美國避險基金經理羅伯特．默瑟（Robert Mercer）和他女兒羅貝卡（Rebekah），更讓他沉迷其中。歐巴馬在二〇〇八年和二〇一二年贏得選舉，極端保守派的默瑟父女嚇壞了。兩人認為歐巴馬團隊之所以選贏，是因為精通數位科技，所以他們想建立自己的數位顧問公司，給予回擊。父女倆聽從友人史蒂夫．班農（Steve Bannon）這位極右派運動人士的建言，拿出一千五百萬美元投資尼克斯從 SCL 子公司建立的新公司，還把新公司取名為「劍橋分析公司」，藉此提高品牌可信度。不得不說，這

---

㉝ 人類學家替軍方工作，這想法在人類學領域引發無盡的憂心。越戰期間，美國內部爆發激烈爭論，而二十一世紀的美國也同樣爭論不休。當時美軍建立人類地域系統專案（Human Terrain System Project），請人類學家針對阿富汗和伊拉克進行文化分析，軍事行動因此獲得改善。然而，二〇〇七年，美國人類學會（American Anthropological Association）發出聲明，抨擊人類地域系統無視人類學倫理。參見：https://www.americananthro.org/ConnectWithAAA/Content.aspx?ItemNumber=1952。

做法很有用，我之所以同意跟那家公司的代表共進午餐，就是因為公司名稱有「劍橋」二字。尼克斯想要把自己找得到的收入都抓在手上；默瑟父女需要聽話順從的數據科學家，且非偏民主派的矽谷人。惠特蘭表示：「共和黨人就是市場的缺口，所以我們才會去那裡。」

與臉書的往來是以令人費解的方式開始，如同他打造集團之初。尼克斯採用二十四歲的加拿大數據科學家克里斯．懷利提供的服務。懷利之前在加拿大的自由派政治圈工作，他知道劍橋大學學者在做一些先進的心理學實驗，收集社群平臺的資料，而且似乎有經過科技公司的許可。懷利建議尼克斯跟其中一位學者亞歷山大．柯根（Alexandr Kogan）合作。柯根進行的專案是為臉書使用者提供「免費」測驗；使用者只要按一下按鈕，表示准許柯根使用他們的資料，還有他們**朋友**的資料，然後就能進行一項**免費**的測驗。柯根認為，這些測驗是能讓他進行研究的工具，或許也可以把這說成「以物易物」。

結果發現，以物易物竟然不是該家公司使用的唯一機制，公司還會付錢，從仲介那裡購買大量資料。不過，以物易物是很有效的方法，而且不只是能用來取得臉書資料而已。公司人員拜訪學校、大學、醫院、教堂、政治團體，提議協助這些機構使用公司握有的資料來建立模式，**這樣就能發現趨勢，進而在工作上獲得更好的洞察力**。劍橋分析公司允諾，只要能讓公司保有資料，就會免費做這件事。很多機構缺乏資金，支付不了昂貴的數據分析服務，所以就開心同意了。這類策略很老套，畢竟有大群創業者進入這塊領域，急忙利用以物易物的做法和現金，盡量取得大量資料。帕蘭泰爾（Palantir）、WPP 等巨擘公司也趕著投入數據分析。確實，這塊領域活躍到瘋狂的程度，局內人把它比作是新一波淘金熱。就這麼形容吧：這塊領域不僅有可賺取的利潤、激烈的競爭，在管理上更有如拓荒時代、蠻荒的美國西部。因為主管機關還沒更新準則，涵蓋不了這塊創新領域。政府很難追蹤情況，因為數據科學家跨越疆界，國家法律管不著。不過，雖然這塊領域很擁擠，尼克斯和泰勒覺得自己仍握有幾項優勢：尼克斯跟權力人士關係良好、有默瑟父女這兩位有力的投資者、他的資料模式是以創新方式運用以物易物機制，把臉書的素材跟 OCEAN 心理框架結合起來。

不是每個人都認為這種做法行得通或應該有其價值。歐克斯認為：「OCEAN 方法和臉書資料完全是在胡搞。」不過，尼克斯認為這些資料非常寶貴，願意大費周章保護它們。二〇一五年，尼克斯發現一件事：懷利創立的另一家公司 Eunoia，有部分員工向川普集團竭力推銷服務。尼克斯火冒三丈；懷利二〇一四年就離開劍橋分析公司，他擔心懷利也帶走了智慧財產權，亦即模式和臉書資料。尼克斯威脅要告懷利，後來懷利簽下合約，承諾不使用臉書資料和模式。[17]懷利否認所有不法行為，他的律師後來對我說，簽約只是為了避免曠日耗時的法律程序，他也不想再為美國另類右派工作。他主要的關注焦點是時尚潮流預測。[18]由於懷利表現出來的形象是大肆批評劍橋分析公司和川普，因此向川普集團竭力推銷一事，就成了尷尬的歷史轉折。這些複雜又相互矛盾的爭論持續不休，但關鍵要點是：激烈的爭論呈現出以物易物的交易型活動有多寶貴。劍橋分析公司收集的數據組不具有明顯的貨幣價值；柯根籌劃的那種交易沒有經濟學者進行追蹤。市占率在這渾沌的領域爆發，引發無數爭論，當中的商業影響卻沒人能簡單衡量出來。然而，那裡有龐大的「價值」存在，不僅有利於劍橋分析公司，也有利於矽谷和其他地方的無數公司。這也呈現出另一個更為重要的關鍵：雖然金融界在二十世紀衡量公司價值的方法是看有形資產，並利用貨幣單位（例如：產品銷售額或機器投資金額）追蹤資產，難以用金錢衡量的無形資產卻變得越來越重要。到了二〇一八年，根據計算，在標普 500 指數（S&P 500）的五百家企業總價值當中，無形資產就占了驚人的百分之八十四。[19]一九七五年的時候，無形資產只占微不足道的百分之十七。㉞

等到二〇一六年五月，我在紐約的日本餐廳跟莫菲德和泰勒見面的時候，該公司已經接連多次獲得成功。在默瑟父女的支持下，他們拿到約翰．波頓（John Bolton，後來成為美國國家安全顧問）、泰德·克魯茲（Ted Cruz，美國總統候選人）等保守派候選人的數位競選活動，還搶到川普的總統競選活動數位工作。住在德州聖安東尼奧的布萊德·帕斯凱爾（Brad Parscale）接任川普的數位競選活動經理以後，這個名為「阿拉莫計畫」（Project Alamo）的工作就以聖安東尼奧為據點，並由親切低調的美國電腦學家麥特·奧茲科夫斯基（Matt Oczkowski）負責。奧茲科夫斯基的工作地點是一間租金便宜的辦公室，位於聖安東尼奧一處不顯眼的偏僻地區。隔壁是La-Z-Boy家具店，還有一條多線道高速公路，伴隨著宛如雷鳴般的車流聲。[20]奧茲科夫斯基很愛這樣說：「我們一直低調行事。」他雇用數據科學家團隊，使用所有找得到的資料，著手分析選民趨勢，然後把鎖定對象的訊息發送給社群平臺上的選民。

臉書寄送內嵌技術，協助他們發送訊息。臉書通常會提供內嵌技術服務給大型公司客戶，因此用這種方式協助民主黨與共和黨，似乎也合情合理。然而，民主黨的數位競選活

---

㉞ 資料並不是唯一的無形資產；品牌、智慧財產權、人才、環境資源的取用，也算在其中。不過，衡量無形資產價值所引發的問題，就如同使用「免費」一詞：因為「無形」是負面的詞彙（亦即沒有形體），所以很容易被忽視，研究無形資產的制度也發展不佳。

動很大量，作風又官僚，所以臉書的內嵌技術對整體策略沒有造成太大的影響。在聖安東尼奧，作業方式有如散亂無章、毫無束縛的新創企業，集團急於利用匿名性（和怪異地點）帶來的自由，針對所有找得到的可能構想逐一檢驗。由於奧茲科夫斯基不喜歡尼克斯，團隊就跟他保持距離。無論如何，美國選舉法禁止非美國人（例如：尼克斯）直接參與總統競選活動。在劍橋分析公司的華盛頓辦公室，惠特蘭和其他人一直關注選戰。他們其實並不認為川普有可能贏得選戰，所以十一月八日、美國選舉日當天早上，他們致電《金融時報》的華盛頓辦公室，對我們說，希拉蕊・柯林頓會險勝。他們之所以那樣做，是因為劍橋分析公司想要以有利於自己的口吻，把預期的敗選說成是數據分析的成功。就算川普一開始是勝選率很低的候選人，但他們對於川普在吸票數量上的大幅進展，還是感到得意洋洋。

然而，十一月八日，川普跌破大眾眼鏡、贏得選舉，不僅自由派專家和民主黨大吃一驚，尼克斯和惠特蘭也訝異不已。突然之間，一切都變了。消息洩漏出去的時候，尼克斯得意地在部落格文章宣稱，選舉結果證實了劍橋分析公司使用的模式大有助益。劍橋分析公司接到一大堆工作，不只有公司客戶，還有世界各地的政治競選活動。[35] 在公司內部，陶醉感日益增加。惠特蘭說：「我們以為可以趁這一波成功公開發行股票，或者出售給

WPP 集團。想出厲害的構想，壯大、出售、致富，然後坐在海灘上度假，這是典型的科技新創夢。」

川普的對手意外敗選，他們開始仔細查看阿拉莫計畫。在此之前，大眾對廣告科技圈發生的情況少有爭議。好比十年前的衍生性金融商品，廣告科技圈被看成是技術人員的工作領域，十分複雜，大眾很容易忽視。**這種情況又是典型的社會沉默**。不過，二〇一六年競選活動的事情開始被一一揭露出來，大家發現，原來俄羅斯智慧服務在社群媒體上十分活躍，為的就是操控競選活動，有利於川普。此外，劍橋分析公司在過去採用了挑釁策略，以便操控肯亞、千里達及托巴哥等新興市場國家的選民。[21] 臥底記者也拍到尼克斯的畫面，他誇口說自己懂得怎麼勒索政治人物，只要「派幾個女人去候選人的家」就行了，

---

㉟《金融時報》和《經濟學人》（*Economist*）都曾是該公司客戶。這項細節在二〇一八年揭露時，《金融時報》的工作增加，確實引發猜疑。在此澄清，二〇一六年，莫菲德請我提供《金融時報》商業部的聯絡人姓名，想推銷資料計畫，我提供了一個名字，強調編輯部跟商業部是分開的，對於後續發生的情況，再也沒有涉入，也不知情。根據《金融時報》發言人的說法，確實推出了試驗性的「市場研究計畫」，但很快就終止了。關於這項爭議，詳情請見：https://bylinetimes.com/2020/10/23/dark-ironies-the-financial-times-and-cambridge-analytica。

甚至補充說「烏克蘭女生很漂亮，我覺得那樣很有用」。英國《衛報》刊登了吹哨人懷利提出的指控。他表明：「我們利用臉書，收集了數以百萬計的個人資料，然後建立模式，利用我們對他們的認識，瞄準他們內心的惡魔。這就是整家公司的根基。」[22]尼克斯和惠特蘭認為前述指控都是基於惡意。兩人表示，懷利就只是在智慧財產權爭奪戰輸了，才進行報復。懷利則反駁，自己挺身對抗，是為了保護民主。不管怎樣，醜聞全面爆發。二〇一八年夏天，劍橋分析公司宣布破產。

故事到此還沒結束。接下來兩年，政治人物紛紛表達憤怒，指出竟然有公司採用可疑手法操控競選活動，明顯侵害消費者隱私權，危及民主。政治機關和管制機關如火如荼展開調查。在混亂的批評聲浪下，大西洋兩岸的管制機關對臉書處以罰鍰。[23]英國的管制機關試著對前劍橋分析公司處以類似的鉅額罰款，最後卻縮手了，畢竟很難證明該公司實際違反規定；在這個數位蠻荒地帶，法律尚未完備，就像早年信用衍生性金融商品那樣，所以大眾眼中不道德的行為不一定違法。[24]不過，遠離媒體的騷亂，就會發現一件驚人事實：幾乎所有劍橋分析公司員工都在數據科學領域找到了工作。韓森——這位實驗物理學家認為 OCEAN 模式會「比配偶還要更懂你」——成為 Verv 保健公司的數據長。奧茲科夫斯基——阿拉莫計畫的負責人——創立顧問公司，為消費產品、物流、金融產業的公司提供建議，貨車運輸業是一大客戶。至於劍橋分析公司的其他人員，有些人加入麥克・彭博（Michael Bloomberg）等美國政治候選人的數據科學宣傳活動，有些人為中東和印度的家族擔任顧問，有些人是華爾街銀行的顧問。惠特蘭後來接下的工作是負責管理倫敦某家金融科技集團。某方面而言，這股趨勢似乎令人意想不到，畢竟他們出自引起政治騷亂的公司，但另一方面，也不算太奇怪。該起戲劇性事件還有一個出乎意料的地方：事件的爆發反倒宣揚了數據科學的強大力量，其他公司和政治競選活動更急於利用這些工具。剩下一個重大問題懸而未決：**有沒有方法能創造出更好的世界，以更合乎道德的方式來運用這些以物易物型交易？**或者說，有沒有方法能讓經濟學者看見他們沒看到的現象？

## 無法用數據估量的無形價值

二〇一八年十一月，正當劍橋分析公司的事件趨緩之際，我飛到華盛頓，前往國際貨幣基金組織（International Monetary Fund，IMF）總部開會。會議主持人是克莉絲蒂娜・拉加德（Christine Lagarde），國際貨幣基金組織總裁，她展現了知名的時髦風格，奶油米色、鋸齒紋的外套，下身搭配休閒褲。聽眾是來自政府機關、多邊組織和公司的幾十位經濟學者及統計學者。活動名稱是「國際貨幣基金組織第六屆統計論壇：在數位時代衡量經濟福利——內容與方法」。[25]

這算是奇特的命運轉折。這群人就坐在劍橋分析公司的美國總部對面。劍橋分析公司剛進入美國時，據點原本設在廉價卻時髦的華盛頓郊區一間倉庫裡頭，二〇一六年競選活動獲勝後，公司生意蒸蒸日上，便搬到華盛頓市中心一處享有聲望的地點，距離白宮不遠。惠特蘭之後對我說：「往窗外看，幾乎就可以看到國際貨幣基金組織。」他描述著公司最後落腳在華盛頓的辦公室有多豪華。

這地理環境上的轉折，國際貨幣基金組織論壇的經濟學者和統計學者都不曉得，可能也不在乎。二〇一八年秋天，劍橋分析公司的醜聞在媒體和公開辯論上成了科技和政治話題，而不是經濟故事。然而，當我為了參加第六屆統計論壇，走過國際貨幣基金組織建築物的大廳時，突然想到一件事：兩者地點的衝突其實很恰當。國際貨幣基金組織的官員之所以召開會議，是因為那些經濟學者都很擔心他們會**用什麼方法量測經濟**。國際貨幣基金組織自二戰後創立以來，組織人員就一直使用二十世紀初開發的統計工具，國內生產毛額（GDP）就是其一。這類工具能夠測量以下事項：公司花多少錢購買新設備、保有哪些庫存原料、雇用的員工人數、消費者購買的品項。這種方法在工業時代很有用，卻沒辦法簡單呈現出劍橋分析公司的創舉，**畢竟像是構想、難以歸類的資料、不涉及金錢的「免費」交易，這些東西的價值都無法用 GDP 呈現**。

這很重要嗎？有些經濟學者覺得不重要。他們認為，雖然 GDP 數據向來排除經濟當中的某些部分，例如：家務，但終歸還是很實用。[26] 但國際貨幣基金組織擔心的，不只是科技界的規模與快速增長，還有部分官方經濟統計數據裡的怪異跡象，生產力就是一例。二〇〇八年全球金融海嘯以後，矽谷大量創新，消費者與公司生產力看似因此提升。然而，從 GDP 數據看來，歐美的生產力已然暴跌。舉例來說，普林斯頓大學經濟學者艾倫．布林德（Alan Blinder）就計算過，一九九五年至二〇一〇年間，美國年度生產力成長率約為百分之二點六（在這之前甚至更高）。二〇一〇年後，生產力成長率掉到前述數值的四分之一以下。[27] 這現象有個可能的原因，那就是時間延遲效應（公司採用這類全新的數位工具時，步調不規則又緩慢，所以還沒出現在數據上），不過，還有個原因。我第一次跟劍橋分析公司的成員共進午餐時，有個字眼嵌進了我的腦子裡——免費。二十世紀的經濟指標是以貨幣來測量活動，沒有明確的方法可以追蹤那些**不涉及金錢**的活動。

這種情況可以修正嗎？經濟學者正在嘗試，推測數位的公認價值。二〇一八年春天，Recode 科技平臺調查臉書使用者，發現百分之四十一的消費者願意一個月支付一美元至五美元使用臉書，四分之一的消費者願意一個月支付六美元至十美元。若臉書使用資料來販售廣告服務，估計可從每位使用者身上獲得一個月九美元的收入。[28] 根據其他經濟學者的計算，消費者眼中的臉書價值比較接近一個月四十八美元，一年五百多美元；YouTube的年總值是一千一百七十三美元，Google 這類搜尋引擎是一萬七千五百三十美元。[29] 根據美國聯準會內部經濟學者的報告：「科技創新會讓每位連線使用者在整個研究期間（一九八七年至二〇一七年）的每年消費者剩餘（consumer surplus）提高將近一千八百美元（二〇一七年幣值）。在過去十年間，對美國實質 GDP 成長率貢獻了零點五個百分點以上。」經濟學者認為：「我們對創新做了更徹底的估算。二〇〇七年後的 GDP 成長放緩幅度（保守）估計總共每年減輕將近零點三個百分點。」[30] 有些經濟學者從另一個角度探究這些議題。科技公司利用使用者資料提供服務，累積廣告收入，而經濟學者計算科技公司的廣告收入；這時，非貨幣資料開始獲得貨幣價值。不過，這些都只是猜測而已。所以在國際貨幣基金組織的會場，拉加德才會用她那迷人又慎重的口吻，嚴肅地對聽眾說，真正關鍵的問題是這個：「怎麼會有人能夠去想像及追蹤數位世界的『經濟』？」

「我們應該探討以物易物。」[31] 我獲邀在國際貨幣基金組織的講臺上發表演說，提出「局外人」——非統計學者——的觀點。有些經濟學者一臉困惑，畢竟他們一直都相信亞當．斯密的設想，認為以物易物是無可救藥的過時觀念。我試著反駁那種想法。「以物易物是現代科技經濟的支柱，即便我們多半從未注意到也沒思考過這點，還是無法撼動這個事實。無論是智慧型手機的生態系統，或是我們在網路空間裡的諸多交易，以物易物都是核心所在。」我認為，要是不認清這點，就表示官方生產力統計數據也許低估了經濟體實際發生的活動量。有些科技公司就算資產負債表上面的資產很少，還是能獲得極高評價，那是因為以物易物的交易屬於**無形商品**，用二十世紀的公司金融工具很難量測出來（在標普 **500** 指數的五百家企業總價值中，無形資產占了五分之四）。[32]

這也有很大的反壟斷意義。一九七八年，前美國司法部副部長羅伯特．博克（Robert Bork）頒布命令，要決定一家公司是否濫用壟斷地位，最好的方法就是觀察消費者價格：價格上升，表示缺少競爭；價格沒上升，就沒有壟斷問題存在。這條博克原則確立了此後的政府反壟斷政策。我對國際貨幣基金組織的聽眾說：「這項原則通常很實用，但還是很難知道它能不能應用在以物易物上面，畢竟在這類型的交易中，根本沒有價格。」到了二〇一八年秋天，許多消費者和政治人物開始覺得，資料收集的現況就算沒到濫用程度，也稱得上是**很不正當**，因為科技公司主導社群平臺的程度令人吃驚，似乎行使了過度的權力。然而，這些人無法證明有任何濫用情況存在；沒有消費者價格可以追蹤。有個方法或可解決：確保這些交易是以金錢作為媒介，藉此制定消費者價格。這正是某些技術人員**以為**應該會發生的情況。劍橋分析公司倒了以後，前員工布特妮．凱瑟（Brittany Kaiser）推出 OwnYourOwnData 計畫。她建立的網站可讓消費者**持有**個人資料，自行決定要不要售出。[33] 凱瑟充滿熱忱地說：「要為消費者和一般人建立財產權，這是唯一的方法。」她對這個構想有著福音傳道般的熱忱，脖子上戴著的項鍊總是有一塊金屬片，上面刻著 #ownyourdata（保護你的個人資料）。很多年輕的技術人員都表示贊同。矽谷創業者珍妮佛．朱．史考特（Jennifer Zhu Scott）認為：「在核心上來看，資料所有權不是隱私權議題，而是經濟議題。」[34]

在國際貨幣基金組織的會議之前，創新實驗提供了一些方法，把以物易物的交易化為貨幣交易。臉書推出一個叫做 Study（研究）的新平臺，承諾付錢給那些參與市場研究的使用者。不過，根據 Recode 的調查，只有百分之二十三的美國人願意付錢換取沒廣告又不會取得使用者資料的臉書；百分之七十七的美國人寧願**免費**使用平臺。**也就是說，他們喜歡的是隱而不顯、以物易物的交易**。[35]「大家總說想要隱私，卻不確定自己想不想為此付錢。」電信巨擘 AT&T 執行長藍道．史蒂芬森（Randall Stephenson）幾年前在我面前如此指出。他說 AT&T 提供機會給消費者，讓他們選擇是否每個月支付適量費用，在平臺上觀看影片，且個人資料不會被擷取，只有一小部分的人選擇付費方案。36

**為什麼？**對於大家之所以偏好以物易物，隱私權倡導者歸咎於消費者的無知和／或科技集團的不誠實。我覺得應該還有別的原因可以解釋這個模式。數位創新導致以物易物變得方便容易，消費者發現這類交易的效率高過於那些以金錢為媒介的交易。我對國際貨幣基金組織的與會者說：「對於資料濫用或政治操控，大家可能會很生氣；他們可能覺得交易條款『不正當』，覺得那種往往是由禮物關係建立的信託制度被濫用了。不過，他們喜歡拿到『免費』網路服務，對客製化上癮。」這又呈現出科技界另一個矛盾的現象：「在亞馬遜的經濟體，以物易物的效率之所以高過於亞馬遜叢林，正是因為數位連結。現代科技讓這種看似『古老』的做法重新流行起來。」這跟亞當．斯密曾經採用的演化架構完全相反，而對照那些承繼亞當．斯密想法、管理銀行大廳、財政部長、資產經理、機構的人士，更是天差地遠。

在此強調，承認以物易物的角色，並不表示我們必須認同現況「良好」，還差得遠呢。於昔於今，我們都迫切需要改革，必須加強監督科技公司。管制機關對壟斷力抱持的觀念也必須修正，為消費者改善以物易物的交易條款，變得更透明。消費者要能購買其他項目，控制以物易物交易的時間長度，還要能理解資料的使用方式。最重要的一點：公司必須把資料變得可攜帶，這樣消費者才可以輕鬆轉換供應商，就像使用銀行開立戶頭、結清戶頭那樣簡單。義務應該由公司承擔，而不是消費者。金融服務和其他公用事業也必須做到這點，才能維護市場競爭原則。更嚴格來說，就算以物易物仍占主導地位，其交易條款還是必須修改。

然而，就我觀察，要做到這點，希望不大，得等到管制機關、政治人物、消費者、技術人員跨出關鍵的一步：承認以物易物交易的存在。政策制定者不要只是關注喧鬧的政治醜聞、駭客攻擊或民主威脅，而是必須觀察社會沉默。唯有這樣做，才能讓二十一世紀的經濟工具走向現代化，打造出更好的科技世界。

/第9章/

# 居家辦公，好還是不好？

智慧，就是有能力適應變化。

——史蒂芬・霍金（Stephen Hawking）

二〇二〇年夏天，西班牙社會學管理教授、任教於倫敦卡斯商學院的丹尼爾・貝翁薩安排了一系列視訊會議，與會者是他在歐美認識的十幾位資深銀行人士。這些金融人士有些在美國的世外桃源（例如：漢普頓或亞斯本），安坐在優雅的第二個家；有些在加勒比地區、時尚的度假屋裡；有些在枝葉繁茂的英國科茲窩，其中幾位還待在倫敦或曼哈頓的精華地帶。這些人之所以在網路上相聚，是因為正值疫情封城期間，他們必須設法在家中管理金融事業。貝翁薩想知道，他們是怎麼應對「居家辦公」的情況，遠距也能管理交易檯嗎？金融需要有血有肉的人類嗎？

貝翁薩研究銀行交易廳已有漫長的二十年之久（早在疫情前就開始了），採用的技巧跟人類學的田野工作一樣，英特爾的貝爾和通用汽車的布里奧迪也都用過。他因此著迷於以下悖論：一方面，數位科技在二十世紀晚期進入金融界，推動市場進入網路空間，大部分金融「工作」都能在辦公室以外的地方完成——理論上是這樣。「每個月一千四百美元，就可以在家中擁有（彭博社）機器。你可以獲得最佳資訊，隨時使用所有資料。」華爾街交易檯負責人鮑伯在二〇〇〇年這樣對貝翁薩說。另一方面，數位革命沒有讓銀行辦公室和金融交易室消失不見。鮑伯也觀察到這個現象：「潮流恰好相反，銀行打造的交易室越來越大。」[1]

**為什麼？**為了尋找答案，貝翁薩花了好幾年時間，觀察鮑伯等金融人士。在疫情封城期間，很多公司的高階主管和人資部門也提出了前述問題，不過，貝翁薩認為，他們把重點放在錯誤的爭論上。對於支持居家辦公的公司來說，重點往往是以下問題：員工會不會壓力大到精疲力盡？是否能夠遠距取用資訊？這種做法是否會降低團隊感？同事間的溝通交流會不會受影響？貝翁薩認為，他們應該要提出的問題是：人們作為**群體**行動時，會有什麼表現？他們如何使用儀式與符號來打造共同的世界觀？他們怎麼分享想法，在這世界確定航向？人類學有兩大概念可以協助金融人士或其他高階主管表達出來：一，布赫迪厄提出的**習性**概念。也就是說，我們全都是所處社會模式與物質模式的造物，而這兩項元素會相互強化。二，**意義建構**。辦公室勞工（或者說每個人）做決定時，不只是使用模式、手冊或理性的順序邏輯，還會以群體形式，從他們有反應的多個來源取用資訊。由此可見，跟習性有關的儀式、符號、空間都很重要。貝翁薩竊笑道：「我們在辦公室做的事情，往往不是別人覺得我們在做的事情。重點是我們在這世界該怎麼確定航向。」[2]無論是在華爾街、矽谷，還是現代數位經濟下的其他地方，意義建構都至關重要。

## 左右數十億美元的祕密儀式

率先建立網際網路的技客始終認為，有血有肉的人類和儀式十分重要，就算我們在處理的是網路空間也一樣。一九七〇年代，有一群懷抱理想、據點大多在矽谷的工程師，建立了全球資訊網（World Wide Web），還創立「網際網路工程設計技術論壇」（Internet Engineering Technical Forum，IETF），這樣就有地方可以開會討論，集體設計網路架構。他們在做設計決策時，採用「粗略的共識」，因為他們認為網路應該是一處講求平等主義的社群，誰都能站在同等地位參與其中，沒有政府官僚、聯合國、公司的階級或威逼。「我們拒絕國王、總統或投票制度，我們相信粗略的共識和執行碼。」這句話是他們的座右銘。美國高通（Qualcomm）公司電腦學家彼得・瑞斯尼克（Pete Resnick）堅稱：「（網際網路工程設計技術論壇）不該依照『少數服從多數』的原則管理。」[3] 論壇投入技術工作時是透過共識過程，考量與會者的不同觀點，再做出（至少粗略的）共識。

為了形成粗略的共識，技客想出了獨特的「低哼」儀式。團體必須做出重大決策時，會請每個人低哼表示同意或不同意，聽哪個答案比較大聲，然後再繼續進行。工程師認為，這種方式不像投票那樣容易造成分歧。荷蘭運算教授尼爾森・厄弗（Niels ten Oever）表示：「很多網際網路標準，比如 TCP、IP、HTTP、DNS，都是論壇與會者利用這種意想不到的非正式方法開發。不過，不要被騙了，他們做出的決定可是左右了網際網路，還有幾十億美元的相關產業。」[4]

二〇一八年三月，倫敦艾奇維爾路的梅特珀爾希爾頓飯店，有一場會議在一間平淡無奇的房間展開，出席的有 Google、英特爾、亞馬遜、高通、SAP 等公司代表，可見這場儀式的重要。在這場網際網路工程設計技術論壇的特別聚會上，出現一個頗具爭議性的議題：電腦學家應不應該採用創新的 draft-rhrd-tls-tls13-visibility-01 通訊協定。對於局外人來說，這個通訊協定聽起來就跟信用衍生性金融商品一樣晦澀難懂。不過，通訊協定很重要；工程師要採行線上措施，讓駭客更難攻擊重要基礎建設，例如：公用事業網路、醫療照護系統、零售集團，而前述的 visibility 通訊協定作用就是發出信號給使用者，讓使用者知道反駭客工具是否已安裝。這讓人越來越擔憂，因為網路駭客前陣子關閉了烏克蘭的電力系統。身著花襯衫和牛仔褲的美國金髮女性凱瑟琳對與會者表示：「我不知道你們是怎麼使用美國公用事業剛發布的美國伺服器連接埠來偵測威脅，除非早就有機制可以偵測，否則我們就必須採取行動。不然，我們在美國可能會沒有電力。」[5]

工程師就通訊協定爭論了整整一小時。對於該不該跟使用者說這個工具已安裝，有些人表示反對，那樣可能會讓駭客更容易避開控制器，但仍有些人堅持要說明。有位電腦學家對與會者說：「這是隱私權議題。」另一位認為：「這跟民族國家有關。」於是有個叫做尚恩．特納（Sean Turner）的人——貌似花園小矮人，留著雪白的長鬍子，禿頭、戴眼鏡、身穿格紋襯衫——要求行使論壇的儀式。

「我們用低哼表示，如果你贊成採用該項目，就發出低哼聲。」[36]低吟聲爆發，類似西藏的吟誦，聲音從飯店牆壁反彈回來。「謝謝。反對的人，請發出低哼聲。」低哼聲大了許多。特納宣布：「所以，現在在採用方面沒有共識。」通訊協定被擱置了。

他們做出一項可能很關鍵的決定，卻少有人知，多數人甚至連這個論壇的存在都不知道。至於電腦工程師會用低哼聲來決定網路設計，根本沒幾個人知道。這並不是因為論壇成員想隱瞞自己的工作，畢竟該會議是開放給大家參加，訊息也張貼在網路上。[6] 不過，draft-rhrd-tls-tls13 這個用語晦澀難懂，記者和政治人物看到這一連串字母和數字，多半會轉頭看別的地方，就像對待二〇〇八年金融海嘯前衍生性金融商品的態度。科技業跟金融業一樣，竟然都缺乏外在的監督和理解，尤其是 AI 等創新項目產生的影響又加快了速度。二〇二〇年八月，帕蘭泰爾資料公司執行長艾力克斯．卡普（Alex Karp）在交給美國證券交易委員會的申報書上表示：「軟體讓今日的世界得以實現很多事，但我們的社會卻把建立軟體的作業全都外包給本國偏遠角落的一小群工程師。」[7] 這些工程師有很多都是用意良善，**但他們就跟金融人士一樣，會流於視野狹隘，經常看不出別人的心態可能跟他們不同，更不會去贊同別人。**研究矽谷的人類學家英格莉希－盧克（J. A. English-Lueck）表示：「在技術生產領域，科技的設計、製造、保有的過程有如模組，其本身成為鏡頭，用來觀察及定義這個世界。科技滲入了人們用來描述生活的比喻，『實用』、『高效率』、『良好』合併成單一的道德觀。」[8]

---

㊱ 網際網路工程設計技術論壇流程和低哼儀式的說明文字真實無誤，有些讀者可能很難想像。如要觀看低哼的影片，請參見：https://hackcur.io/please-hum-now/；關於整個爭論，請參見：https://rb.gy/oe6g8o。

低哼儀式帶出了第二重要的議題，呈現出人類如何因應數位機器。與會者採用低哼儀式，是在**呈現及強化獨特的世界觀**，也就是說，他們迫切期望網際網路應該維持平等包容，就算面臨美、中兩國日益激烈的對抗，也不改其志，那是他們的創世神話。這也意味著別的事情：即便是在運算的世界，人類的來往聯繫和脈絡還是至關重要。經由低哼儀式，他們得以集體向自己、向彼此展現創世神話的力量，也能把無形世界與真實世界發出的各種信號擷取下來並解讀、確定航向，碰到所屬部落裡意見變動引發的亂流，還是能順利通過，做出決定。低哼儀式不是能放進電腦演算法或試算表的那種東西，也不合乎我們對科技的想像，或工程師表現自我的方式，然而，它突顯了一項關鍵事實：人類在辦公室、線上或其他地方的工作領域，是以何種方式確定航向。**就算我們以為自己是理性又邏輯的生物，在做決定時，還是吸收了各式各樣的信號**。要制定這種做法，最好的方式就是採用全錄公司發明、後由貝翁薩等人在華爾街使用的詞彙——意義建構。

## 集體力量大

技客約翰．史立．布朗（John Seely Brown）協助發展意義建構的概念。布朗沒有受過人類學家的訓練，他在一九六〇年代獲得運算學位——那時網際網路剛興起——接著在加州大學教授高級運算科學。他解釋說：「我一開始是硬體核心電腦學家和 AI 狂，強烈傾向認知模型。」[9] 不過，他遇見一些社會學家和人類學家之後，就轉而著迷於以下問題：社交模式會對數位工具的開發產生何種影響？

於是布朗向全錄帕羅奧多研究中心（Xerox Palo Alto Research Center，PARC）申請研究職位，該中心是康乃狄克州的公司在矽谷創立的研究部門。正如講述全錄公司史的《摸索未來》（*Fumbling the Future*）一書所述，高階主管往往覺得自己是尖端科學與創新的堡壘。於昔於今，全錄科學家皆以開發影印機聞名；影印機大獲成功，一想到影印機就想到全錄。全錄集團還生產了無數的數位創新產品，包括：第一部專為單人使用而打造的電腦、第一臺電腦圖形顯示器、第一個手持式滑鼠輸入裝置（簡單得連小孩都會用）、第一個非專家使用者專用的文字處理程式、第一個區域通訊網路、第一臺雷射印表機。」[10]

布朗在申請加入帕羅奧多研究中心的期間，遇到中心的科學長傑克．高曼（Jack Goldman），兩人討論了全錄的研發部門，還有他們進行的開創性 AI 實驗。然後，布朗指著科學長的桌子，問道：「傑克，你為什麼會有兩支電話？」桌上擺著一個簡單的裝置，還有一個精密新穎的裝置。

「天啊，有誰會用這支電話啊？」高曼哀號著說。「我桌上會有，是因為每個人都要有，可是實際工作做完，我還是會使用一般的電話。」布朗表示，那就是全錄科學家**也**需要研究的地方：矽谷公司一直創造出令人眼花撩亂的創新產品，而人們到底是怎麼去（或不去）使用那些產品。他的生活開始沉浸在「硬」運算科學裡頭，從而體會到變得「軟性」並探究社會科學，是有好處的。[11] 用作家史考特．哈特利（Scott Hartley）提出、後來在矽谷很普遍的流行語來說，就是集Techie（阿宅、理科人）和Fuzzy（書呆子、文科人）於一身。[12]

布朗加入帕羅奧多研究中心，把他的新理論應用在工作上。研究中心最初以科學家居多，後來一群人類學家、心理學家、社會學家也加入中心（預示了英特爾研究團隊的誕生），退役軍人朱利安．歐爾就是其一。歐爾之前在美國陸軍擔任技師，負責修理通訊設備，後來加入帕羅奧多研究中心的電腦科學實驗室，主要負責研發中的原型印表機。他後來迷上人類學，想去阿富汗從事田野工作，但蘇聯入侵，只好打斷念頭，決定改為觀察全錄技術維修團隊的「部落」。情景不像興都庫什山脈那樣有魅力，然而，正如布里奧迪體會到通用汽車工會是研究領域一處新的邊疆，歐爾也看得出來，全錄技師是一個尚未研究過卻很重要的「部落」。到了二十世紀晚期，影印機在辦公室已是普遍存在的產品。影印機故障的話，工作就會完蛋。於是全錄雇用了無數人員，他們唯一的工作就是在辦公室之間來回，維修影印機。然而，這些勞工常被忽視，最主要的原因是全錄主管**自認知道**技師在做什麼。這是一大錯誤，畢竟技師的想法或行為不一定跟上司想的一樣。

布朗進入全錄後，很快就注意到這種情況。當時他碰到某位維修工人（亦稱故障檢修工人），對方向這位菁英科學家提出一個難題：「博士先生，假如這臺影印機出現間歇性的圖片品質瑕疵，你會怎麼排除故障？」[13]

布朗知道辦公室手冊有「官方」答案：技師應該要印出一千張紙，翻看印出的成品，找出其中幾張印壞的，再跟診斷結論做比較。聽起來很有邏輯——對工程師來說是如此。「我會這樣做。」那位「維修大師」對布朗說，臉上掛著「厭惡」的表情。「我會走去影印機旁邊的垃圾桶，把垃圾桶倒過來，翻裡頭的東西，看看所有被丟掉的紙張。大家會把印好的保留起來，把印壞的丟掉，所以只要去垃圾桶那裡就行了。看看所有印壞的紙張，就能詮釋背後的原因。」布朗感慨地表示，換句話說，工程師做的事情忽略了辦公室規範，解決方案雖是行得通，卻超乎全錄公司管理階層的「認知模型鏡頭」。這個現象呼應了布里奧迪在通用汽車看到的狀況——那裡的勞工把零件藏在置物櫃裡頭。

這個具破壞力的模式很普遍嗎？歐爾採用參與觀察法，著手找出原因。他先報名加入技術訓練學校，然後跟著維修團隊實地學習。他解釋：「要觀察技師，就要基於維修或禮貌拜訪的理由，跟著技師前往顧客地點、去Parts Drop領取備用零件，在工作少的時候，跟他們在當地餐廳共進午餐、打發時間，偶爾要去分部或地區辦公室開會、處理文書，或諮詢技術專家。[14]我都是在上班或沒有通話時進行觀察，沒有做結構式訪問，而是把對話錄下來，寫了一堆田野筆記。」他以技師的身分工作，在某些方面也有幫助；維修人員樂於接納他。然而，這也讓他陷入困境——有時他的盲點就跟他研究的對象一樣。他想起當時的情況：「我會覺得某些現象很平常，但在局外人看來，其實並不是這樣。」他不得不調整心態，把「熟悉」化為「陌生」。於是，他跟許多人類學家一樣，觀察技師在日常生活中使用的團體儀式、符號、空間型態，努力保持距離感。

歐爾很快就明白，**重要的互動幾乎都是發生在用餐空間**。管理者在思考維修團隊的工作時，絲毫不會考慮到那些廉價的餐廳（假設他們真的會費心思考這些事情的話）。主管們通常會以為，維修人員是在客戶辦公室做著修理機器的工作，或在全錄辦公室的據點工作。拜訪客戶辦公室之前、之後，在餐廳花的時間，似乎是**無用**或**浪費**。用負面字眼（亦即「沒在工作」）去描述這段時間，就跟「空」油桶、「免費」的東西一樣無趣。不過，其實不是這樣。歐爾在田野筆記的某一段寫道：「我開車穿過谷地去見CST（顧客支援團隊）的成員，在小城東區的連鎖餐廳一起吃早餐。[15]愛麗絲提出一個問題：機器出現自行檢驗錯誤，但她不太相信。這臺機器的控制系統有很多部分故障了，她懷疑是別的問題導致故障。我們去餐廳吃午餐，很多同事在那裡吃飯，我們試著說服最有經驗的技師弗雷德跟她一起去看看機器。」[16]

「矽谷到處都有平價餐廳，技師把那些餐廳當成聚會的地方。弗雷德對她說，就他對記錄檔的解讀，應該要換掉另一個組件才對。」維修團隊在餐廳做的，就是運用大家對全錄影印機的豐富知識，在喝咖啡時**集體**解決問題，而他們生活中幾乎每一個部分都是這樣解決的。他們的「八卦」就是使用團體知識編織一張大掛毯，充分運用團體的集體觀點，如同網際網路工程設計技術論壇的低哼儀式。

這些知識很重要。帕羅奧多研究中心的另一位人類學家、歐爾博士學位指導教授露西．薩奇曼表示，依照公司規範，技師的工作就是依照固定程序，修理相同的故障機器。[17]不過，那是謬論，就算機器出廠時看似相同，等到維修工人碰到機器時，它們早已有各自的經歷——由人類塑造的經歷。歐爾的筆記寫道：「法蘭克和我去處理那天的第一通來電，但是他找不到建築物。使用者說，出問題的是RDH（Recirculating Document Handler，循環式送紙器，這個輸入裝置會自動把原紙一張張移動到玻璃上影印），這點他不意外。這臺機器已經一個半月沒人用了，一定會有灰塵。」[18] 工程師在餐廳裡分享的，就是這段經歷和前因後果。歐爾解釋：「診斷就是一種敘事的過程。」主管才不在乎灰塵，但維修人員很在乎。

團體動力這項特點也可以應用在公司**內部**。歐爾研究維修人員的時候，同事薩奇曼正在探討辦公室勞工對影印機的反應，或者說，人類和機器是以何種方式溝通或不溝通。[19] 全錄的主管收到很多意見，顧客認為有些影印機太複雜，不易操作，型號 8200 的影印機尤其讓人苦惱。這很怪，因為 8200 裝置就是以**便利性**為目標而設計的。薩奇曼解釋：「這臺機器是一款相當大型、功能豐富的影印機，才剛推出，主要是當成預留位置的作用，以建立公司在特定市場立基的存在。這臺影印機的廣告，是一位穿著白色實驗室外袍的科學家，他向觀眾再三保證，要啟動影印機的廣大功能，只要『按下綠色的按鈕就行了』。」工程師對於那個綠色按鈕感到格外自豪，認為傻瓜也懂得使用這臺影印機。

受過認知學與電腦學訓練的帕羅奧多研究中心人員，著手研究到底是哪個地方出了問題，而薩奇曼決定引入一些文化分析。她採行民族誌研究法，觀察 8200 影印機在顧客辦公室的使用情境。一臺 8200 影印機被帶到帕羅奧多研究中心的實驗室，還有一臺「智慧互動式介面」系統作為原型。薩奇曼鼓勵同事使用影印機，並拍攝結果，情況出乎電腦學家的預料。機器電源開啟後，會發出指示，例如：「使用者可能想更改工作說明。」、「從裝訂的文件，製作雙面影印件。」、「裝訂的文件之影印說明。」[20] 人們應該要按照這些指示，依序操作。不過，實際上發生的對話會像這樣：

**A**：「好，該做的都做完了，現在把這個（送紙器）放下，看有沒有差……好像有點作用。」

**B**：「終於搞定了。」

**A**：「喔，還沒，它還是說我們需要製作裝訂的文件。我們又不需要製作裝訂的文件，那已經完成了，也許該回到開始的畫面，把那個裝訂文件的選項刪掉。」

**B**：「好，這想法不錯。」

**A**：「現在它問『是否已裝訂』，按否就好了。」

**B**：「再也沒出現了。」[21]

這種情況揭露了幾項關鍵要點：一，就算使用者想要依照指示正確操作，還是會碰到含糊不清的指示，此時他們不得不利用推理來判斷，而這並沒有寫在說明手冊裡。二，就算定好的順序是手冊與電腦程式的基礎，但使用者的想法或行為不一定會依照定好的順序。三，試著解讀機器的使用者並不是一致又孤立的存在，而是有自己的社交互動。帕羅奧多研究中心的另一位研究人員珍妮特・布朗博（後來任職於 IBM）指出，辦公室勞工群體處理不熟悉的機器時，某個人往往會成為實際的指導者或領導者，影響群體。**社交互動很重要**，電腦學家往往忽視這一點。薩奇曼認為，如果設計時能考量到這些社交因素，人類與電腦的互動會運作得更順暢。

為了解釋這種情況，薩奇曼提出典型的人類學技巧——跨文化比較。她舉了一個例子：南太平洋密克羅尼西亞群島的楚克人。之前有另一位人類學家艾德溫・哈欽斯（Edwin Hutchins）運用出色的洞察力做過這類研究。哈欽斯先前任職於美國海軍，是海軍導航專家，在這樣的背景下，他得以看見一點：楚克人是傑出的水手，擅長遠距離橫渡，卻沒有使用西方導航員（和美國海軍）仰賴的現代科學工具，例如：指南針、GPS、六分儀。楚克人也不依循預定的航線，[22]確定航向的方法是以**群體**形式去因應眼前的環境：判讀海風、海浪、潮汐、洋流、動物相、星星、雲朵，傾聽海水拍打船隻的聲音，嗅聞空氣的味道。薩奇曼在帕羅奧多研究中心出版的備忘錄是這麼解釋的：「雖然楚克人的導航員目標從一開始就很明確，實際航線還是看獨特的環境而定，而那是一開始出發時預測不了的。[23] 歐洲文化偏好抽象的分析式思維，最好從一般原則到特定的實例都能推理論證。反之，楚克人沒有這類意識型態的約束，是從長年累積的各種身體記憶反應當中學習，依循著經驗構成的智慧。」那表示什麼呢？哈欽斯解釋：「人類的認知不僅會受文化和社會的影響，究其根本，也是一種文化過程和社會過程。」[24]

帕羅奧多研究中心設法處理 8200 影印機的情況之時，管理科學領域已經開始接納哈欽斯提出的概念。[25] 薩奇曼認為，那些概念可以、也應該應用在工程設計和電腦科學。她提出警示：「有歐洲導航員為例證的行動觀，現在已經具體實踐在智慧機器的設計上。我們在冒險的時候，卻忽視了楚克人的導航員。」要設計高效的 AI 系統，工程師必須認知到意義建構的角色。

全錄科學家終於或多或少把人類學家的意見給聽進去。具有「智慧型互動式系統」的機器廣告有所改變；自以為高人一等、穿著白色外袍的科學家再也不會對使用者說：按一下綠色按鈕，就什麼都懂。歐爾提出他對技師的研究報告後，公司引進一套系統，讓維修人員可以更容易跟現場同仁交換意見與分享知識，就算不在餐廳也沒問題。布朗說：「朱利安體會到大家需要的是社交科技，像是一種雙向無線電（比如早期的 Motorola 手機，附有隨按即說的按鈕），每一位科技代表都能輕鬆運用所屬社群裡的他人建構出的集體專業知識。」[26] 全錄後來為了彌補這類無線電的不足之處，就在網路上設立了初步的傳訊平臺，叫做 Eureka，技師可以在那裡互相交流。布朗認為，Eureka 是社群媒體平臺的雛形。

## 橫向視野之必要

帕羅奧多研究中心的團隊進行實驗時，其他矽谷創業者逐漸被他們在做的事情吸引，也設法仿效他們的概念。比方說，蘋果創辦人賈伯斯一九七九年參觀帕羅奧多研究中心，看見他們團隊致力打造個人電腦，後來就挖角了中心裡某位關鍵研究人員，在蘋果打造出類似產品。帕羅奧多研究中心提出的其他概念，也被蘋果和矽谷的公司仿效。然而，全錄本身沒能力把出色的概念化為獲利工具。接下來幾十年，公司財產蒙受其害，[27] 原因出在公司文化保守，動作又慢，且帕羅奧多研究中心的據點在西岸，全錄總部卻在康乃狄克州，主要的工程設計和製造團體則是在紐約州羅徹斯特。好的概念往往被無視，帕羅奧多研究中心的人員都感到灰心氣餒。

不過，他們在別的事情上得到慰藉：隨著歲月流逝，他們提出的概念對社會科學和矽谷產生重大影響。這些概念帶動「使用者經驗」運動發展，促使微軟、英特爾等公司建立類似的團隊。他們提出的「意義建構」概念觸及了消費產品領域，民族誌學者都欣然接納。[28]接著，意義建構的概念進入另一個意外的領域——華爾街。

社會學家派翠西亞．安斯渥茲（Patricia Ensworth）是率先在金融界使用意義建構的其中一人。二〇〇五年，安斯渥茲收到某家機構的常務董事傳來緊急訊息，安斯渥茲稱之為「大牌」（她選擇這個假名來描述「世界五大投資銀行之一」）。[29] IT 主管說：「我們需要一位顧問，幫我們把一些專案導回正軌。」對於這類請求，安斯渥茲已經習以為常。那個時候，她已花了十年多的時間默默採納歐爾、薩奇曼和史立．布朗的技巧，而在金融與科技如何與人類產生交集的研究上，這三人堪稱先驅。

安斯渥茲跟同行的許多人一樣，都是意外踏入這塊未知的領域。她的職涯始於一九八〇年代，在王氏聯網電腦系統擔任行政助理；她需要賺錢，支付人類學研究所的學費。她回想當年的情景：大眾常把女性跟打字技能聯想在一起，因此做過行政助理的人很早就會使用文字處理程式、試算表、文件管理軟體，可說是辦公自動化的第一批顧問。[30]一九八五年拿到學位後，安斯渥茲就在美林證券找到工作，擔任辦公自動化分析師和服務臺客服員，同時計劃著該怎麼運用社會科學文憑。她最後體會到最佳的研究素材就在眼前：個人電腦才剛出現在西方商業界，MS-DOS 編碼員挑戰了由大型主機菁英主導的資料處理階層。整個社群變動不斷。她決定使用社會科學來解釋 IT 議題何以引發金融界的憂心。

安斯渥茲的研究隨即證明，議題的社會面、文化面，就跟科技面同樣重要。例如，在某項早期專案，美國軟體編碼員開發的軟體程式一直故障，讓他們很困惑。後來她解釋，其他地方的辦公室工作習慣不一樣。一九九〇年代初期，她加入穆迪投資者服務公司（Moody's Investors Service），最後成為該公司 IT 系統的品保總監，聽來像是技術工作，但主要角色是要讓軟體編碼員、IT 基礎結構技師、分析師、銷售員、外部顧客等不同部落齊心協力。後來，她成立顧問公司，諮詢項目有：專案管理、風險分析、品質保證、其他商業議題，結合了文化意識和工程設計。

「大牌」專案就很典型。該投資銀行跟大部分同行一樣，趕著要把作業移到線上。不過，到了二〇〇五年，銀行的資本市場團隊面臨危機。在二〇〇〇年前，大牌交易員把 IT 平臺的很多部分外包給印度廠商，畢竟印度廠商比美國 IT 專家還要便宜。不過，供應商的編碼員和測試員擅長處理股票、債券、選擇權等傳統投資產品，而印度團隊難以應對大牌正在打造的全新衍生性金融商品業務，他們採用的是正式又官僚作風的工程設計法。於是大牌開始改用烏克蘭基輔和加拿大多倫多的供應商，這些供應商的作風更彈性靈活，也習慣跟有創意的數學家合作。然而，問題變得更嚴重了。他們錯過截止期限，缺陷浮上檯面，代價昂貴的爭論也爆發出來。

安斯渥茲寫道：「在大牌的紐約辦公室，相互競爭的外包廠商員工之間情勢緊繃，樞軸點發生在一場爭吵上。加拿大男性測試員用骯髒的粗話羞辱印度女性測試員，她把熱咖啡潑在他的臉上。由於此舉在法律上構成職場暴力，女性測試員立刻被開除並驅逐出境。懲罰的公平性引起爭論，辦公室的人員意見分歧，同時，風險管理稽核員揭露了外包的IT 基礎結構和流程有一些嚴重的作業與安全違規情事。」[31]

許多大牌員工把這個情況歸咎於不同民族之間的衝突。不過，安斯渥茲懷疑有另一個更隱而不顯的問題：大牌幾乎所有電腦編碼員，無論是在印度、曼哈頓、基輔還是多倫多，受過的訓練都是**單向架構**的思考，背後是**順序邏輯**，沒有太多橫向視野。在這種情況下，他們很像是那些建立影印機 AI 程式的全錄工程師。他們開發的軟體具備二進位性質，基本上就是把所有經驗轉譯成電子的開和關、十六進位的 0-1 開關，也就是說，他們採用的往往是「我對、你錯」的心態，這也會影響到他們建立的 IT 系統。雖然編碼員製作的演算法可以解決特定的問題，但是他們很難看清全貌，或在情況有變化時共同合作、調整架構。如同令全錄苦惱的影印機問題，灰塵會讓曾經一模一樣的影印機運轉方式不同，而銀行人士使用 IT 系統並把新產品放在 IT 系統上，程式碼運作方式也會因此改變。

安斯渥茲表示：「（編碼員）記載研究的方式是透過案例、流程圖、系統架構設計。這類文件對1.0版來說很有用，因為網路空間模式合乎使用者社群的親身經歷。不過，一段時間過後，模式和現實逐漸產生分歧。」

編碼員經常沒意識到他們最初的計畫和後續現實之間存在落差，甚至會把落差給隱瞞起來，免得難為情。

這種情況可以修正嗎？安斯渥茲設法處理，試著把橫向視野灌輸給編碼員。她說服印度供應商增加員工訓練教材，讓印度員工了解美國辦公室的規定與習慣，另外還設法教導烏克蘭和加拿大的供應商，讓他們知道在IT上採取過度隨心所欲的做法是很危險的。她給IT編碼員看影片，呈現出銀行交易廳喧鬧混亂的情況，編碼員嚇了一跳——他們通常是在類似圖書館的沉默氣氛下工作。她向大牌公司的主管解釋，編碼員很生氣，因為他們沒辦法取用重要的專利資料庫和工具。就算銀行人士聽起來很不悅，她還是像官僚那樣彎下腰，向編碼員再三保證，公司很感謝他們。[32]她的目標是教導各方仿效人類學最基本的準則：**從另一個角度觀看世界**。

二〇〇八年金融海嘯爆發，該項專案停了下來，安斯渥茲改替其他銀行工作，經常著眼於網路安全面臨的、快速增長的威脅。實驗因此提早結束。不過，安斯渥茲希望人類學能留下一些教訓。她日後寫道：「交貨日期和錯誤率偶爾很棘手，但再也不是那種經常發生又普遍的煩惱。」[33]更棒的是，IT 勞工不會再朝銀行人士潑咖啡了。

## 為何銀行人士與工程師都不喜歡居家辦公？

在華爾街的另一個角落，貝翁薩也使用了意義建構的概念，對象是金融交易員。一九九九年，貝翁薩走到某家公司的股票交易廳，他把那家公司稱為「國際證券」，位於曼哈頓下城，是一家雄偉的企業摩天大樓。股票交易主管鮑伯同意讓貝翁薩跟在交易員旁邊觀察，希望能從他那裡獲得一些免費的想法和意見。不過，研究並沒有按計畫進行。貝翁薩想研究交易員的喊叫會對市場造成何種影響。他解釋道：「我看過奧利佛．史東（Oliver Stone）執導的電影《華爾街》（*Wall Street*），對於公司收購的戲劇場面深受感動。我讀過湯姆．沃夫（Tom Wolfe）撰寫的《走夜路的男人》（*The Bonfire of the Vanities*），想像過華爾街交易室過度擁擠、被激動情緒支配的情景，而且就像沃夫描寫的那樣——年輕男子擠得滿室，一大早就流著汗水、大吼大叫。」[34]

不過，等他終於抵達國際證券，卻嚇到了，交易室竟然很安靜。貝翁薩很驚慌，問道：「為什麼你們的交易員表現得跟電影不一樣？」答案很簡單。前幾年，大部分股票交易都移到「線上」，再也不用在證券交易所的專櫃透過電話或親臨現場交易。戲劇的場景轉而發生在電腦螢幕上。

貝翁薩更困惑了。如果每件事都能在線上完成，為什麼銀行還要使用交易廳？鮑伯回答：「互相了解啊。有複雜的事情要跟別人解釋時，我不喜歡透過電話，因為我必須知道，我說的話對方到底懂不懂。交易室是**社交場所**，偶然就能聽到別人聊天的內容。市場有時不會變動，你會覺得無聊，想要跟別人交流。」鮑伯認為這種社交互動十分重要，所以他花了一堆時間去思考交易員座位這種老套的問題。「我盡量輪流換座位，他們對此很排斥。根據經驗，他們只會跟周圍的人講話，抱怨我的事，藉此相互認識。我的訣竅就是讓不認識的人坐在一起一段時間，久到可以變得熟悉，又不至於吵得很凶。」

一旦兩個交易員坐在一起，就算相互不喜歡，也會合作，像室友那樣，所以他每六個月就會讓交易員換座位。他還堅持電腦的高度要保持得很低，這樣就看得見辦公室的其他部分。他還會跟其他金融人士坐在同一桌，藉機觀察他們。

鮑伯把這項策略當成常識提了出來。貝翁薩之後表示，在華爾街見過的經理人當中，鮑伯堪稱數一數二。不過，貝翁薩還是困惑不已；金融人士做投資決策，照理應該藉助那些以科學和複雜數學為基礎的財務模式，尤其是使用「量化」金融策略的時候。那麼，座位到底為什麼重要？他認為答案用「意義建構」四個字最能表達。在市場「確定航向」的交易員，基本上是採用兩種思考模式。有時，交易員使用模式是為了制定及依循預定的航線，好比二十一世紀的水手可能會使用 GPS。然而，他們也會吸收其他信號和資訊，藉此在市場確定航向。交易員擠在白板附近或聚在酒吧時，就會發生意義建構。偶然聽到彼此的對話，或只是跟坐在隔壁的人說笑，也會發生意義建構。歐爾體會到，對全錄技師來說，診斷就是一種敘事的過程，而貝翁薩認為，銀行交易廳的「八卦」建立的社會體系能讓交易員在使用財務模式時，更有能力面對固有的不確定感。這種情況相當於技師聊灰塵，只不過是銀行人士的版本。

這點很重要，因為人類跟模式互動時，模式——就像全錄影印機——不會表現一致。金融人士常談論模式，彷彿自己是監看市場的「攝影機」，捕捉市場現況，然後使用那張理應中性的快照預測將來，但那是虛幻的。金融社會學家唐納．麥肯錫表示，與其說模式是監看市場的攝影機，不如說是推動市場的引擎，因為人們是根據模式進行交易，從而導致價格變動。[35] 人們利用模式追蹤市場，但套用模式反而導致市場變動。此外，每個人使用模式的方法各不相同，畢竟使用情況會受當地「物質」因素影響。[36] 麥肯錫觀察倫敦和紐約的銀行人士，發現交易檯都使用相同模式，為證券算出不同的價值。所以敘事才會那麼重要。**無論是診斷過去事件，還是預測將來，敘事都有舉足輕重的地位**。這也適用於政策制定者。人類學家道格拉斯．霍姆斯研究英國央行、瑞典央行、紐西蘭央行等央行人士，體會到他們的口頭干涉，以及他們聽到經濟故事後做出的反應，在貨幣政策「發揮作用」的方式扮演了關鍵角色。[37] 金融人士和政策制定者可能會試著用科學方式描述自己採用的手段，構思模式來追蹤金錢的價格，不過，牛頓物理學在金錢世界毫無作用，因為主要人物常會對彼此有所反應，以言語回應。個體心理學和團體心理學都很重要。[38] 由此可知，經濟學者羅伯．席勒（Robert S. Shiller）所稱的「敘事經濟學」，或人類學家所稱的意義建構，也都很重要。[39]

從這些敘事和互動看來，交易檯的地理學很重要，背後原因有好有壞。主管階層（例如：鮑伯）認為，合適的交易員坐在彼此旁邊，就會有比較過人的表現，就算是在電子螢幕上交易也不例外。然而，交易檯的地理學也會造成部落主義和狹隘視野；過度緊密的團隊可能不會跟其他團隊交流。**物質模式和社交模式往往會反映及強化彼此，產生「習性」（布赫迪厄的用語），從而促進內部的團體迷思**。前臺、中臺、後臺之間，負責構思交易的團隊以及後續執行交易的團隊之間存在莫大的分歧。何柔宛表示：「前臺、中臺、後臺之間的界線，呈現出社會階級。就算是工作時間，前臺和後臺的勞工彼此也不社交（多層電梯讓社交變得相當困難）。」[40] 金融人士覺得這樣的派系之分很正常，所以很少去質疑，畢竟自然地理學和社會地理學有著密不可分的關係。不過，各種風險因此產生。交易員沒有以全面角度去看待交易，對於基礎結構議題，對於他們所做的交易造成的後果，在態度上可能會變得輕率，進而產生貝翁薩說的「模式本位的道德解離」。也就是說，一旦交易員依照模式執行交易後，就會覺得不用考量現實世界的後臺怎麼執行交易，或「真實的」經濟（和「真實的」人，如第 4 章所述）會受到什麼影響。

聰明的主管憑直覺就能辨識出這些風險，所以鮑伯才會經常讓交易員調換座位，花大量心力處理這個過程。他還設法促進各個團隊之間的互動，打造出社會學家所稱的「偶然的資訊交流」，或人們遇到彼此時會有的想法交流。交易員往往會陷入回音室或從眾行為（尤其是資產類別），而這種做法可打破他們自身的盲點。沒有方法能以貨幣形式測量這種做法的**實體價值**。鮑伯經常重組交易檯，讓底下的團隊輪調座位，但他永遠無法證明這種做法值不值得。然而，貝翁薩理解鮑伯這麼做的原因；就算是在數位金融市場，人類還是需要互動，藉此取得至關重要的橫向視野和意義建構。

假如人類突然無法面對面工作，會發生什麼情況呢？二十一世紀初期，在華爾街和倫敦市的交易室裡，貝翁薩暗中觀察著。他以為自己沒辦法知道答案了。然而，二〇二〇年春天，一場天造的實驗突然出現在眼前。隨著疫情擴散，金融機構突然採取動作——鮑伯當初還說金融機構永遠不會或不能那樣做，可是機構竟然讓交易員帶著彭博社終端機回家工作。於是那年夏天，貝翁薩聯絡了他在華爾街的舊識，提出關鍵的問題：「情況怎麼樣？」

在這種情況下進行研究並非易事。人類學很重視面對面觀察，透過 Zoom 進行研究似乎是反其道而行。二〇二〇年，在 EPIC 上討論這項難題時，Spotify 人類學家克蘿・伊凡斯（Chloe Evans）解釋道：「身為民族誌學者和產業的使用者研究員，我的工作很大部分是要跟人們面對面交談，了解他們是如何按自己的方式和步調過日子。身處同一個空間很重要，這樣才能協助我們去理解消費者怎麼使用產品和服務。」[41] 然而，民族誌學者體會到新的世界也有好處；他們可以跟世界各地的人取得聯繫，不但立足點更為平等，偶爾還會更親近些。研究印度貧困族群的民族誌學者史都華・韓歇爾（Stuart Henshall）表示：「我們見到人們置身於不同環境，這是在實驗室裡辦不到的。」他解釋說，疫情封城前，他採訪的印度人大多對住家環境感到難為情，寧可約在研究室見面。不過，封城後，受訪者開始在家中和人力車上透過視訊電話跟他聊天，他因此從受訪者全新的生活層面獲得深入洞見。「受訪者在家中或熟悉的環境會比較自在，覺得更有掌控感。」這是全新類型的民族誌研究法。[42]

貝翁薩透過電腦連結訪問銀行人士，發現他們的情況呼應了人力車的模式。受訪者在家中會比在辦公室更投入於訪談，而且感覺更親近。金融人士跟他說，他們發現把一些功能移到網路空間其實相當簡單，至少短期上是如此。如果單純是要寫電腦程式碼或掃描法律文件，居家辦公是很容易。已經共同工作好長一段時間的團隊，透過視訊連結也可以互動良好。不過，真正的問題是**偶然的資訊交流**。摩根大通（JPMorgan）資深交易員查爾斯・布里斯托（Charles Bristow）表示：「有一點很難複製，就是那些你不曉得自己需要的資訊。[43] 你在那裡會聽到走廊另一頭的交易檯傳來喧鬧聲，或者聽到某個字眼就產生了想法。如果在家裡工作，你就不曉得自己需要那些資訊了。」居家辦公以後，很難教導年輕的銀行人士怎麼去思考和做人處事。作為實習生去實際體驗是十分重要的經歷，這樣才能傳承金融的習慣和習性。布里斯托又說：「要為金融服務的行為定調，最好的方法就是透過觀察，並由資深主管確立訊息。在分散式（模式）底下，這件事就變得困難多了。」

既然如此，金融人士自然急著讓交易員盡快回到辦公室，很多人還悄悄在封城期間讓一些團隊留在辦公室工作，貝翁薩對此並不意外。同樣沒有讓他感到驚訝的，還有以下情況：摩根大通等銀行開始要一些銀行業務團隊回來上班（最初是百分之五十的人員），還花了大量時間設計系統，好讓人員輪流上班；摩根大通等地方採用的手法不是讓整個團隊一起上班，而是讓不同小組的人員分流上班——這是最有效的方式，辦公室半滿的時候，亦可取得主管（例如：布里斯托）重視的、那些至關重要的偶然資訊交流。不過，在貝翁薩的封城訪談中，有一項頗具啟發性的細節，那就是績效問題。他向華爾街和歐洲銀行的金融人士提問，在二〇二〇年春季爆發的市場風暴期間，他們是怎麼過活的？二〇二〇年秋天，貝翁薩對我說：「銀行人士說，在辦公室工作的交易團隊做了很多，他們的表現遠超過在家工作的人。華爾街的銀行，留在辦公室的團隊比較多，所以工作表現遠超過歐洲人。」這可能是居家型科技平臺故障所致。不過，貝翁薩認為有別的原因：**現場團隊有更多偶然的資訊交流和意義建構，而在艱困時期，這兩點格外重要**。

貝翁薩觀察的銀行人士不是唯一一批實現實體價值的人。網際網路工程設計技術論壇的網路技客，即便是專業人士，對網路空間擁有最多的專業知識技術，還是出現了同樣的模式。二〇二〇年春天，疫情來襲，論壇主辦單位決定把一般的現場大會改為虛擬高峰會。幾個月後，主辦單位針對將近六百名論壇成員進行民意調查，看看他們對這次數位會議有何感受。[44] 一半以上的工程師說，線上會議的成效不如現場會議，只有百分之七的人喜歡在網路空間開會。他們之所以不喜歡虛擬會議，並不是因為他們覺得很難在線上處理技術性事務（例如：寫程式碼），關鍵的問題是工程師想念**周邊視覺和偶然的資訊交流**，這些通常都是發生在實體會議。論壇某位成員抱怨說：「這行不通。現場會議的重點不只是會議本身，更是會議外面、社交活動上的人們。」另一位成員說：「少了走廊，少了偶然的相聚，少了聊天，差別太大了。」第三位受訪者表示：「我們需要親自在現場開會，才能完成有意義的工作。」

他們也很想念低哼儀式。會議移到網路空間後，三分之二的受訪者說，他們想探討哪些方式能在網路空間達成粗略的共識。某位成員表示：「我們需要想出如何在線上發出『低哼』。」於是論壇主辦單位進行實驗，在線上舉辦民意調查。不過，有人抱怨虛擬民意調查太過簡略一元，他們渴望的是更細緻立體的方式，來判斷所屬部落的氣氛。某位成員說：「低哼對我來說，最重要的就是對出席者有多少人低哼、有多大聲有個大概的印象。確切數字不重要，比例才重要。」另一位成員抱怨：「現場的低哼儀式是無可取代的。」矽谷老手可能會把這種情況說成是技術人員渴望一些「文科人」的連結感——這是哈特利提出的比喻。[45] 人類學家會把這種情況說成是尋找意義建構。無論是哪一種，其關鍵要點如下：全球疾病大流行迫使勞工進入網路空間，讓他們更精通數位裝置，但也揭露了社會沉默，也就是人類互動和儀式扮演的角色。無論有沒有這場大流行，我們在這世界闖蕩的時候總是忘了這件事。

/第10章/

# 橫向視野帶來道德財富

市場與生俱來的低效率眾所周知。決策者不會去注意外部因素，這會對他人產生影響。

——諾姆・杭士基（Noam Chomsky）1

二〇二〇年夏天，我遇到BP執行長伯納德・魯尼（Bernard Looney）。「遇到」二字算是種比喻的說法，當時正值疫情封城期間，我坐在紐約家中的雜亂客房裡，他在西倫敦一處裝潢時髦、背景有時尚書架的居家辦公室，透過網路跟我聊天。這營造出一種怪異的親近感錯覺。我不是坐在會議室的桌子前面，盯著對面的魯尼看，而是透過螢幕看見他那粗獷的樣子。他散發出自謙的魅力，說話帶著一點愛爾蘭腔。

魯尼有個好故事要講。幾個月前，他成為BP執行長，還宣布關鍵轉型，嚇壞了投資者。該公司成為化石燃料巨獸已有十年，一九九八年以前，公司名稱是「British Petroleum」（英國石油）。不過，魯尼似乎決心放下「石油」的過去，誓言在二〇五〇年或更早達到「碳中和」的目標；這就表示，公司要減少石油和天然氣井的投資金額，著眼於再生能源，像是太陽能。[2] 然而，這麼做並無法滿足環保運動人士，比如說，格蕾塔・童貝里（Greta Thunberg）就希望石油和天然氣公司立刻停止鑽探。BP 不願意這樣做，堅稱自己需要化石燃料的收益，才能資助乾淨能源的轉型。對 BP 而言，關鍵轉型很嚇人，也讓他們跟埃克森（Exxon）等集團採取的立場有所不同。魯尼表達這件事的方式，值得多加注意。他受到一年前的事件影響；當時他參加 BP 在亞伯丁舉辦的年度股東大會，碰到一個人，對方來自截然不同的社會部落，是名環保運動人士。

BP 高階主管就跟同領域的其他人一樣，已經習慣看見抗議人士出現在年度儀式上，力求奪取關注，這次的年度股東大會也是同樣情況。亞伯丁大會進行之際，一群人正在攀爬 BP 倫敦總部。在亞伯丁，氣候運動人士站在建築物外頭，揮舞標語牌，上頭把常見的 BP 黃綠太陽標誌畫成流血燃燒的球體。有些人偷偷溜進大會，大喊抗議臺詞，然後被警衛給拖了出去；有些人在大會上向 BP 管理階層拋出問題——他們持有股份就是為了有權在會議上發言。BP 高階主管通常會設法回答這類問題，但不會涉入過深。他們長年沉浸在積極進取的能源開採領域，在他們的眼裡，運動人士是個徹頭徹尾的古怪部落。

不過，那一天，魯尼傾聽那些人士喊出的抗議口號，以及他們提出的問題，其中一位抗議人士很能言善道，讓他嚇了一跳。他要求見她一面，想知道是什麼促使她發出批評，想透過她的眼睛看這世界，就算只是一刻也好。他對我說：「我媽經常對我說，你有一個嘴巴，兩個耳朵，你必須按照這個比例使用嘴巴和耳朵。抗議人士要說的話，我想聽聽看，所以我們約了午餐，低調見面。我請她解釋為什麼討厭我們。我靜靜聽著，她逐一提出論據，我們沒有對彼此大吼大叫。雖然大部分內容我並不贊同，但她說的事情是我以前從沒想過的，我學到很多。」[3]

「哪些事情？」我問。

「很多都是批評我們的話，我以前就聽過了。不過，她問我：『為什麼你們的廣告沒有石油和天然氣鑽井平臺的圖片？為什麼你們只有再生能源的圖片？你們覺得石油和天然氣很羞恥嗎？如果很羞恥，為什麼？』我因此開始思考。」他堅決不願跟我說那位抗議人士的姓名。「我要是說了，她會更難把她的工作做好，我不希望那樣。」不過，他後來跟她見了大約六次，積極傾聽。「她說的話，大部分我並不贊同。不過，我確實想聽她的意見，透過她的眼睛去看這世界。這確實讓我的觀點產生一些變化。」

我很訝異。我在擔任記者期間，訪問過的企業高階主管無以計數，當中有很多都曾遭受抨擊。他們聽到批評，多半會有防衛反應。**討厭他們的人說出的話，他們幾乎都不會去**

**傾聽**。二〇〇四年，我在寫 Lex 專欄的時候，跟一些能源公司聊過，他們把抗議人士看成是嬉皮。❸❼ 二〇〇九年，我聽著那些在紐約市和華爾街經營銀行的男人（幾乎全都是男人）嘲諷「占領華爾街」等抗議運動；二〇一六年，幾位矽谷巨頭大罵「科技抵制潮」。〔二〇一七年，臉書創辦人馬克．祖克柏（Mark Zuckerberg）宣布展開「傾聽之旅」，傾聽一般人的意見，此舉很少見，吸引了大眾注意力。不管怎樣，祖克柏能否真的開放胸襟、傾聽批評，尚不明朗。〕[4] 然而，魯尼聲稱，他是發自內心想要傾聽。他彷彿剛剛把社會人類學的教科書吞下肚，努力把自己放在陌生的「他者」處境，獲知另一種觀點。

「你有沒有讀過人類學？」我問。電腦螢幕上的他搖搖頭，說自己是在都柏林讀工程設計。他想傾聽，是因為他的母親，也是因為他在大學表現平庸，所以沒自信到可以忽視他人的觀點。此外，他接受過心理相關治療，而跟大多數執行長不同，他並沒有打算隱瞞，為的就是除去這件事在商業領域的汙名化。「我一直認為，人一定要傾聽，這才是優良的管理。」

---

❸❼ 1960～1970年代，一群提倡自由、和平、反戰，追求自然的年輕族群。嬉皮價值觀在文化上產生重大效應，影響了音樂、電視、電影等眾多領域。

至於他是不是真的那樣想，我分辨不出來。魯尼就跟那些新官上任的執行長一樣，有很強的誘因要辦好宣傳活動。前BP執行長鮑伯・杜德里（Bob Dudley）被投資者批評過於冷淡；董事會選了魯尼擔任執行長，原因之一就是想改變公司形象。魯尼還沒把這大膽、動聽的說詞化為實質計畫；假如他確實採取行動，會有用嗎？[38]我不知道。不過，光是他這樣表達出來，就已經很令人驚訝了。首先，這證明了執行長有可能採取人類學家的心態和思考過程，只是不會實際使用那些字眼，相關知識也不是來自專業學科。魯尼口中的「優良的管理」非常獨特，畢竟很少領導者會在這多變的世界積極採用人類學視角。

第二個令人訝異之處，就是大環境對魯尼造成的影響。他之所以會跟環保運動人士對談，是因為時代的思潮變化很快，幾乎無人能預料，BP等公司不僅要面對童貝里等人的抨擊，還要承受主流投資者施加的壓力。我們會面的一年前，BP股價幾乎砍半，其他能源公司的股價也是一樣。封城導致經濟受創，這也是股價慘跌的原因之一。然而，投資者之所以避開化石燃料和天然氣股票，是害怕這產業將來的獲利不如過去，因為政府正在壓制化石燃料的用量，而消費者對於氣候變遷感到焦慮不安。大家對「擱淺資產」（stranded asset）的焦慮感日益增加。「擱淺資產」是簡略的表達，指化石燃料公司擁有的石油和天然氣儲存量可能會變得沒有價值，公司市值因此不如投資者的理想。換句話說，環境等議題先前都不在投資者和經濟學者的模式內，它們被稱為「外部因素」，往往受到忽視。現在，外部因素有可能重要到推翻模式。凡是人類學家都很清楚，把那些因素擋在外頭，不讓人看見，這樣的想法越來越可笑了。

## ESG崛起

投資者談起態度上的明顯轉變，多半會說到「永續」運動、「綠色金融」的興起，或提到縮寫字「ESG」，也就是「Environmental, Social, and Governance」（環境、社會、治理）的原則。另一種框架是「利益關係人主義」（stakeholderism），這概念是說公司經營人不應該只著眼於創造收益（芝加哥大學經濟學者米爾頓·傅利曼（Milton Friedman）等

㊳ 這段描述不是為了描繪BP在對抗氣候變遷方面做得足不足夠。支持者表示，BP承諾的措施有可能比大部分對手還要更徹底，這也許表示BP的公司文化比其他公司更願意冒險。批評者指出，該公司規劃的改革，當中有些部分似乎沒有特別「環保」（例如，把高汙染的資產賣給沒那麼嚴謹的製造商）。其實，還需要一段時間，才能對BP的改革下明確定論。

人曾經如此主張），還要保護所有股東——員工、廣大社會、供應商等——的利益。我傾聽魯尼說話的時候，突然想到，要表達以前和現在的情況，還有一種更簡單的方式：**公司和金融界領導者正在遠離狹隘視野，接納橫向視野**。傅利曼在一九七〇年代擬定的公司願景，目標明確、簡化、有界限，執行長應該要只追求一項目標（即股東收益），其他事物幾乎都可忽視；更精確來說，「外部因素」就讓政府和慈善團體去擔心吧！批評者認為這樣短視又自私。諾姆・杭士基控訴說：「如果你所處的系統，為了生存必須創造利潤，那就不得不忽視負面的外部因素。」[5] 不過，企業領導者和自由市場經濟學者多半會反駁說，專注在股東利潤上，公司就會充滿活力，進而推動成長。

然而，魯尼在視訊螢幕上看著我的時候，他面對的那個世界，投資者要求的不只是收益而已，還會關注公司的背景，以及每個決策造成的後果。換句話說，表現得如同囫圇吞棗般學習人類學入門課程的人，不只是魯尼而已，投資者也是一樣。一個有趣的問題因此而生：為什麼會有這麼多投資者開始用橫向的——人類學——視野，去看歷史上的這一個時間點？

ESG 和人類學之間的關係，我是偶然發現的。在職涯中，我一直都是這樣，無意發現、有意挖掘的次數一樣多。故事始於二〇一七年的夏天，當時我是美國版《金融時報》

執行主編，要追蹤金融、商業、政治的情勢發展。大型機構的公關團隊竭力把故事推銷給我們，我經常被他們寄來的電子郵件轟炸。有一天，我瀏覽著電子郵件（那無底的黑色大坑），突然發現，永續、綠色、社會責任、ESG 等字眼一直出現在信件的主旨，而我通常會忽視或刪除。從個人角度來看，那些處理氣候變遷或不平等的措施，我頗有同感，但身為記者，我受到的訓練就是直覺性懷疑公關人員；他們只想推銷故事，用奉承的口吻描繪公司。我讀過許多人類學家做的研究報告，當中描述「慈善」的觀念有時會成為活動的障眼法和社交模式，可能毫無助益可言，更加重了我的疑心。舉個例子，有一項針對賓州好時基金會（Hershey Foundation）的出色研究，就呈現出「慈善」會引起的種種矛盾。[6]

我對自己開玩笑：其實 ESG 應該是 Eye-roll（翻白眼）、Sneer（嗤之以鼻）、Groan（發牢騷）吧。無論如何，二〇一七年春天，有另一個議題抓住了我的注意力：川普，還有他從白宮接連發出的、色彩鮮明的推文。不過，有一天，我突然不由得想著：**我是不是又重複犯下同樣的錯誤？**多年前，我加入《金融時報》時，內心最初的偏見讓我迴避經濟，因為這個主題好像很無趣。我第一次碰到衍生性金融商品和其他複雜的金融工具時，也是抱持著逃避的心態。我那個「翻白眼、嗤之以鼻、發牢騷」的玩笑，會不會只是另一個盲點？我著手進行實驗，跟我十幾年前做過的 CDO 實驗差不多。有好幾週的時間，我試著去傾聽大家在提到ESG時說了什麼——以不嗤之以鼻的態度——還把收到的電子郵件全都讀了。我問高階主管和金融人士，為什麼他們會一直討論永續？我參加一些會議，凝神傾聽，慢慢地，在我的內心，有幾項要點開始成形。首先，時代思潮的變化不是發生在一個地方，而是三個：一，「長」字輩高層辦公室，亦即公司的高階主管。企業領導者開始談論「使命」和「永續」，不是只講利潤。二，金融圈。投資者以及為投資者提供服務的金融公司正在追蹤收益產生的方式。三，比較不被注意的領域，是政策制定圈和慈善圈之間的交集。政府為實現政策目標而使用的納稅人的錢快用光了，需要充分利用私部門資源，還有慈善家。

這三個變化的重點相互強化：公司正在尋找更宏大的使命；投資者想資助這樣的使命；政府和慈善家想整合這些火力。福特基金會主席戴倫・沃克（Darren Walker）對我說：「最近，我們正在重新思考慈善的含意。重要的不只是把百分之五的錢捐贈出去，其餘百分之九十五的錢是怎麼用，可以說是更為重要。」[7] 那會影響到公司如何處理環境議題，也會引發新的對話，討論社會改革（例如：對抗收入不平等或性別排擠）和公司管理。雖然「E」（環境）往往吸引最多關注——畢竟童貝里等運動人士會舉辦吸引目光的宣傳活動——但三者其實互有關聯。瑞銀董事會主席艾索・韋伯（Axel Weber）對我說：

「你無法輕鬆把『E』或『S』從 ESG 中拉出來，每件事都圍繞著『G』。」瑞銀很想展現自己是新運動鬥士。

不過，像韋伯這樣的人真的相信這件事嗎？我納悶不已，好奇心跟譏諷態度相互角力。銀行是追求利潤的實體，在二〇〇八年信用泡沫前夕的狂熱中，扮演著中心角色。高階主管還是在支付他們自己的薪水（在普通人眼裡特別高），還資助那些一點都不「綠」的活動。銀行販售 ESG 產品，有點像是中世紀天主教教堂的神父販售贖罪券（亦稱大赦證明書）或代幣，為他們自己、為別人抵消罪行。我那個「翻白眼、嗤之以鼻、發牢騷」的玩笑一直在腦海裡冒出來。然而，當我強迫自己去傾聽，就會明白我面臨的是另一個版本的「冰山問題」。如同我在衍生性金融商品見識過的，系統裡的喧鬧聲再次掩蓋了更重要的沉默場域。

核心議題跟風險管理有關。只要傾聽 ESG 周圍的喧鬧聲，就會發現該運動的重點是行動主義，也就是說，積極發聲的倡導者會呼籲社會和環境要有所改變，而公司和金融集團會高聲宣揚他們做了哪些事來支持該運動。不過，只要用人類學家的鏡頭，更詳細檢視 ESG，就會發現有第三個因素在作用，卻少有人公開討論，也就是**自利**。越來越多商界與金融界領袖使用 ESG 當成保護**自己**的工具，一、二十年前率先推出 ESG 的運動人士通常都不願意承認這點。倡導者之所以為了永續議題而戰，是因為他們懷有真誠、喧鬧又值得稱許的渴望，想利用金融來改善世界。他們經常用「影響力投資」來表達這件事，意思是他們覺得**投資可以促使社會改變**，把「有罪」的股票從投資組合中排除掉。「那世界上就只剩下修女、丹麥退休基金和美國信託基金的小子了。」我有時會對同事這樣開玩笑。當時，一群修女成為直言不諱的股東運動人士，壓迫公司改頭換面，而有些富裕的美國繼承人，比如：莉賽．普利茲科．西蒙斯（Liesel Pritzker Simmons），便是主張「影響力投資」。

那些想**積極改變世界**的人展開 ESG 運動，但到了二〇一七年，很多投資者的目標卻沒那麼遠大；他們只是想**避免對廣大世界造成任何傷害**。還有一群人數更多——更沒雄心大志——的支持者關注 ESG，主要是因為他們想**避免對自己造成傷害**。這類型的人不想在化石燃料擱淺資產損失金錢，也不想投資那些有聲譽風險的公司。所謂的聲譽風險可能是辦公室內的性虐待，也可能是供應鏈裡有踐踏人權的情況，或是種族議題爭議。同樣的，公司董事會不希望被突如其來的骯髒事給絆倒，也不想看見股東逃離或醜聞爆發，那可能會導致高階主管失去工作。他們也不想看見自家員工（和顧客）對這些議題憤而離去。反之，投資者不想錯過時代思潮可能創造的新機會，綠色科技的趨勢就是其一。公司更是想抓住機會。

這樣會不會讓整個企業變得偽善呢？很多記者都這麼認為，可是在我看來，對 ESG 運動最初的創辦人來說，這算是一種勝利了。從歷史就可得知，**革命發生時，成功往往不在於少數堅定的運動人士實踐理想，而是沉默的多數認為，抗拒改變就太過危險、沒意義。**ESG 正在接近這個轉捩點，因為投資和商業圈的主流開始被拉著前進，就算他們根本不會把自己定義為運動人士，也抵抗不了這股潮流。

## VUCA 世界，變動的時代思潮

這造就了一個問題：為什麼是二〇一七年，而不是發生在二〇〇七年、一九九七年或一九八七年？少有 ESG 運動人士知道原因，但我猜想是公司領導者的不確定感和不穩定感日益增加所致。在達沃斯舉辦的世界經濟論壇年會有如氣壓計，可以呈現出情勢發展。二〇〇七年初，我第一次參加達沃斯年會，由於我寫的文章針對信用衍生性金融商品表達負面看法，因此受到批評。我詫異不已；全球菁英竟然那麼開朗樂觀。柏林圍牆的倒塌加上蘇聯內爆，使得達沃斯的菁英擁戴「三聖一體」的概念（我之後在《金融時報》是這麼寫的）。大家尊重創新，相信資本主義是好的，設想全球化既有益又阻擋不了，確信二十一世紀會是資本主義、創新、全球化主宰的時期，並會直線發展。[8]

到了二〇一七年，達沃斯的菁英意識到，歷史趨勢如鐘擺般搖擺，這些進展也可能會反其道而行。大家從前一直認為創新是好事——至少對金融領域來說是如此——但二〇〇八年的全球金融海嘯打碎了這個想法，更削弱了「自由市場資本主義可以解決所有問題」的論述，而政府也在干涉金融體制和經濟的其他部分。在各式各樣的領域，全球化退縮，民主遭受攻擊。世界上許多地方（尤其是亞洲），西方政府的地位和可信度已經崩解。中國變得更為獨斷，更不願意接納西方的觀念。西方國家也爆發政治劇變，例如，二〇一六年的英國脫歐公投，還有令人訝異的美國選舉結果。保護主義、民粹主義、抗議活動比比皆是。最終結果就是這世界充斥更激烈的 VUCA —— Volatility（易變性）、Uncertainty（不確定性）、Complexity（複雜性）、Ambiguity（模糊性）。[9]

易變性和不確定性隱約撼動著菁英階級的定見，他們因此害怕起來，擔心要是忽視社會議題、收入不平等、供應鏈弱點、氣候變遷對將來的影響等，可能會引發潛在風險。傅利曼提出的想法（企業應該只關注股東、排除其他事物）因此變得沒那麼吸引人。也許這發展算是意料之中，畢竟傅利曼也是他所處環境的造物。當他在二十世紀中葉發展股東價值理論時，盎格魯撒克遜世界對於政府效能、創新、科學進展、自由市場，普遍都是深信不疑。傅利曼也是在回應以下事實：前幾個世代的企業領導者經常很不負責任。我們還是需要去理解傅利曼當時提出的想法背後的脈絡，因為到了二〇一七年，那樣的脈絡已發生劇烈變化。在 VUCA 的世界，企業高階主管（或選民）都不太有信心，認為盎格魯撒克遜世界的政府不太能解決氣候變遷、不平等之類的問題。反之，愛德曼（Edelman）公關公司進行的調查顯示，二〇〇八年金融海嘯後，在大多數西方國家，民眾對政府的信念已然崩解。金融海嘯發生後的幾年間，民眾對企業的信任度也降低了，銀行業衰退得格外嚴重。然而，有一點值得注意：這股趨勢讓政府感覺起來比企業好一點，這模式在接下來幾年沒有太大變化。根據愛德曼公司的民意調查，二〇二〇年前，二十七國當中有十八國的民眾表示，在解決問題方面，他們對企業領導者的信任度高過於政府領導者，企業可信度也高過於非政府機構。大眾認為非政府機構會比企業更道德些，但能力較差，政府則是沒道德又沒能力。[10]

愛德曼公司執行長理查．愛德曼（Richard Edelman）表示，這些趨勢造就出正向因素，公司領導者因此接納 ESG。然而，也有較為負面、較少討論的誘因，那就是怕被抨擊。抗議活動興起，公司領導者體會到自己得做些什麼來改革資本主義，讓其更為人接受。這必然就會面臨日益升高的風險，大眾的反彈會逼得他們下臺。行動主義、自利、自保摻雜在一起，只是少有管理階層願意公開討論。

二〇一八年，我向《金融時報》的同事建議，我們應該在網站推出專欄追蹤 ESG。我認為市場裡頭可能存有鴻溝，畢竟大眾的關注顯然在增長，但是主流媒體的報導極少，報告只放在專門的新聞網站上。這種情況呼應了我十年前在證券化和信用衍生性金融商品方面看到的資訊流模式；記者面對的故事再度出現一股移動緩慢、隱晦難懂的趨勢，不太合乎「好故事」的文化定義。除此之外，這類故事又缺乏「賣點」，笨重的縮寫字和專業術語會把局外人擋在門外。ESG 領域也有晦澀難懂、碎片化的性質，畢竟是以家庭手工業的風格在運作，**不同創新者想出不同的產品概念，各有其標籤和標準，很難綜觀全局，掌握現況**。二〇一九年初，《金融時報》研究人員設法測量《金融時報》網站上有多少則跟 ESG 議題相關的報導，結果發現很難調查出來，因為內部標記系統對這類內容使用了十幾個不同的語言「標籤」，所以報導會被分到不同主題。ESG 到處都是，卻也到處都沒有，因此產生資訊鴻溝。歐洲創投之父羅納德．柯恩（Ronald Cohen）對我說：「ESG 現在的狀態很像是我四十年前剛起步時，創投業的狀況。」他以精力充沛的資本主義者的身分展開職涯，共同創辦 Apax 創投集團。到了二十一世紀，他已成為 ESG 的傳道者，更與哈佛商學院共同合作，制定「影響力」會計指標。[11]瑞士信貸資深金融人士梅麗莎・祖魯（Marisa Drew，日後成為該銀行的永續長）表示：「我的職涯始於一九九〇年代和二十一世紀初，負責槓桿貸款和其他結構融資。我看到的ESG情況跟這很像，在創新的初期階段，任何部分都會發生這種情況，接著才會進入成熟期。」

於是二〇一九年夏天，《金融時報》推出新聞信，名稱是「Moral Money」（道德財富）。[12]我當時建議，名稱不要讓人聯想到宗教；我們在找好記的標籤，不想要用縮寫字。我強烈意識到一點：二〇〇八年金融海嘯前，要讓CDO、CDS聽來很具吸引力，有多麼困難，因為它們既是縮寫字又是專業術語。「道德財富」好像很好記，而且這四個字會讓人想起十八世紀知識分子亞當・斯密提出的準則。大家往往認為亞當・斯密是自由市場資本主義之父，因為他在一七七六年出版的《國富論》（*The Wealth of Nations*）一書中讚許競爭是創新和成長的源頭。然而，他在一七五九年寫的第一本書《道德情感論》（*The Theory of Moral Sentiments*）卻提到，要有共通的道德和社會基礎，商務和市場才能順利運作。ESG運動似乎把這兩本書再度結合起來，採用「道德」情緒，讓市場和資本主義變得更長久有效。

時機很偶然。二〇一九年八月，「道德財富」推出後兩個月，美國的商業圓桌會議

（Business Roundtable，BRT）——兩百家美國大公司執行長組成的菁英團體——發布正式聲明，宣稱要採納股東的資本主義願景。先前的十年，商業圓桌會議支持傅利曼的座右銘，著眼於股東收益，此刻轉而誓言**保護員工**、**廣大社會**、**環境**、**供應商的利益**。商業圓桌會議的兩百多位成員，幾乎全都簽署該份聲明。[13]

我在《金融時報》的同事問：「那到底是什麼意思？」冷嘲熱諷四處而起，這也不意外，在微觀層次，商業圓桌會議的聲明會造成多少實質影響，我們並不清楚。「道德財富」團隊聯絡多位執行長，有些人堅稱公司向來尊重股東，至於公司有沒有打算依照新的座右銘做出改變，很多執行長都是含糊其辭。自稱對 ESG 抱持懷疑的哈佛教授盧西恩·拜伯查克（Lucian Bebchuk）跟某位同事合作，針對商業圓桌會議的簽署人進行研究，結果發現那些執行長在簽署前幾乎都沒有先聯絡董事會。拜伯查克和共同研究員羅伯托·塔拉里塔（Roberto Tallarita）認為，商業圓桌會議的聲明只是一紙空洞的公關稿。兩人表示：「少了董事會的許可，最合理的原因應該是執行長沒有把這紙聲明看成是正式承諾，亦即公司看待股東的方式必須做出重大改變。」[14]「翻白眼、嗤之以鼻、發牢騷」的因素還沒消失。

站在人類學家的視角來看，商業圓桌會議聲明採用的象徵手法令人訝異。多年前，在塔吉克，我得知儀式至關重要，就算儀式傳達的訊息好像並不合乎**真實**生活。商業圓桌會議的聲明呈現出大家原本認為的**正常**情況發生了變化。人類學家布赫迪厄也許會認為，「俗見」（doxa）——爭論與正統論的邊界——已有變遷。[15] 美國麥肯錫（McKinsey）顧問公司資深高階主管詹姆士．曼宜伽（James Manyika）表示：「企業、董事會、投資者的視角正在改變，現在的重點是股東。」金流也產生變化。到了二〇一九年秋天，根據廣義的 ESG 規範，投資金額已達三十二兆美元，是十年前的兩倍。這項粗估的數值甚至可能更高。二〇二〇年九月，美國紐約梅隆銀行發表的報告指出：「儘管全球大流行的疫情起伏不定，今年的全球市場在責任投資流入方面卻呈現指數成長，新基金發行過量。根據評級專家晨星（Morningstar）公司的說法，光是二〇二〇年第一季，流入全球 ESG 基金的金流就增加了百分之七十二，而且截至六月三十日，配置到 ESG 基金的資產總計達一百零六兆美元。」[16] 二〇二一年初，美國銀行副董事長安．費努坎（Anne Finucane）估計，全球可投資資產有百分之四十是依照某種 ESG 標準進行管理。[17]

貝萊德（BlackRock）執行長賴瑞．芬克（Larry Fink，全球最大的私部門資產經理）等金融人士預測這股趨勢會持續下去。二〇二〇年初，芬克發了信函——寄給投資者的年度信函，亦稱「賴瑞的信」——給投資者和貝萊德投資的公司，信中宣稱貝萊德會把氣候變遷分析納入主動式管理（純粹追蹤預先選好的指標，處於自動駕駛狀態）的投資策略之所有領域。那年秋天，芬克對我說：「氣候變遷是投資風險，市場一意識到有風險存在，就算是將來的風險，市場還是會提前應對。[18]我們現在看到的就是重大變革。在我看來，十年期間，永續會是我們觀看一切東西時使用的鏡頭。」根據芬克的看法，時代思潮的變動規模會很驚人，金融市場可能也會受到重大影響。在過去的職涯中，他只見過類似的情景一次。五十年前，他的事業剛起步，擔任證券交易員，負責找出證券化可能會怎麼促成房貸和公司債市場的轉變。當時，ESG 會計系統才剛興起，冒出一套全新的縮寫字，例如：TCFD（Task-Force for Climate Related Financial Disclosures，氣候相關財務揭露專案小組）、SASB（Sustainability Accounting Standards Board，永續會計準則委員會）。ESG 產品的評級服務也出現了。公司設立「永續長」這個新職位，並進行內部稽核，查看他們的績效是否達到標準。二〇二〇年夏天，滙豐銀行（HSBC）全球企業金融主管貝瑞．奧伯恩（Barry O'Byrne）對我說：「現在很難找到有一家公司會不想談 ESG。」當時滙豐銀行發布全球調查結果，調查對象是九千位企業顧客。結果顯示，百分之八十五的人說永續是第一優先的行動；疫情爆發後，百分之六十五的人想增加或維持他們對永續的重視度；百分之九十一的人則表示，他們希望經營基礎是奠定在更好的環境立足點。[19]「大家都在檢討供應鏈、環境足跡、跟當地社區的來往情況、員工關係，一切都被檢討。」這些公司當中，竟然有三分之二表示，他們之所以這樣做，不是因為政府法規，而是因為顧客、員工、投資者在施壓。

沃爾瑪（Walmart）超市的例子可以用來表示變動的時代思潮。一九五〇年代，創業者山姆．沃爾頓（Sam Walton）在阿肯色州本頓維爾創立了這家美國零售商。沃爾瑪代表的是美國小鎮的精神，是資本主義者的夢想，支撐著公眾的動聽說詞。二十一世紀初，尼可拉斯．柯普蘭（Nicholas Copeland）和克莉絲汀．拉布斯基（Christine Labuski）這兩位人類學家採用參與觀察法研究該家零售商，他們對此表示：「沃爾瑪具體表現了美國愛國主義、民主、基督教家庭價值觀、消費者選擇和自由市場原則。除了麥當勞以外，沒有其他企業可以像沃爾瑪那樣代表美國。」根據《浮華世界》（*Vanity Fair*）在二〇〇九年所做的民意調查，約有百分之四十八的受訪者認為沃爾瑪「最能象徵今日的美國」。[20]

然而，柯普蘭和拉布斯基也表示，到了二十一世紀初，這個典型的美國形象就變得充滿矛盾。沃爾瑪在年度大會上使用的符號和儀式，表現出樸實的形象，讓人聯想到山姆．沃爾頓創立公司的故事或神話。沃爾瑪之所以能提供低價產品給消費者，是因為它也象徵著美國二十世紀對於冷血公司效率和股東收益的狂熱崇拜。沃爾瑪有越來越多的廉價產品來自中國工廠；勞工成本之所以能保持低廉，原因之一就是工會和簡化的供應鏈都被禁止。沃爾瑪因此得以擴張。但是批評者抱怨說，這項策略壓垮了一堆小型零售商，導致傳統城鎮空洞化。環保運動人士更批評，沃爾瑪使用的供應鏈（據說）會破壞環境，工作環境也不佳。沃爾瑪一律否認。然而，柯普蘭和拉布斯基認為：「沃爾瑪獲得成功，最直接的原因是他們可以適應監管制度，把效率和利潤最大化放在第一順位。」除此之外，沃爾瑪特別擅長掩蓋外部因素、擋掉工會、避開重大官司和無用的法規，擴張到新的城鎮和國家。[21]

二〇〇五年，沃爾瑪轉換軌道，開始跟環境保衛基金（Environment Defense Fund）等團體合作，設法減少公司內的環境破壞。有些批評者譏諷說，那只是另一個公關噱頭罷了，畢竟策略變動最初在規模上好像很有限。然而，沃爾瑪後續設立了專門的永續單位，委任永續長，改革速度因此加快。二〇一八年，沃爾瑪制定「十億噸減排計畫」（Project Gigaton），不僅是要減少沃爾瑪**內部**的碳排放量，更預期在二〇三〇年之前，從沃爾瑪廣大的供應鏈減少十億噸的碳排放量。有些歐洲零售商（例如：特易購（Tesco））也採取了類似的行動。不過，沃爾瑪的動作堪稱先驅，至少算是象徵著態度的重大轉變。說來碰巧，沃爾瑪執行長道格·麥米隆（Doug McMillon）也是商業圓桌會議的主席——曾在會議上發布驚人的聲明——他譴責傅利曼將狹隘視野放在「股東」身上。

沃爾瑪永續長凱瑟琳．麥勞林（Kathleen McLaughlin）對《金融時報》的「道德財富」表示：「我們展開十億噸減排計畫，是為了減少『範疇三』（scope three，總公司以外的營運）的排放量。[22]為了我們自身的營運，為了『範疇一和範疇二』，我們努力邁向以科學為基礎的目標：針對再生能源、能源效率（尤其是長程船隊）、冷藏設備，甚至是設施內的空調，制定務實的計畫。不過，沃爾瑪就跟其他零售商一樣，百分之九十至九十五的碳排量來自供應鏈。」她認為，對於供應鏈裡的綠色議題展開新的調查，很快就會擴大為社會議題。「我們開始看見社會議題帶來的其他機會。例如，講到強迫勞動和人口販運的議題，公司就要承諾對招聘制度負起責任。」運動人士希望這類轉變會有益於貧困族群和整體環境，然而，投資者好像也看到了新的好處。公司以這種方式審查供應鏈，也同時是在收集公司需要的資訊類型，以便承受衝擊（例如：疫情），變得更有韌性。滙豐銀行的奧伯恩表示：「基於 ESG 風險而去審查供應鏈，重點在於**優良的管理**。這是投資者目前的期望和回報。」

這麼做可加強監督，進而引發雪球效應。**追求永續的人們不只堅持自己的理想，也強迫別人採納**。挪威銀行投資管理部經營的退休基金，就呈現出這個情況。二〇二〇年，先前研究過央行的道格拉斯．霍姆斯和挪威人類學家克努特．密瑞（Knut Myhre）共同合作，針對挪威銀行投資管理部進行暗中觀察型研究。[23] 對於倡導 ESG 價值觀又頗具開創性的股東座右銘，那裡的基金經理很引以為榮；每次跟他們投資的投資組合公司開會時，他就會一直重申那句座右銘，簡直像在唸經文。不過，霍姆斯和密瑞發現一件事：資產經理並不是要自己去追求那些目標，而是期望那些投資組合公司也贊同那句座右銘，然後向別人傳教。密瑞形容這個過程「有成效卻不完整」。[24] 也就是說，挪威銀行投資管理部的經理人對於他們自己填補不了的自身任務缺口，決定指派別人來完成。霍姆斯比較喜歡把這說成是「敘事」經濟的另一個例子。圍繞著 ESG 的用詞導致金流發生變化，這也正如他先前觀察到的現象：貨幣政策用詞導致中央銀行業務領域的相關市場發生變化。

這會長久持續下去嗎？我覺得會，至少在可預見的將來是這樣。全球疾病大流行的局勢下，公司和商業界得知**狹隘視野的危險性**，了解到不該透過狹窄的公司金融或經濟鏡頭去看將來。大家因此渴望橫向視野。疫情也提醒了每個人忽視科學的危險性，而忽視世界另一端、看似陌生之處的新聞，也同樣是高風險。氣候變遷的難處跟以下兩點有關：必須具備橫向視野（不是狹隘視野），還要有全球連結感。同時，高度易變、不確定、複雜、模糊的問題，於昔於今都是真實存在。既然縮寫字 ESG 是對 VUCA 的一種反應，那似乎就會留存下來，而轉向的前景有時呼應了人類學的視角。霍姆斯在繼續研究挪威永續事宜時表示：「民族誌研究法的對話就是通往道德的橋梁，傾聽是關鍵所在。」

/ 結語 /

# 從亞馬遜叢林到電商霸主亞馬遜

聰明人不會給出正確答案，而是提出恰當的問題。

——克勞德．李維史陀

二〇一八年，負責管理「人工智慧和社會研究中心」的紐約大學教授凱特．克勞馥（Kate Crawford）發布了一張圖表，用來描述亞馬遜 Echo 裝置的「黑盒子」。[1] 無以計數的西方住家都配置了這個附有「Alexa」人工智慧系統的小工具，至於 Alexa 的虛擬助理 AI 平臺裡的魔法如何運作，卻少有使用者懂得。克勞馥覺得他們應該要懂才對。

她和同事弗拉登．約勒（Vladan Joler）繪製出的示意圖錯綜複雜，必須跨多個螢幕觀看，或印在一大張紙上。此圖精美到紐約現代美術館最後買下展示。[2] 此舉也許聽來怪異，但想想俄羅斯作家維克多．希克洛夫斯基（Viktor Shklovsky）提過的論點：藝術的其中一個目標就是讓「看不見的」被適當「看見」，並提倡「陌生化」，讓我們看見平常會錯過的事物。[3]

但有個轉折。若是漫不經心地觀看現代美術館的那件「藝術品」，可能會以為該張圖表呈現出 Alexa 智慧型揚聲器系統內部的奧祕。AI 畢竟是這個時代的熱門議題，會激發好奇心和敬畏感，少有人真正知道智慧型裝置裡頭是什麼。但克勞馥的圖表其實是描繪出我們往往會忽視的另一個謎團：Alexa 的相關**脈絡**，也就是促使 Echo 裝置運作所需的全部程序。這脈絡涵蓋的項目如下：微軟人類學家稱為「幽靈勞工」的勞力，[4] 他們是未被看到的低薪人類，執行重要功能來支援 AI；採礦的相關複雜程序；資料中心發電時使用的能源；金融與交易密切交織的關係。克勞馥指出：「（消費者跟 Alexa）短暫互動後，就會產生一系列功能，在探勘、物流、分配、預測、最佳化構成的多個網路上，資源開採、人類勞動、演算法的處理都密切交織在一起。我們要怎樣才能看清這連結之網，並理解當中的廣闊與複雜度？」她說的沒錯。

克勞馥不是人類學家，她受過律師訓練，獲得媒體研究博士學位，然後研究 AI 產生的社會影響，一路上記取人類學的教訓。不過，這張圖表呈現本書的核心訊息：**我們難以看清周遭世界真正發生的情況，採取的視野必須有所改變才行**。二十世紀留給我們多種強大的分析工具，像是經濟模式、醫療科學、金融預測、大數據系統、AI 平臺，這些都應該要多加頌揚才是。不過，如果忽視脈絡和文化——尤其是脈絡起了變化的時候——前述工具就會失去作用。我們忽視的事物，現在必須要去**看見**才行；意義網和文化是如何影響到我們理解世界的方式，現在必須意識到才行。**大數據會告訴我們現在發生的情況，卻無法解釋原因，相關不是因果**。至於我們從周遭環境承襲而來那些矛盾的意義層次，例如：符碼變異、想法變動、做法混合的方式，AI 平臺也無法告訴我們。這方面，我們需要採納另一種 AI——人類學智慧（Anthropology Intelligence）。如果用其他方式來比喻，就像心理學家那樣，讓我們的社會躺在沙發上，或使用相當於 X 光機的分析工具，來看清所有半隱半現、之於我們有好有壞的文化偏見。人類學視野通常不會產出簡潔的 PowerPoint 投影片、硬邦邦的科學結論、裝訂校樣；**人類學是一門詮釋的學科，而非實證**。不過，人類學結合定性分析法和定量分析法，最能發揮作用，可呈現出我們何以為人。

有時，以這種方式把鏡頭換成廣角，甚至就能讓這世界變得更美好。克勞馥和約勒出版了這張令人目眩的圖表，讓未被看到的跳脫出來。之後亞馬遜就宣布，再也不會為配送站點的「幽靈勞工」打造類似的牢籠。[5] 對幽靈勞工而言，那是微小（卻迫切需要）的進步跡象。對亞馬遜某些高階主管來說，也是往前跨了一步，他們的視野變得更寬闊了。**陌生化可以推動變革**。

## 不用成為人類學家，也能掌握人心

那麼，我們該怎麼獲得人類學視野？本書列出了至少五個想法。一，必須意識到我們全都是自身所處環境的造物，在生態上、社會上、文化上都是如此。二，必須承認這世上沒有單一的「自然」文化框架，人類的存在就是一種多元故事。三，應該尋找方法讓自己——反覆，就算只是短暫也好——沉浸在他人的想法和生活中，培養自己對他人的同理心。四，必須用局外人的鏡頭觀看世界，以便看清自己。五，必須主動傾聽社會沉默，考量哪些儀式與符號塑造了我們的常規，透過人類學概念（例如：習性、意義建構、閾限、偶然的資訊交流、汙染、互惠、交易）的鏡頭來思考自身做法。

或者說，如果你需要另一種工具來取得人類學視野，那請看看 Alexa 的圖表，試著想像**自己**在中心的時候，圖表會是何種模樣；如果要繪製周遭的系統，可能會看見哪些隱而不顯的流動、連結、模式、附屬物？正如希克洛夫斯基所言，藝術可以啟動「陌生化」的過程，幫助你**既在局內**、**又在局外**。旅行也有同樣作用。字源學，或針對人們不假思索拋出的用詞所進行的研究，也都有同樣作用。第 8 章提及英文字 data 具有違反直覺的根源，許多英文字也有著怪異卻發人深省的根源。舉 company（公司）為例，這個英文字來自於 con panio，在古義大利語是「有麵包」的意思，因為中世紀的商人最初建立 company

（公司）的時候，會一起用餐。那並不是今日的投資者和高階主管會給 company（公司）下的定義，畢竟他們關注的焦點是資產負債表。不過，那樣的根源應當作為提醒：公司一開始是**社會制度**，而一般勞工或許會希望公司保持那種形式。

bank（銀行）和 finance（金融）的字源也同樣神奇：bank 來自古義大利語的 banca，意思是「長椅」，金融人士以前會坐在長椅上服務顧客；finance 來自於古法語 finer，意思是「完成」，因為 finance 最初出現是為了針對義務或血債進行調解。這也不是現在的銀行人士理解的 finance，畢竟他們往往把 finance 看成是目的，是無形的、永不間斷的流動。不過，非金融人士多半喜歡把 finance 視為達成目的的手段，亦即為真人提供服務的職業。從這樣的落差即可得知，許多非金融人士何以會對銀行人士產生道德義憤。economics 也是一樣，這個英文字來自於希臘字 oikonomia，意思是「家務管理」或「家管」。這個字也不合乎 economics 的現代含義——複雜的數學模式。不過，對於大多數非經濟學者來說，希臘語的含義比較有吸引力。每次我們說出 data（資料）、company（公司）、finance（金融）、economy（經濟）時，或許就能從許多面向去看待生活，並傾聽社會沉默。這麼做是有好處的。

如果有更多人採納人類學視野，可能會發生什麼情況？影響會非常重大。經濟學者可以在金錢和市場的範疇外採取**廣角鏡頭**，思考更多類型的交易，關注那些曾被標為「外部因素」（例如：環境）的議題。經濟業人士會看見自家學科的部落模式是如何促進狹隘視野。[6]（有些經濟學者設法那樣做……我向他們致敬，但還是做得不夠。）[7]與此類似，如果企業高階主管採用人類學視野，就會更專注公司**內部**的社交互動，並且意識到社交互動、符號、儀式就算不是 con panio，也都還是很重要。他們會發現，人資部門只雇用「在文化上很契合」的應徵者（也就是跟已在職的員工相似性高），這是不對的。他們還意識到，接納各種心態可創造動力。**當管理者採用了人類學視野，就會更關注公司在這世上留下的社會足跡和環境足跡，思考公司做的事會造成什麼好或壞的後果。**

金融領域也是如此。銀行和資產管理團體的高階人士要是採用人類學視野，就會看見內部的部落主義和薪資結構是怎麼加劇高風險行為（正如二〇〇八年的金融海嘯），「意義建構」又是如何影響他們跟市場的互動。[8]他們會意識到，自身所處的社會環境和專業環境助長了自己對「流動性」和「效率」的沉迷，而別人通常不會這樣。他們還會察覺，自身對抽象模式的依賴如何讓自己無視創新對現實世界造成的影響。[9]

技術人員也是同樣情況。誠如本書所述，近十年來，有很多科技公司雇用人類學家來研究顧客，這件事值得稱許。不過，技術人員也需要把鏡頭轉回來研究**自己**，看看他們為何會陷入別人眼裡不道德的心理框架——不但崇敬效率、創新、達爾文式的競爭，還往往會借用運算的語彙和意象來討論人（例如：「社交圖」或「社交節點」）。[10] 人類學視野也會迫使編碼員意識到運算程式如何把偏見嵌入系統裡頭，而 AI 可能會使其加劇。他們也會意識到數位科技是怎麼加重社會和經濟不平等（例如，人們無法平等獲取教育或基礎建設，快速的網際網路就是其一）。[11] 換句話說，科技公司高階主管要是在過去採用人類學視野，現在也許就不會面臨科技抵制潮。若他們希望將來能對抗科技抵制潮，就亟需改採廣角的社會鏡頭。同理，如果政策制定者希望在資料隱私權和 AI 方面制定明智的規範，就務必要採取人類學視野。

醫生也能從人類學視野獲益。從全球大流行的疫情可得知，要對抗疾病，需要的不**只是**醫療科學而已。律師也可有所助益，畢竟合約總是帶有文化定見，這點始終受到人們忽視。[12] 如果政治民意調查員懂得傾聽社會沉默，那麼他們的分析或許會變得更精準。我身處的產業——媒體界——也應該記取人類學的教訓。要做出最佳的新聞報導，記者要有空間、時間、訓練和誘因去提出以下問題：「在這些頭條中，我**沒**看到的東西是什麼？」、「有什麼事是**沒**人在談的？」、「我們**迴避**的這個專業術語，裡頭的內容到底是什麼？」、「誰的聲音，是我**沒**傾聽到的？」記者往往心有餘而力不足，就連資源豐富時，要提出這類問題都不太容易。當資源不足以資助記者的好奇心，產業破碎又擁擠，記者要不斷爭相吸引讀者目光時，難度就加倍了。當政治兩極化、資訊客製化，「受眾」往往只關注那些可證實內心既有偏見的新聞，記者就更不可能這麼做了。川普二〇一六年的推特帳號，顯示出一個嚴重問題的**跡象**，而不是**起因**。媒體必須意識到這點，並處理他人和自己的部落主義與社會沉默。㊴現今這件任務比以往更加重要，人類學視野可以有所幫助。

此時就要談到我提出的最後一點：如果政策制定者和政治人物採納人類學的教訓，就能做好更周全的準備，**重建美好未來**。人類學視野提醒人們，要以最廣闊的目光，去思考氣候變遷、不公不義、社會凝聚力、種族歧視、交易（包括以物易物）等面向。人類學視野鼓勵政策制定者去思考哪些儀式、符號、空間型態會塑造社會生活。透過人類學視野，

---

㊴ 記者該怎麼破除自己的穀倉？這個主題值得另外寫一本書來談，而媒體的信任度降到這麼低的時候，就格外值得深究。然而，我偏好採用稱為「西洋骨牌」的策略；這並不是指一個個骨牌會連鎖反應似的倒塌，而是西洋骨牌遊戲呈現的相似處與差異處的原理。想想吧，在西洋骨牌遊戲中，玩家骨牌其中一邊的點數要跟別人的一樣，但另外半邊的點數會是不一樣的。兩個同樣的點數對上了，但還是分別保有不一樣的點數。這個比喻可以用在新聞報導上，好的報導會提供熟悉的東西來抓住受眾注意力，但更好的報導也會讓受眾打開眼界，看見沒料到的陌生東西；好比骨牌上面，另外半邊的數字。這有利於破除心理上和社交上的泡泡。

官僚和政治人物得以檢視自身的偏見和文化模式何以綑綁住自己，導致不夠完善的政策。人類學視野也促使人們開放胸襟，從其他地方學到教訓。人們會意識到擁抱多元不只是道德正確的事情，更是動力、創意、韌性的關鍵所在。人類學家湯瑪斯．海蘭．埃里克森表示：「用這種方式來比較社會，從中得到的、最重要的人類洞見，或許是體會到我們自己社會裡的一切原來可能截然不同。在人類採用的無數生活方式當中，我們的生活方式只是其中一種。」[13]在艱困時期，很容易就忘了自己有必要改用廣角鏡頭。在封城和疾病大流行下，我們不得不退回自己所屬的安全群體，向內省思。經濟衰退也是如此。不過，正是在這種時刻，我們更必須改採廣角鏡頭，就算違反直覺也要這麼做。

如何採用橫向視野或人類學視野？畢竟我們正值不斷變動的時期，有壞處也有好處。一九九〇年，身為冷戰時期英國小孩的我前往塔吉克，覺得自己走向的邊陲之地既遙遠又陌生。二〇二一年，寫完本書後，世界已變得緊密連結。「熟悉」和「陌生」以新的方式相互碰撞。我寄宿在杜尚貝的某戶人家，有個孫女叫做瑪莉卡，目前正在劍橋大學攻讀歷史博士學位。她哥哥是香港的科技創業者，有位親戚叫法蘭吉絲，在加拿大做音樂，榮獲獎項。祖母慕妮拉創立基金會，強調塔吉克肩負著文化十字路口的角色，跟古老的絲路一樣，是連結東方與西方的橋梁。[14]三十年前，跟這些邊陲地區相互往來，幾乎是無從想像的，就算是像那家人的菁英家庭也不例外。不過，一九九一年，蘇聯瓦解後，國境開放，航班起飛，學術研究出現，網際網路以驚人的方式把多種文化和族群連結起來。一九九〇年，我飛去中亞的時候，該地區最出名的就是歷史悠久的絲路，人們在古城、在風塵僕僕的商隊或塵土飛揚的市場裡，交換想法、交易產品。今日，新的絲路就存在於我們的周遭，也許是在網路空間，也許是在飛機上，或好或壞的傳染因此而生。

就人類學的概念而言，世界意想不到地轉了好幾個彎，以至於我回首過去三十年的人生，感覺好像兜了一圈又回到原位。一九八〇年代，我在劍橋大學攻讀人類學的時候，擔心文化、社會正義——或亞馬遜雨林狀態——的那些學生構成的社會部落，跟那些想成為會計、律師、企業家、金融人士、管理顧問的學生可說是截然不同。若是信奉英國前首相柴契爾（Margaret Thatcher）和美國前總統雷根（Ronald Reagan）的自由市場精神，往往不會採納馬林諾斯基、紀爾茲、芮克里夫-布朗提出的概念。今日，企業界和金融圈充滿新的永續運動，推動的對話不只限於環境，還有不平等、性別權利、偏見、多元。鮑亞士主張所有人類都必須受到重視，這概念在公司董事會和投資委員會被提起。另外引起爭論的還有公司供應鏈的幽靈勞工、生態破壞、人權議題。

這種情況會發生，多少是因為我們警覺到危機，千禧世代尤其危險。不過，這也呈現出這充滿VUCA的世界要懂得自保和風險管理。若是使用約翰・史立・布朗——曾是帕羅奧多研究中心的科學家——提出的划獨木舟妙喻，ESG就是在回應我們的「激流」世界。[15]規劃人生路線，要像划獨木舟那樣，沿著輪廓已定的平靜河流而下，可說是越來越難。我們面對急流，多道令人費解又看不到的水流潺潺流動，還常跟另一道水流相互作用，而連網的AI會讓回饋迴路惡化。在這世上，簡潔俐落——有界限——的模式是不佳的導航指南，我們需要的是橫向視野，不是狹隘視野。

回想起三十年前在塔吉克的可怕夜晚，當時馬可斯問我人類學**到底有什麼意義**，我的答案如下：「我們需要人類學視野，才能在半隱半現的風險當中存活下來；我們需要人類學視野，才能茁壯起來，抓住網路絲路和創新產生的精采機會。」AI即將接管人類生活，我們需要稱頌我們**何以為人**。在政治和社會兩極化激增的時期，我們需要同理心。在疾病大流行迫使我們走向網路後，我們需要認可自己實體的、「身體記憶」的存在；封城讓我們向內省思之時，我們需要改採廣角鏡頭。既然氣候變遷、網路風險、全球疫情等問題會危及我們長達數年，那就更需要接納我們共通的人性。此外，我認為永續運動之所以興起，表示有更多人就算從沒引用「人類學」三個字，還是憑直覺認可了那些論點。

我們可以懷抱希望。

/後記/

# 致人類學家的信

多元，是我們的事業。

——烏爾夫・漢納茲[1]

本書不是為了人類學家而寫，主要目的是要讓**非**人類學家獲知寶貴的觀點。這些概念來自於我三十年前誤打誤撞跨入而後熱愛的、少有人知的學科。因此，有些學者也許會覺得我過度簡化他們的出色理念，如果是這樣，我在此致歉。但這麼做是有理由的，我希望人類學視野能更加融入公眾討論。大眾對於人類學的討論程度，不如經濟學、心理學、歷史那樣熱烈，這點令我非常沮喪。

為什麼會這樣呢？有一部分問題出在溝通：受過人類學訓練的追隨者在看待人生的時候，並不是非黑即白，這點令人欽佩，卻也表示他們有時很難用簡單的詞彙，向局外人解釋自己的工作。還有個問題是人格和方法：人類學家受的訓練，用比喻來說，就是藏在灌木叢裡觀察別人，所以往往不願站在鎂光燈下。人類學家經常抱持反建制的觀點，也許是因為只要研究過權力在政治經濟領域的運作方式，就很難不感到憤世嫉俗或氣憤。這些都會讓人類學家更難進入有影響力的關係網。

此外，當人類學家不去研究理應「簡單」或「原始」的社會，開始分析工業化西方脈絡中的文化，就會進入其他學科的領域，不確定自己的定位在哪裡、應不應該跟其他專業人士合作，或者要不要引進其他的觀察工具和分析工具。即便「人類學」一詞在這過程中消失了，是否仍該讓他們的方法滲入其他學科，好比使用者研究那樣？人類學家應不應該保持疏離，並強調他們獨特的性質？簡單來說，他們要如何找到「使命」？回到十九世紀的殖民時期，正如凱斯．哈特所述，目標很明確。西方菁英把人類學當成思考工具，為帝國辯護，還主張非白人是次等的。二十世紀初期至中期，出現了相反的使命：人類學家亟欲消除十九世紀帝國主義和種族主義造成的恐怖。不過，今日呢？就界定我們共有的人性並稱頌多元而言，人類學比以往還要更為寶貴。這門學科可以把世界各地的教訓傳授給政府、公司、選民，還能幫助我們重新看待自身所處的世界。不過，在權勢菁英之中，參與觀察法是怎麼發揮作用的？在網路上呢？當人們在網路空間既連結又區隔的時候呢？人類學家對這些想法展開激烈爭辯，卻始終沒有明確的答案。[2]

我的個人淺見：這表示人類學家需要更加合作、更有雄心、更具彈性和想像力。在大數據和網路空間的改革下，社會學家與電腦學家得以擁有強大的新工具來觀察大眾，這也顯示**光憑大數據何以無從解釋這個世界**。我們迫切需要結合社會學與數據科學，但做得到的人可說是少之又少。機會因此而生，人類學家或具備相關知識的人應該要把握。在全球化的世界，符碼不斷變化，而在真實世界和網路空間中，能夠悠遊不同文化的人，我們都應該予以重視。政策制定者、企業和非政府團體都需要的人才，要擁有想像力，並且能**綜觀全局**、**察覺風險**，無論是涉及全球大流行、核威脅還是環境議題。簡單來說，只要能把人類學視野融入運算、醫學、金融、法律等學科，或導入政策制定，全球都能從中獲益。

這類結合不一定能融入大學系所，有時那裡的官僚文化和疆界，幾乎就跟帝國行政部門在殖民地劃定的疆界一樣刻意又無效益。正如法默在伊波拉危機期間的感嘆，人類學有時也會苦於「公會」心態（對於那些在其他學科工作的人抱持懷疑態度）。[3] 學者有時會摒棄非學者，反之亦然。私部門公司、非營利團體、政府機關的人資部門，不一定知道該怎麼運用那些具有人類學技能的人員。不過，正如本書所示，有些人已順利採用強大又難以置信的方式，把相關概念應用在實際場域。例如，紐約的「數據與社會」（Data and Society）團體使用人類學來研究網路空間；PIH 團隊倡導社會醫學；微軟的研究單位揭露「幽靈勞工」的困境；貝爾在澳洲國立大學研究 AI；聖塔菲研究院（Santa Fe Institute）則聚焦於複雜度。我向這些人致上敬意，誠摯希望這些數據往外擴散，並獲得廣大支持，吸引學者和非學者，也期望非西方、非白人的人類學家能在這個領域肩負起重要的角色。這門學科一開始是歐洲和北美的知識事業，西方聲音一直是主流。人類學要變得更多元，我們需要投入心力和金錢。

最後，還有很重要的一點：我希望人類學家更善於把他們的概念推向主流。有些人正在嘗試——美國人類學會在二〇二〇年召開的會議，名稱是「提高聲量」（Raising Our Voices），由此就能看出意圖。議程主席瑪洋希・費南多（Mayanthi Fernando）解釋：「會議主旨是讓人類學更兼融、更易懂。」[4] 人類學 Podcast 節目〔例如：《人類學生活》（*This Anthro Life*）〕興起，另外還有非學術的線上出版物，《智人》（*Sapiens*）網站就是其一。人類學家為多個平臺撰稿，像是《對話》（*The Conversation*）網站。有些社會學家就算並非出自人類學學科，也受過民族誌研究法訓練，他們紛紛進入公共服務領域。本書於二〇二一年初付梓之際，繼任的美國拜登總統行政團隊提名社會學家暨民族誌學者阿朗卓・尼爾森（Alondra Nelson）擔任白宮科學與科技政策副主任。近十年來，（幾乎）沒有社會學家擔任過這類職位。此次任命之所以格外引人矚目，是因為尼爾森近來的學術研究是著眼於科技的社會層面。例如，她曾共同主持一項計畫，用意是設法讓社會學家得以存取臉書數據組，以便研究政治操控、不實消息等議題。她的研究成果展現了社會科學如何處理現代政策議題。我希望她的升遷表示政策制定者即將準備好接納這些技能。㊵換句話說，

我們可以、也應該做更多事，把人類學、民族誌研究法、社會學、其他社會科學的見解推到主流，並結合定性分析法與定量分析法。本書的關鍵訊息是：如果說歷史上有什麼時間亟需人類學的視角，那就是現在。人類學家要說的話，這世界也許不一定準備好傾聽；人類學家傳達的訊息，還有觀看世界時採用的模式，往往會讓人感到不自在。不過，正因為如此，**現在**才非得去傾聽人類學傳達的訊息。希望本書能有所助益。

40 「社會科學一號」（Social Science One）計畫（後來由哈佛進行），並未達成最初目的。不過，社會科學研究委員會（Social Science Research Council，當時是尼爾森掌管）以及科技集團，兩者展開了新創的、新型態的合作，令人驚喜。完整細節請見：https://socialscience.one/blog/unprecedented-facebook-urls-dataset-now-available-research-through-social-science-one。

# 致謝

本書有如一張知識掛毯，由三十年來我跟人們的無數對話構成的絲線編織而成。不管那些人是有意還是無意提供這些絲線，我都心懷感激。

首先要感謝歐比－薩非的人們。一九九〇年中葉，我這個陌生人降落在他們之中，共處長達一年，儘管犯下無數笨拙的錯誤和問題，舞也跳得不好，他們還是親切和善，十分歡迎我。謝謝杜尚貝大學的亞齊札．卡利莫瓦，杜尚貝的沙希蒂和努魯拉－柯德葉夫一家人。謝謝不屈不撓的阿亞－喬，他教了我許多事情，比如：韌性、文化融合，還有魯米的詩作。掛毯的這個角落因此顯得活力十足。

感謝劍橋大學教授，他們激發我對人類學的熱愛，尤其是（已故的）艾尼斯特．葛爾納、卡洛琳．漢弗萊、凱斯．哈特、艾倫．麥克法蘭。謝謝劍橋的漢弗萊和詹姆斯．萊德勞閱讀本書部分內容，並給予評價。謝謝凱斯．哈特親切地提出了豐富的想法和異議。前陣子，我從美國和英國人類學家的對話當中獲益良多。他們跟 EPIC、數據與社會、商業人類學高峰會、社會科學 Foo 營、美國人類學會有所關聯；這方面我要特別感謝艾德．

李博、伊莉莎白・布里奧迪、派翠西亞・安斯渥茲、葛蘭特・麥奎肯、羅伯特・馬勒斐、(已故的)吉蒂・喬登、凱特琳・詹路、賽門・羅伯斯、梅麗莎・費雪、羅伯特・莫雷斯、葛雷格・厄本、達娜・博依德。當中有很多人也就原稿提出了縝密思考過的評語。丹尼・高洛夫和克里斯汀・麥茲伯格帶給我諸多啟發。這些年來,我在《金融時報》的同事都是了不起的朋友和聰明的同伴,特別感謝安德魯・艾傑克里夫-強森、艾蜜莉亞・米查薩、艾德・路斯、關・羅賓森、艾力克・羅素、羅伯特・史里姆斯利,「道德財富」團隊的比利・諾曼、派翠克・田波-維斯特、克莉絲汀・托曼、清水石珠實。感謝日本經濟新聞的領導階層對「道德財富」的支持。謝謝萊奧納・巴伯(前《金融時報》總編輯)、露拉・哈拉夫(《金融時報》總編輯)、派翠克・詹金斯(《金融時報》副總編)給予支持,還有聰慧的《金融時報》「拉比」馬汀・沃夫。

除前述提及的人名外,我還要感謝吉姆・史瓦茲、艾蜜莉・卡斯里爾、約翰・史立・布朗、凱・阿萊爾、克里斯汀・麥茲伯格,他們在讀了本書後,給予我無價的建言。謝謝菲爾・瑟勒斯、朵洛提・塞凱伊,謝謝《金融時報》同事拉娜・法魯哈、安德魯・艾傑克里夫-強森、艾蜜莉亞・米查薩、理查・瓦特斯、賈米爾・安德利尼、安吉麗・拉瓦爾,這些人對書裡的各個篇章都有所貢獻。謝謝愛樂蒂・馬朗適時查核事實。謝謝弟弟理查一直堅定地支持我。感謝父親彼得，還有他的妻子羅娜，由衷感激史瓦茲一家人。我從朋友那裡獲得很大的支持和（迫切需要的）笑聲，這些人列舉如下：拉娜、梅琳、薇琪、夏洛特、史蒂芬、艾琳、凱莉、提姆、蓋瑞、理查、約翰、荷莉、柴克、爾希、露西、艾曼達、羅夫、艾芙桑、賽門、茱莉、蘇菲、凱文、克莉絲汀娜、保羅、喬許。我很感激經紀人艾曼達·厄本支持這個案子；即便我很難解釋自己何以想描寫人類學的陌生世界，她還是沒有澆熄我的熱情。謝謝班·羅南，他是位極好又有耐心的編輯，大幅提升了本書的層級。謝謝羅恩·博卻斯的寶貴意見。如果我還忘了謝誰，請接受我誠心的道歉，就把這份健忘怪在疫情和政治動盪期間寫書的壓力吧！

在此鳴謝兩位影響我早年人生的傑出女性。謝謝姑婆露絲·郃蒂，謝謝祖母喬伊·卡莉·李德，率先啟發我追求冒險。如果兩人是晚五十年才出生，擁有了我幸運擁有的機會，那她們可能也會成為人類學家。最後同樣重要的是，感謝出色的女兒安娜莉絲和海倫。從小到大跟在身兼人類學家和記者的家長身邊，並不是一件容易的事，她們的童年發生了一些意想不到的轉折。不過，她們擁有出色的幽默感、韌性和剛萌發的人類學視野。希望她們善加利用，幫助同世代的人打造出更具同理心、好奇心、自省和智慧的世界。這是所有人都迫切需要的。

# 參考資料

## 前言

1. Ralph Linton, *The Study of Man* (New York: Appleton Century Company, 1936).

2. Gillian Tett, *Ambiguous Alliances; Marriage, Islam and Identity in a Soviet Tajik Village*, Cambridge University PhD, 1995.

3. Nassim Nicholas Taleb, *The Black Swan: Second Edition: The Impact of the Highly Improbable* (New York: Random House, 2010); John Kay and Mervyn King, *Radical Uncertainty: Decision-Making Beyond the Numbers* (New York; Norton, 2020), Margaret Heffernan, *Uncharted: How to Map the Future Together* (London: Simon & Schuster, 2020).

4. 有一篇很權威的專題論文說明了「奇特」（exotic）這個用詞何以會有很大的誤導作用（畢竟我們在別人眼中全都很奇特）。請參閱：Jeremy MacClancy, ed., *Exotic No More: Anthropology for the Contemporary World*. 2nd ed. (Chicago: University of Chicago Press, 2019).

5. H. M. Miner, "Body Ritual Among the Nacirema," *American Anthropologist* 58, no. 3 (June 1956): 503–7, doi:10.1525/aa.1956.58.3.02a00080.

6. "The Relation of Habitual Thought and Behavior to Language," written in 1939 and originally published in *Language, Culture and Personality: Essays in Memory of Edward Sapir*, edited by Leslie Spier (1941), then reprinted in John B. Carroll, ed., *Language, Thought and Reality: Selected Writings of Benjamin Lee Whorf* (1956). pp. 134–59. 另有一本出色著作可說明這些主題，請參閱：Edmund T. Hall, *The Silent Language* (New York: Anchor Books, 1973, originally published in 1959).
7. 這段描述文字取自：Matthew Engelke, *Think Like an Anthropologist* (London: Pelican, 2018).
8. 大眾普遍認為這句話出自保羅．布羅卡，它也確實呼應了布羅卡的聰明論述和學術方法之核心。然而，確切來源無從考證。
9. 西方專家對待時間的態度各有不同，背後的原因很有意思，請參閱：Frank A. Dubinskas, ed., *Making Time: Ethnographies of High-Technology Organizations* (Philadelpia: Temple University Press, 1988).
10. Victor Turner, *The Ritual Process; Structure and Anti-Structure* (Piscataway, NJ: Aldine Transaction, 1996; first published 1966). 亦可參閱：Victor Turner, *Forest of Symbols; Aspects of Ndembu Ritual* (Ithaca, NY: Cornell Paperbacks, 1970).
11. https://www.bbc.com/news/blogs-trending-38156985.
12. 社會學家亞莉．羅素．霍希爾德（Arlie Russell Hochschild）提出類似論點，請參閱她出色的著作：*Strangers in Their Own Land: Anger and Mourning on the American Right* (New York: The New Press, 2018).

13. Rebekah Park, David Zax, and Beth Goldberg, “Fighting Conspiracy Theories Online at Scale,” case study, EPIC, 2020. 亦可參閱：Gillian Tett, “How Can Big Tech Best Tackle Conspiracy Theories?,” *Financial Times*, November 4, 2020, https://www.ft.com/content/2ab6a100-3fb4-4fec-8130-292cab48eb83.

14. 跟「匿名者 Q」（QAnon）運動等團體有關的現代陰謀論，在塑造社群方面類似傳統民間故事，請參閱：James Deutch and Levi Bochantin, “The Folkloric Roots of the QAnon Conspiracy,” *Folklife*, December 7, 2020, https://folklife.si.edu/magazine/folkloric-roots-of-qanon-conspiracy.

15. 創新的「厚描」概念對現代人類學產生莫大影響，「厚描」的說明請參閱以下書籍的〈厚描〉（Thick Description）一章：Clifford Geertz, *The Interpretation of Cultures* (New York: Basic Books, 2000; first published 1973), pp. 3–33.

16. 參閱：Ben Smith, “How Zeynep Tujecki Keeps Getting The Big Things Right,” *New York Times*, August 23 2020, https://www.nytimes.com/2020/08/23/business/media/how-zeynep-tufekci-keeps-getting-the-big-things-right.html and “Jack Dorsey On Twitter’s Mistakes.” The Daily, *New York Times,* August 7, 2020.

# 第1章

1. Margaret Mead, *Sex and Temperament in Three Primitive Societies* (London & Henley: Routledge & Kegan Paul, 1977; first published 1935), p. ix.
2. 對於經驗法和詮釋法的應用，以及民族誌研究法引發的疑慮，那些被訓練成關注統計數據的科學家努力取得平衡。有關前述挑戰的精采描述，請見：T. M. Luhrmann, "On Finding Findings," *Journal of the Royal Anthropological Institute* 26 (2020), pp. 428–42.
3. 如需優良又簡潔的人類學歷史，請參閱：Matthew Engelke, *How to Think Like an Anthropologist* (London: Pelican, 2018), or Eriksen Thomas Hyland and Finn Sivert Nielsen, *A History of Anthropology* (London: Pluto, 2013). 亦可參閱：Adam Kuper, *Anthropology and Anthropologists: The British School in the Twentieth Century* (New York: Routledge, 2015; originally published 1973).
4. Keith Hart, *Self in the World: Connecting Life's Extremes* (New York: Berghahn, 2021).
5. Marc Flandreau, *Anthropologists in the Stock Exchange: A Financial History of Victorian Science* (Chicago: Chicago University Press, 2016), p. 19.
6. Anthony Trollope, *The Way We Live Now* (1875).
7. Flandreau, *Anthropologists in the Stock Exchange*, p. 9.

8. Ibid., p. 49.

9. 關於十九世紀末與二十世紀初的人類學知識潮流如何發展，完整描述請參閱以下傑作：Charles King, *Gods of the Upper Air: How a Circle of Renegade Anthropologists Reinvented Race, Sex and Gender in the Twentieth Century* (New York: Doubleday, 2019).

10. Ibid., pp. 29–31.

11. Franz Boas, *The Mind of Primitive Man* (New York: Macmillan, 1922; first published 1911), p. 103.

12. 完整描述請參閱：Isabel Wilkerson, *Caste: The Origins of Our Discontents* (New York: Random House, 2020).

13. Bronisław Malinowski, *Argonauts of the Western Pacific* (New York: Dutton, 1961; first published 1922), p. 25.

14. 參閱："Nazis Burn Books Today; Anthropologist 'Not Interested,' "*Columbia Spectator* (May 10, 1933), http://spectatorarchive.library.columbia.edu/?a=d&d=cs19330510-01.2.6&.

15. 二十世紀中葉，某些人類學家抱怨所有的努力都深植於白人特權和「不平等的權力對抗」，人類學領域隨後爆發一股猛烈的批評聲浪。參閱：Talal Asad, *Anthropology and the Colonial Encounter* (London: Humanities Press, 1995), or more recently Lee Baker, *Anthropology and Racial Culture* (Durham, NC: Duke University Press, 2010)。而Leniqueca A. Welcome 的文章也描繪了今日部分人類學家提出的批評："After the Ash and Rubble Are Cleared: An Anthropological Work for the Future," *Journal of the American Anthropological Association* (2020), http://www.

americananthropologist.org.

16. 參閱：Adam Kuper, *Anthropology and Anthropologists: The British School in the Twentieth Century*, 4th ed. (Abingdon, UK: Routledge, 2015).

17. Caroline Humphrey, *Karl Marx Collective: Economy, Society and Religion in a Siberian Collective Farm* (Cambridge, UK: Cambridge University Press, 1983). 亦可參閱：*Magical Drawings in the Religion of the Buryat*, PhD thesis, University of Cambridge, 1971.

18. Peter Hopkirk, *The Great Game: The Struggle for Empire in Central Asia* (New York: Kodansha International, 1992).

19. 「軟肋」一詞最先是用來描述中亞，來源是一九五九年十二月十二日《紐約時報》（*New York Times*），C. L. Sulzberger 撰寫的〈Along the Soft Underbelly of the USSR〉一文。外交政策在冷戰上的爭論，反覆出現「軟肋」的概念，時至今日仍在使用。請參閱：Gavin Helf, *Looking for Trouble: Sources of Violent Conflict in Central Asia*, United States Institute of Peace, November 2020, https://www.usip.org/sites/default/files/2020-11/sr_489_looking_for_trouble_sources_of_violent_conflict_in_central_asia-sr.pdf.

20. Nancy Tapper, *Bartered Brides: Politics, Marriage and Gender in an Afghan Tribal Society* (Cambridge, UK: Cambridge University Press, 1991), p. xv.

21. Gregory J. Massell, *The Surrogate Proletariat: Moslem Women and Revolutionary Strategies in Soviet Central Asia*

*1919–1929* (Princeton, NJ: Princeton University Press, 2016; first published 1974).

22. Simon Roberts, *The Power of Not Thinking: How Our Bodies Learn and Why We Should Trust Them* (London: 535, an imprint of Blink Publishing, 2020).
23. Gillian Tett, *Ambiguous Alliances: Marriage and Identity in a Muslim Village in Soviet Tajikistan*, unpublished PhD thesis from the University of Cambridge, 1995, p. 109.
24. Ibid., p. 170.
25. Ibid., p. 142.
26. Joseph Henrich, *The Weirdest People in the World: How the West Became Psychologically Peculiar and Particularly Prosperous* (London: Allen Lane, 2020), p. 56.
27. Ibid., p. 193.
28. Pierre Bourdieu, *Outline of a Theory of Practice* (Cambridge, UK: Cambridge University Press, 1988: original French version 1972; original English translation 1977).
29. Grant McCracken, *The New Honor Code: A Simple Plan for Raising Our Standards and Restoring Our Good Names* (New York: Tiller Press, 2020).

## 第2章

1. https://www.imdb.com/title/tt8482920/.
2. Amy Bennett, "Anthropologist Goes from Iguanas to Intel," *Computerworld*, September 15, 2005, https://www.computerworld.com/article/2808513/anthropologist-goes-from-iguanas-to-intel.html.
3. https://www.engadget.com/2016-08-16-the-next-wave-of-ai-is-rooted-in-human-culture-and-history.html.
4. http://www.nehrlich.com/blog/2012/09/19/the-anthropology-of-innovation-panel/.
5. Ulf Hannerz, *Cultural Complexity: Studies in the Social Organization of Meaning*. (New York: Columbia University Press, 1992).
6. David Howes, ed., *Cross-Cultural Consumption: Global Markets, Local Realities*. (Abingdon, UK: Routledge, 1996), pp. 1–15.
7. 有關貨物崇拜的完整描述，請參閱：https://www.anthroencyclopedia.com/entry/cargo-cults.
8. Clifford Geertz, *The Interpretation of Cultures*.
9. 人類學有大量文獻在講述全球化促進文化的差異與共通性；如需清楚易懂的例子，請參閱：David Held and Henrietta L. Moore, eds., *Cultural Politics in a Global Age: Uncertainty, Solidarity and Innovation* (London: Oneworld, 2008).

10. Christian Madsbjerg, *Sensemaking: The Power of the Humanities in the Age of the Algorithm* (New York: Hachette, 2017), p. 118.
11. 相關描述請參閱：Tat Chan and Gordon Redding, *Bull Run: Merrill Lynch in Japan*. (Paris: INSEAD, 2003). 亦見 Peter Espig, "The Bull and the Bear Market: Merrill Lynch's Entry into the Japanese Retail Securities Industry," *Chazen Web Journal of International Business*. (2003), https://www0.gsb.columbia.edu/mygsb/faculty/research/pubfiles/187/Merrill_Yamaichi.pdf.
12. David Howes, ed., *Cross-Cultural Consumption: Global Markets, Local Realities*, p. 1.
13. 這段歷史全都取自雀巢的檔案和內部行銷文宣。
14. 這段描述文字取自菲利浦・蘇蓋（Philip Sugai）在日本所做的出色分析，還補充了作者對現任與前任雀巢高階主管的訪談內容。參閱：Philip Sugai, "Nestlé KITKAT in Japan: Sparking a Cultural Revolution," case studies A–D, Harvard Business Review Store, 2017.
15. Ibid.
16. https://soranews24.com/2017/08/22/now-you-can-buy-cough-drop-flavoured-kit-kats-in-japan/.
17. https://business360.fortefoundation.org/globetrotting-anthropologist-genevieve-bell-telling-stories-that-matter/.
18. https://www.bizjournals.com/sanjose/stories/2004/08/16/story5.html.

19. https://www.engadget.com/2004-08-24-intel-embraces-cultural-difference.html.
20. John Fortt, "What Margaret Mead Could Teach Techs," *CNN Money*, February 25, 2009, https://money.cnn.com/2009/02/25/technology/tech_anthropologists.fortune/index.htm.
21. Janet Rae-Dupree, "Anthropologist Helps Intel See the World Through Customers' Eyes," *Silicon Valley Business Journal*, August 15, 2004, https://www.bizjournals.com/sanjose/stories/2004/08/16/story5.html.
22. Michael Fitzgerald, "Intel's Hiring Spree," *MIT Technological Review*, February 14, 2006, https://www.technologyreview.com/2006/02/14/229681/intels-hiring-spree-2/.
23. Natasha Singer, "Intel's Sharp-Eyed Social Scientist," *New York Times*, February 15, 2014, https://www.nytimes.com/2014/02/16/technology/intels-sharp-eyed-social-scientist.html.
24. Genevieve Bell, "Viewpoint: Anthropology Meets Technology," *BBC News*, June 1, 2011, https://www.bbc.com/news/business-13611845.
25. Singer, "Intel's Sharp-Eyed Social Scientist."
26. Bell, "Viewpoint."
27. https://www.epicpeople.org/ai-among-us-agency-cameras-recognition-sys tems/.
28. https://www.epicpeople.org/ai-among-us-agency-cameras-recognition-sys tems/.

29. http://www.rhizome.com.cn/?lang=en.

30. https://www.ww01.net/en/archives/65671.

31. Kathi Kitner, "The Good Anthropologist: Questioning Ethics in the Workplace," in Rita Denny and Patricia Sunderland, eds., *Handbook of Anthropology in Business* (Abingdon, UK: Routledge, 2017), p. 309.

32. Shaheen Amirebrahimi, *The Rise of the User and the Fall of People: Ethnographic Cooptation and a New Language of Globalization*, EPIC, 2016. https://anthrosource.onlinelibrary.wiley.com/doi/epdf/10.1111/1559-8918.2016.01077

33. 請參閱：Ortenca Aliaz and Richard Waters, "Third Point Tells Intel to Consider Shedding Chip Manufacturing," *Financial Times,* September 29, 2020; Richard Waters, "Intel Looks to New Chief's Technical Skills to Plot Rebound." *Financial Times*, January 14, 2021.

34. https://3ainstitute.org/about.

## 第 3 章

1. René Dubos, *Celebrations of Life* (New York: McGrawHill, 1981).

2. 作者訪談。
3. https://www.youtube.com/watch?v=NshGFgPv3As.
4. Engelke, *Think Like an Anthropologist*, p. 318. 有關泰伯特對人類學的看法所引發的爭論，請參閱：https://www.jstor.org/stable/3033203?seq=1.
5. Paul Richards, *Ebola: How a People's Science Helped End an Epidemic* (London: ZED Books, 2016), p. 17.
6. https://www.thegazette.co.uk/awards-and-accreditation/content/103467.
7. https://www.hopkinsmedicine.org/ebola/about-the-ebola-virus.html.
8. 這個論點在以下經典作品中有精采說明：Mary Douglas, *Purity and Danger* (New York: Routledge 2002; first published 1966), p. 80.
9. Mary Douglas and Aaron Wildavsky. *Risk and Culture; An Essay on the Selection of Technological and Environmental Dangers* (University of California Press, 1983), pp. 6–15.
10. 作者訪談。
11. Susan Erikson, "Faking Global Health," *Critical Public Health* 29, no. 4 (2019): 508–516, https://www.tandfonline.com/doi/full/10.1080/09581596.2019.1601159.
12. Michael Scherer, "Meet the Bots That Knew Ebola Was Coming," *Time*, August 6, 2014, https://time.com/3086550/ebola-

outbreak-africa-world-health-organization/.

13. John Paul Titlow, "How This Algorithm Detected the Ebola Outbreak Before Humans Could," *Fast Company*, August 13, 2014, https://www.fastcompany.com/3034346/how-this-algorithm-detected-the-ebola-outbreak-before-hu mans-could.
14. Timothy Maher, "Caroline Buckee: How Cell Phones Can Become a Weapon Against Disease," "Innovators Under 35," in *MIT Technological Review*, https:// www.technologyreview.com/innovator/caroline-buckee/.
15. https://www.ncbi.nlm.nih.gov/pmc/articles/PMC6175342/.
16. Ibid.
17. Adam Goguen and Catherine Bolten, "Ebola Through a Glass, Darkly: Ways of Knowing the State and Each Other," *Anthropological Quarterly* 90, no. 2 (2017): 429–56.
18. Richards, *Ebola*, p. 17.
19. Paul Farmer, *Fevers, Feuds, and Diamonds: Ebola and the Ravages of History* (New York: Farrar, Straus and Giroux, 2020), p. 21.
20. Ibid., p. 32.
21. Catherine Bolten and Susan Shepler, "Producing Ebola: Creating Knowledge In and About an Epidemic," *Anthropological Quarterly* 88, no. 3: 350–66.

22. Goguen and Belton, "Ebola Through a Glass Darkly."
23. 這個政策失敗的相關細節說明令人不寒而慄，請見：Farmer, *Fevers, Feuds and Diamonds*.
24. 至於人類學家是否能好好因應伊波拉的難關，相關討論請參閱：Adia Benton, "Ebola at a Distance: A Pathographic Account of Anthropology's Relevance," *Anthropology Quarterly* 90, no. 2 (2017): 495–524, or Bolten and Shepler, "Producing Ebola." 亦見 Farmer, *Fevers, Feuds and Diamonds,* p. 511.
25. 作者訪談。
26. http://www.ebola-anthropology.net/wp-content/uploads/2014/11/DFID-Brief-14oct14-burial-and-high-risk-cultural-practices-2.pdf.
27. Richards, *Ebola*, p. 133.
28. Julienne Ngoungdoung Anoko and Doug Henry, "Removing a Community Curse Resulting from the Burial of a Pregnant Woman with a Fetus in her Womb: An Anthropological Approach Conducted during the Ebola Virus Pandemic in Guinea," In David A. Schwartz, Julienne Ngoundoung Anoko, and Sharon A. Abramowitz, eds., *Pregnant in the Time of Ebola: Women and their Children in the 2013–2015 West African Epidemic* (New York: Springer, 2020), pp. 263–77.
29. Farmer, *Fevers, Feuds and Diamonds*, p. 521.
30. Christopher JM Whitty et al., "Infectious Disease: Tough Choice to Reduce Ebola Transmission," *Nature*, November 6,

2014.

31. Gillian Tett, "We Need More Than Big Data to Track the Virus," *Financial Times*, May 20, 2020, https://www.ft.com/content/042a1ca2-9997-11ea-8b5b-63f7c5c86bef.

32. 作者訪談。

33. Michael C. Ennis-McMillan and Kristin Hedges, "Pandemic Perspectives: Responding to COVID-19," *Open Anthropology* 8, No. 1 (April 2020), https:// www.americananthro.org/StayInformed/OAArticleDetail.aspx?ItemNumber=25631.

34. 參閱："Trump Says Coronavirus Worse 'Attack' Than Pearl Harbor, *BBC News*, May 7, 2020, https://www.bbc.com/news/world-us-canada-52568405, or Katie Rogers, Lara Jakes, and Ana Swanson, "Trump Defends Using 'Chinese Virus' Label, Ignoring Growing Criticism," *New York Times*, March 18, 2020, https://www.nytimes.com/2020/03/18/us/politics/china-virus.html.

35. https://oxfamblogs.org/fp2p/what-might-africa-teach-the-world-covid-19-and-ebola-virus-disease-compared/.

36. 口罩文化詳情請參閱：Christos Lynteris, "Why Do People Really Wear Face Masks During an Epidemic?," *New York Times*, February 13, 2020, https://www.nytimes.com/2020/02/13/opinion/coronavirus-face-mask-effec tive.html, 亦見 https://www.sapiens.org/culture/coronavirus-mask/, https:// www.jstor.org /stable /23999578 ?seq= 1#metadata _info _tab

_contents, and Gideon Lasco, "The Social Meanings of Face Masks, Revisited," *Inquirer.Net*, July 30, 2020, https://opinion.inquirer.net/132238/the-social-meanings-of-face-masks-revisited.

37. https://hbr.org/2020/06/using-reverse-innovation-to-fight-covid-19.

38. 社會專家行動網（Societal Experts Action Network，SEAN）詳情請參閱：https://www.nationalacademies.org/our-work/societal-experts-action-network.

39. https://www.bi.team/blogs/facemasks-would-you-wear-one/.

40. IFS 年度演說，參閱：Gus O'Donnell. "The Covid Tragedy; following the science or sciences?" 24 September, 2020, https://www.ifs.org.uk/uploads/IFS%20Annual%20Lecture%202020.pdf; Larry Elliott, "Covid Means UK Needs EU Deal to Avoid Calamity, Says Lord O'Donnell," *Guardian*, September 23, 2020, https://www.theguardian.com/politics/2020/sep/24/covid-means-uk-needs-eu-deal-to-avoid-calamity-says-lord-odonnell.

41. https://dominiccummings.files.wordpress.com/2013/11/20130825-some-thoughts-on-education-and-political-priorities-version-2-final.pdf.

42. Martha Lincoln, "Study of the Role of Hubris in Nations' COVID-19 Response," *Nature*, September 15, 2020, https://www.nature.com/articles/d41586-020-02596-8.

43. 至於西方的政府官員和官僚是怎麼成為自身文化的階下囚，這個問題少有人討論。然而，有一篇傑出的分析之作，請見英國「行為洞察團隊」（Behavioral Insights Team）的論文："Behavioral Government," July 11, 2018, https://www.bi.team/publi cations/behavioural-government/. 如需更強勁的分析，請參閱：David Graeber, *The Utopia of Rules: On Technology, Stupidity and the Secret Joys of Bureaucracy* (New York: Melville, 2016).

## 第 4 章

1. Anaïs Nin, "Abstraction," in *The Novel of the Future* (New York: Collier Books, 1976; copyright 1968), p. 25.
2. Alan Beattie and James Politi, "'I Made A Mistake,' admits Greenspan," *Financial Times*, October 23, 2008. 至於葛林斯潘是怎麼重新思考經濟方法，納入行為經濟學和不確定感，詳情請參閱：Alan Greenspan, *The Map and the Territory 2.0: Risk, Human Nature, and the Future of Forecasting* (New York: Penguin 2013).
3. Daniel Beunza, *Taking the Floor: Models, Morals, and Management in a Wall Street Trading Room* (Princeton, NJ: Princeton University Press, 2019).
4. Karen Ho, *Liquidated: An Ethnography of Wall Street* (Duke University Press, 2009).
5. Vincent Antonin Lépinay, *Codes of Finance: Engineering Derivatives in a Global Bank* (Princeton, NJ: Princeton

University Press, 2011).

6. Laura Barton, "On the Money," *Guardian*, October 30, 2008, https://www.theguardian.com/business/2008/oct/31/creditcrunch-gillian-tett-financial-times.

7. Laura Nader, "Up the Anthropologist," memo to the US Department of Health, Education, and Welfare, found at https://eric.ed.gov/?id=ED065375.

8. Karen Ho, *Liquidated*, p. 19. 關於在別種背景（核能）的權力菁英之間進行人類學研究而引發的種種問題，類似論點請參閱：Hugh Gusterson, "Studying Up Revisited," *POLAR: Political and Legal Anthropology Review* 20, no. 1, 114–19.

9. Paul Tucker, "A Perspective on Recent Monetary and Financial System Developments," *Bank of England Quarterly Bulletin*, 2007. https://papers.ssrn.com/Sol3/papers.cfm?abstract_id=994890 此時期的完整詳情請參閱：Tett, Gillian, Chapter Four in *The Silo Effect* (New York: Simon & Schuster, 2016).

10. 詳情請參閱：Gillian Tett, *Fool's Gold* (New York: Simon & Schuster, 2009).

11. Gillian Tett, "Innovative Ways to Repackage Debt and Spread Risk Have Brought Higher Returns But Have Yet to Be Tested Through a Full Credit Cycle," *Financial Times*, April 19, 2005; Gillian Tett, "Teething Problems or Genetic Flaw?," *Financial Times*, May 18, 2005; Gillian Tett, "Market Faith Goes Out the Window As the 'Model Monkeys' Lose

"Track of Reality," *Financial Times*, May 20, 2005; Gillian Tett, "Who Owns Your Loan?," *Financial Times*, July 28, 2005.

12. 參閱：Gillian Tett, "Should Atlas Still Shrug?: The Threat That Lurks Behind the Growth of Complex Debt Deals," *Financial Times*, January 15, 2007; Gillian Tett, "The Unease Bubbling in Today's Brave New Financial World," *Financial Times*, January 19, 2007; Gillian Tett, "The Effect of Collateralised Debt Should Not Be Underplayed," *Financial Times*, May 18, 2007; Richard Beales, Saskia Scholte, and Gillian Tett, "Failing Grades? Why Regulators Fear Credit Rating Agencies May Be Out of Their Depth," *Financial Times*, May 17, 2007; Gillian Tett, "Financial Wizards Debt to Ratings Agencies' Magic," *Financial Times*, November 30, 2006.

13. 如要了解「習性」的概念，以下值得一讀：Ho, *Liquidated*, or Pierre Bourdieu, *Outline of a Theory of Practice* (Cambridge, UK: University of Cambridge, 1977). 然而，布赫迪厄的文字讀起來可能相對費解，吸收以下著作的關鍵概念或許會比較容易：David Swartz, *Culture and Power: The Sociology of Pierre Bourdieu* (Chicago: University of Chicago Press, 1995).

14. Michael Lewis, *The Big Short: Inside the Doomsday Machine* (New York: W. W. Norton, 2011).

15. Gillian Tett, "In with the 'On' Crowd," *Financial Times*, May 26, 2013.

16. Bourdieu, *Outline of a Theory of Practice*.

17. Upton Sinclair, *I, Candidate for Governor: And How I Got Licked* (1935).

18. 參閱：James George Frazer, *The Golden Bough: A Study in Magic and Religion* (New York: Macmillan and Co., 1890)，或 Claude Lévi-Strauss, *Myth and Meaning* (Abingdon, UK: Routledge, 1978).
19. Hortense Powdermaker, *Hollywood: The Dream Factory* (Hollywood, CA: Martino Fine Books, 2013; first published 1950).
20. Gillian Tett, "Silos and Silences: Why So Few People Spotted the Problems in Complex Credit and What That Implies for the Future," *Banque de France Financial Stability Review* 14 (July 2010), p. 123, https://publications.banque-france.fr/sites/default/files/medias/documents/financial-stability-review-14_2010-07.pdf.
21. 完整描述請參閱：Gillian Tett *Fool's Gold*.
22. Gillian Tett, "An Interview with Alan Greenspan," *Financial Times*, October 25, 2013, https://www.ft.com/content/25ebae9e-3c3a-11e3-b85f-00144 feab7de.
23. Richard Beales and Gillian Tett, "Greenspan Warns on Growth of Derivatives," *Financial Times*, May 6, 2005.
24. https://www.ft.com/content/25ebae9e-3c3a-11e3-b85f-00144feab7de.
25. Caitlin Zaloom, *Out of the Pits: Traders and Technology from Chicago to London* (Chicago: University of Chicago Press, 2006).
26. Ho, *Liquidated*, p. 12.

27. Donald Mackenzie, *An Engine Not a Camera: How Financial Models Shape Markets* (Cambridge, MA: MIT Press), pp. 2–7.
28. Annelise Riles, *Collateral Knowledge: Legal Reasoning in the Global Financial Markets* (Chicago: University of Chicago Press, 2011).
29. Melissa Fisher, *Wall Street Women* (Durham, NC: Duke University Press, 2012).
30. Daniel Scott Souleles, *Songs of Profit, Songs of Loss: Private Equity, Wealth and Inequality* (Lincoln, NE: University of Nebraksa Press, 2019).
31. Alexander Laumonier, https://sniperinmahwah.wordpress.com/.
32. Vincent Antonin Lépinay, *Codes of Finance: Engineering Derivatives in a Global Bank*, PhD thesis, Columbia University, 2011, p. 7, https://academiccommons.columbia.edu/doi/10.7916/D80R9WKD. 亦可參閱：Lépinay, *Codes of Finance*.
33. Keith Hart, "The Great Economic Revolutions Are Monetary in Nature: Mauss, Polanyi and the Breakdown of the Neoliberal World Economy, https:// storicamente.org/har, 2009.
34. Douglas Holmes, *Economy of Words: Communicative Imperatives in Central Banks* (Chicago: University of Chicago Press, 2013). 如需類似主題，亦可參閱：David Tuckett, *Minding the Markets: An Emotional Finance View of Financial Instability* (London: Palgrave, 2011). 類似情緒請參閱：Robert Shiller, *Narrative Economics: How Stories*

*Go Viral and Drive Major Economic Events* (Princeton, NJ: Princeton University Press, 2019), and Richard Thaler, *Misbehaving: The Making of Behavioral Economics* (New York: W. W. Norton, 2015). 亦可參閱：Margaret Heffernan, *Uncharted: How to Map the Future Together* (London: Simon & Schuster, 2020), and John Kay and Mervyn King, *Radical Uncertainty: Decision Making Beyond the Numbers* (London: W. W. Norton, 2020).

## 第 5 章

1. George Orwell, "In Front of Your Nose," *Tribune*, March 22, 1946, https:// www.orwellfoundation.com/the-orwell-foundation/orwell/essays-and-other-works/in-front-of-your-nose/.
2. 這項交易的素材取自布里奧迪的田野筆記，是她交給作者的資料；部分大綱請參閱：Elizabeth K. Briody, *Handling Decision Paralysis on Organizational Partnerships*, course reader (Detroit: Gale, 2010)，布里奧迪在此補充了細節。
3. https://www.fastcompany.com/27707/anthropologists-go-native-corporate-village.
4. W. Lloyd Warner, *A Black Civilization: A Study of an Australian Tribe*, revised ed. (New York: Harper, 1958, first

published 1937).

5. https://blog.antropologia2-0.com/en/hawthrone-effect-first-contacts-be tween-anthropology-and-business/.

6. Elizabeth K. Briody, Robert T. Trotter II, Tracy L. Meerwarth, *Transforming Culture: Creating and Sustaining Effective Organizations* (New York: Palgrave Macmillan, 2010), p. 54.

7. Ibid., p. 52.

8. James C. Scott, *Weapons of the Weak: Everyday Forms of Peasant Resistance* (New Haven, CT: Yale University Press, 1985).

9. 這件醜聞的完整詳情，請見二〇一四年瓦盧卡斯（Valukas）的安全問題報告：https://www.aieg.com/wp-content/uploads/2014/08/Valukas-re port-on-gm-redacted2.pdf. 亦可參閱該公司的聲明和瑪麗・芭拉（Mary Barra）的演說，其呼應了布里奧迪等人先前對公司文化所做的許多觀察：https://media.gm.com/media/us/en/gm/news.detail.html/content/Pages/news/us/en/2014/Jun/060514-ignition-report.html.

10. Elizabeth K. Briody, Robert T. Trotter II, Tracy L. Meerwarth, *Transforming Culture*, pp. 56–57.

11. Ibid., pp. 59–60.

12. Gary Ferraro and Elizabeth K. Briody, *The Cultural Dimension of Global Business*, 7th edition (Abingdon, UK: Routledge, 2016).

13. Frank Dubinskas, *Making Time*, p. 3.

14. Elizabeth K. Briody, S. Tamur Cavusgil, S. Tamur and Stewart R. Miller, "Turning Three Sides into a Delta at General Motors: Enhancing Partnership Integration on Corporate Ventures," *Long Range Planning* 37 (2004), p. 427.

15. Gary Ferraro and Elizabeth K. Briody, *The Cultural Dimension of Global Business*, pp. 166–67.

16. Ibid., p. 174.

## 第6章

1. Meg Kinney and Hal Phillips, "Educating the Educators," presentation to EPIC, 2019, https://www.epicpeople.org/tag/parenting/.

2. Horace Miner, "Body Ritual Among the Nacirema," *American Anthropologist* 58, no. 3 (1956): 503–507.

3. Patricia L. Sunderland and Rita M. Deny, *Doing Anthropology in Consumer Research* (Walnut Creek, CA: Left Coast Press, 2007), p. 28.

4. 作者訪談。

5. Meg Kinney and Hal Phillips. *Educating the Educators*.
6. Rachel Botsman, "*Who Can You Trust? How Technology Brought Us Together and Why It Might Drive Us Apart*" (New York: *Public Affairs*, 2017).
7. Joseph Henrich, *The Weirdest People in the World: How the West Became Psychologically Peculiar and Particularly Prosperous* (London: Allen Lane, 2020).
8. Ibid, p. 55.
9. Ibid., p. 27.
10. Ibid., p. 34.
11. Ibid., p. 21.
12. Maryann McCabe, "Configuring Family, Kinship and Natural Cosmology," in Rita Denny and Patricia Sunderland, eds., *Handbook of Anthropology in Business* (Abingdon, UK: Routledge, 2013), p. 365.
13. Richards Meyers and Ernest Weston Jr., "What Rez Dogs Mean to the Lakota," *Sapiens*, December 2, 2020, https://www.sapiens.org/culture/rez-dogs/.
14. Maryann McCabe, "Configuring Family. Kinship and Natural Cosmology," p. 366.
15. Maryann McCabe and Timothy de Waal Malefyt, "Creativity and Cooking: Motherhood, Agency and Social Change in

Everyday Life," *Journal of Consumer Culture* 15, no. 1 (2015): 48–65.

16. Maryann McCabe, "Ritual Embodiment and the Paradox of Doing the Laundry," *Journal of Business Anthropology* 7, no. 1 (Spring 2018): 8–31.

17. Ibid., p. 15.

18. Ibid., p. 17.

19. Kenneth Erickson, "Able to Fly: Temporarily, Visibility and the Disabled Airline Passenger," Rita Denny and Patricia Sunderland, eds., *Handbook of Anthropology in Business* (Abingdon, UK: Routledge, 2013), p. 412.

20. Nina Diamond et al., "Brand Fortitude in Moments of Consumption," Rita Denny and Patricia Sunderland, eds., *Handbook of Anthropology in Business* (Abingdon, UK: Routledge, 2013), p. 619.

21. 參閱：Grant McCracken, "TV Got Better," *Medium*, 2021, https://grant27.medium.com/tv-got-better-how-we-got-from-bingeing-to-feasting-782 a67ee0a1. 亦可見：Ian Crouch, "Come Binge with Me," *New Yorker*, December 13 2003，或 https://www.prnewswire.com/news-releases/netflix-declares-binge-watching-is-the-new-normal-235713431.html.

22. 如要了解人類學如何影響廣告和消費者研究，可參閱：Timothy de Waal Malefyt and Maryann McCabe, eds., *Women, Consumption and Paradox* (Abingdon, UK: Routledge, 2020); Timothy de Waal Malefyt and Robert J. Morais, *Advertising and Anthropology: Ethnographic Practice and Cultural Perspectives* (Oxford, UK: Berg, 2012); Patricia

Sunderland and Rita Denny, *Doing Anthropology in Consumer Research* (Walnut Creek, CA: Left Coast Press, 2007).

23. 參閱：Roberts, *The Power of Not Thinking*. 亦可見：https://dscout.com/people-nerds/simon-roberts.

24. 比爾・莫瑞爾教授監督之研究平臺的名稱是財富、科技、普惠金融研究院（Institute for Money, Technology and Financial Inclusion），請見此處：https://www.imtfi.uci.edu/about.php。如需額外背景，請參閱：Bill Maurer, *How Would You Like To Pay? How Technology Is Changing the Future of Money* (Durham, NC: Duke University Press, 2015).

25. https://www.redassociates.com/new-about-red-.

26. ReD White Paper, *The Future of Money*, 2018.

27. 作者訪談。

28. 引自 ReD 簡報和作者訪談。

29. Daniel Kahneman, *Thinking, Fast and Slow* (New York: Farrar, Straus and Giroux, 2011).

30. 有關非西方社會如何使用相似領域的交易和不同的準貨幣代幣運作，詳情請參閱：Thomas Hylland Eriksen, *Small Places, Large Issues: An Introduction to Social and Cultural Anthropology*, 4th edition (London: Pluto Press, 2015), pp. 217–40. 亦可參閱：David Graeber, *Debt: The First 5,000 Years* (Brooklyn, NY: Melville, 2014; first published 2011), and Maurer, *How Would You Like to Pay?*

31. 作者訪談。亦可參閱：https://www.worldfinance.com/wealth-management/pension-funds/how-anthropology-can-benefit-customer-ser vice-in-the-pension-industry.

32. 有關西方壽險觀念在文化上的悖論，詳細說明請參閱：Viviana A. Rotman Zeliser, Viviana, *Morals and Markets: The Development of Life Insurance in the United States* (New York: Columbia University Press, 2017).

# 第7章

1. Nicholas Carr, *The Shallows: What the Internet Is Doing to Our Brains* (New York: W. W. Norton, 2011), pp. ix–x.

2. 請觀看崔斯坦・哈里斯的 TED 演講，參考有力的例證：https://www.youtube.com/watch?v=C74amJRp730.

3. 有關博依德的田野工作，詳情請參閱：danah boyd, *It's Complicated: The Social Life of Networked Teens* (New Haven, CT: Yale University Press, 2014).

4. Daniel Souleles, "Don't Mix Paxil, Viagra, and Xanax: What Financiers' Jokes Say About Inequality," *Economic Anthropology* 4, no. 1 (January 11, 2017), https://anthrosource.onlinelibrary.wiley.com/doi/abs/10.1002/sea2.12076.

5. Salena Zito, "Taking Trump Seriously, Not Literally," *Atlantic*, September 23, 2016, https://www.theatlantic.com/politics/

archive/2016/09/trump-makes-his-case-in-pittsburgh/501335/.

6. Naomi Klein, *No Is Not Enough: Defeating the New Shock Politics* (London: Allen Lane, 2017). 亦可參閱：Gillian Tett, "No Is Not Enough by Naomi Klein—Wrestling with Trump," review, *Financial Times*, June 16, 2017.

7. Roberts, *The Power of Not Thinking*.

8. Gillian Tett, "A Vision of Life Through a Dirty Lens," *Financial Times*, October 15, 2016.

9. 請參閱：Gillian Tett, "Making Slogans Great Again," September 30, 2016; Gillian Tett, "The Hack That Could Swing an Election," *Financial Times*, August 27, 2016; Gillian Tett, "What Brexit Can Teach America," August 6, 2016; Gillian Tett, "Female Voters and the Cringe Factor," *Financial Times*, July 30, 2016; Gillian Tett, "Is Trump a Winner?," *Financial Times*, January 30, 2016.

10. 柏林頓作品的精采說明，請參閱：https://www.youtube.com/watch?v=E5f7Jikg7ZU. 亦可參閱：Ingrid Burrington, *Networks of New York: An Illustrated Field Guide to Urban Internet Infrastructure* (New York: Melville House Printing, 2016).

## 第8章


1. 這段敘述是根據作者從二〇一六年至今對劍橋分析公司前員工、經理、股東的大量訪談內容，本章提及的大部分人員都包括在內。
2. 應提及一點，我不知道（後續頗具爭議性的）臉書資料是否用於我那天看到的模式，畢竟我們從來沒有討論過這點。我們對談的內容是一般的資料使用情況。
3. Christopher Wylie, *Mindf*ck: Inside Cambridge Analytica's Plot to Break the World* (London: Profile Books, 2019).
4. 劍橋分析公司遭受的批評，以及針對操控人心的政治競選活動和不實消息而做出的指控，是在英國國會的大量聽證會期間，由批評者逐一提出。這些也呈現在英國下議院的數位、文化、媒體及體育委員會撰寫的報告裡。參閱：https://publications.parliament.uk/pa/cm201719/cmselect/cmcumeds/1791/1791.pdf，克里斯・懷利、布特妮・凱瑟等人的證詞：https://www.parliament.uk/globalassets/documents/commons-committees/culture-media-and-sport/Brittany-Kaiser-Parliamentary-testimony-FINAL.pdf，以及 https://committees.parliament.uk/committee/378/digital-culture-media-and-sport-committee/news/103673/evidence-from-christopher-wylie-cambridge-analytica-whistleblower-published/。亞歷山大・尼克斯在英國國會對批評者提出大量反駁，請參閱：https://www.youtube.com/watch?v=SqKU0gqY7oo.
5. 作者訪談。

6. Adam Smith, *The Wealth of Nations*, Book 1, Chapter 4. 參閱：https://www.econlib.org/book-chapters/chapter-b-i-ch-4-of-the-origin-and-use-of-money/.

7. Kadija Ferryman, *Reframing Data as a Gift*, SSRN 22, July 2017, https://papers.ssrn.com/sol3/papers.cfm?abstract_id=3000631.

8. David Graeber, "On Marcel Mauss and the Politics of the Gift," https://excerpter.wordpress.com/2010/06/20/david-graeber-on-marcel-mauss-and-the-politics-of-the-gift/. 亦可參閱：David Graeber, *Debt*.

9. Stephen Gudeman, *Anthropology and Economy* (Cambridge, UK: Cambridge University Press, 2016). 有關這些主題的另一個討論，請參閱：Chris Hann and Keith Hart, *Economic Anthropology* (Cambridge, UK: Polity, 2011), and Keith Hart, "The Great Revolutions Are Monetary in Nature," *Storiamente* (2008), https://storicamente.org/hart. 亦可參閱：Karl Polanyi, *The Great Transformation* (London: Farrar & Rinehart, 1945). 此作品奠定了大部分的現代經濟人類學之根基。

10. 有些經濟學者也就觀念的局限指出了這點，國內生產毛額（GDP）就是其一。請參閱：Diane Coyle, *GDP: A Brief but Affectionate History* (Princeton, NJ: Princeton University Press, 2014), or David Pilling, *The Growth Delusion: Wealth, Poverty, and the Well-Being of Nations* (New York: Tim Duggan, 2018).

11. https://archive.org/details/giftformsfunctio00maus.

12. Caitlin Zaloom, *Indebted: How Families Make College Work at Any Cost* (Princeton, NJ: Princeton University Press, 2019).
13. 有關以物易物的創新討論，請參閱：Caroline Humphrey, "Barter and Economic Disintegration," *Man New Series* 20, no. 1 (March 1985): 48–72, https://doi.org/10.2307/2802221. 亦可參閱：Caroline Humphrey and Stephen Hugh-Jones, eds., *Barter, Exchange and Value: An Anthropological Approach* (Cambridge, UK: Cambridge University Press, 1992).
14. 請參閱：https://youtu.be/IhvX9QCiZP0.
15. 作者訪談。
16. 如需說明，請參閱：Vance Packard, *The Hidden Persuaders* (New York: Pocket Books, 1957 [original], reprinted by Ig Publishing, New York, 2007).
17. 劍橋分析公司草擬了日期為二〇一五年七月二十九日的律師函，而住在巴黎的懷利和 Euonia 公司必須簽約保證「不利用所列項目或任何的 SCL 機密資訊」，指的就是懷利在劍橋分析公司期間創造的智慧財產，包括臉書資料組，還有以資料組為基礎的模式。懷利簽了約。相關文件已提供給作者。
18. 資料來源是懷利的代表律師譚辛．艾倫（Tamsin Allen）在二〇一八年十二月二十日寄給作者的律師函。她承認了 Euonia 公司向川普集團推銷自己，卻表示：「跟考利．萊萬多夫斯基（Corey Lewandowski）開的會議，懷利先生並未參與。（臉書）資料的推銷是由 Eunoia 公司內部的其他人安排，對象是川普集團，而且是發生在川普宣布參選總統之前。懷利先生認為這沒有違反 CA IP 權。」尼克斯和劍橋分析公司的其他前員工對此予以反駁。欲知懷利對那些活動的說法，請參閱：Chris Wylie, *Mindf*ck*, pp. 174–76.

19. 無形資產的資料取自於怡安（Aon）公司和波耐蒙研究所（Ponemon Institute）所做的研究。參閱：https://www.aon.com/getmedia/60fbb49a-c7a5-4027-ba98-0553b29dc89f/Ponemon-Report-V24.aspx.

20. 有關阿拉莫計畫在聖安東尼奧所做的工作、臉書「內嵌」技術的角色、跟柯林頓競選活動的比較，相關說明請參閱：Gillian Tett, "Can You Win an Election Without Digital Skullduggery?," *Financial Times*, January 10, 2020.

21. 有關這些活動的大量說明，請見二〇一九年卡里姆．阿米爾（Karim Amer）和吉安．紐潔姆（Jehane Noujaim）執導的《個資風暴：劍橋分析事件》紀錄片：https://www.youtube.com/watch?v=iX8GxLP1FHo.

22. Carole Cadwalladr and Emma Graham Harrison, "Revealed: 50 Million Facebook Profiles Harvested for Cambridge Analytica in Major Data Breach," *Guardian*, March 17, 2018.

23. 參閱：Rob Davies and Dominic Rush, "Facebook to Pay $5bn Fine as Regulator Settles Cambridge Analytica Complaint," *Guardian* July 24, 2019, and *BBC News* "Facebook 'to be Fined $5bn Over Cambridge Analytica Scandal,'" https://bylinetimes.com/2020/10/23/dark-ironies-the-financial-times-and-cambridge-analytica/. 亦可參閱：https://www.ftc.gov/news-events/press-releases/2019/07/ftc-imposes-5-billion-penalty-sweeping-new-privacy-restrictions，https://ico.

org.uk/about-the-ico/news-and-events/news-and-blogs/2019/10/statement-on-an-agreement-reached-between-facebook-and-the-ico/.

24. Izabella Kaminska, "ICO's Final Report into Cambridge Analytica Invites Regulatory Questions," *FT Aphaville*, October 8, 2020, https://www.ft.com/content/43962679-b1f9-4818-b569-b028a58c8cd2. 亦可參閱：Izabella Kaminska, "Cambridge Analytica Probe Finds No Evidence It Misused Data to Influence Brexit," *Financial Times*, October 8, 2020.

25. https://www.imf.org/en/News/Seminars/Conferences/2018/04/06/6th-statistics-forum.

26. 有關 GDP 統計數據的優缺點，詳細討論請參閱：Diane Coyle, *GDP*, or David Pilling, *The Growth Delusion*.

27. Gillian Tett, "Productivity Paradox Deepens Fed's Rate Rise Dilemma," *Financial Times*, August 20, 2015. 亦可參閱：Gillian Tett, "The US Needs More Productivity, Not Jobs," *Foreign Policy*, December 15, 2016.

28. Rani Molla, "How Much Would You Pay for Facebook Without Ads?," *Vox*, April 11, 2018, https://www.vox.com/2018/4/11/17225328/facebook-ads-free-paid-service-mark-zuckerberg.

29. http://www.pnas.org/content/116/15/7250.

30. David Byrn and Carol Corrado, *Accounting for Innovations in Consumer Digital Services: It Still Matters*, FEDS Working Paper No. 2019-049, https://papers.ssrn.com/sol3/papers.cfm?abstract_id=3417745.

31. 參閱：https://www.imf.org/external/mmedia/view.aspx?vid=5970065079001. 亦可參閱第六屆 IMF 統計論壇，場

次 V11: Is All for Good in the Digital Age 的會議紀錄：https://www.imf.org/en/News/Seminars/Conferences/2018/04/06/6th-statistics-forum.

32. 參閱：https://www.aon.com/getmedia/60fbb49a-c7a5-4027-ba98-0553b29dc89f/Ponemon-Report-V24.aspx.
33. https://ownyourdata.foundation/.
34. 參閱珍妮佛・朱・史考特的 TED 簡報：https://www.ted.com/talks/jennifer_zhu_scott_why_you_should_get_paid_for_your_data?language=en.
35. Molla, "How Much Would You Pay?"
36. 二〇一五年我跟藍道・史蒂芬森在紐約奈特－巴傑特晚宴（Knight Bagehot Dinner）所做的訪談，參閱：https://www.youtube.com/watch?v=ZiiR_GfQspc.

## 第 9 章

1. Daniel Beunza, *Taking the Floor: Models, Morals, and Management in a Wall Street Trading Room*. (Princeton, NJ: Princeton University Press, 2019), p. 26.

2. 作者訪談。

3. Resnick, P. On Consensus and Humming in the IETF. Internet Engineering Task Force (IETF) Request for Comments: 7282 June 2014, https://tools.ietf.org/html/rfc7282.

4. Niels ten Oever, "Please Hum Now: Decision Making at the IETF," https:// hackcur.io/please-hum-now/.

5. 如要觀看這場討論（發生在二〇一八年三月十九日的 IETF101-TLS-20180319-1740 會議），請參閱：https://rb.gy/oe6g8o。

6. 二〇一八年三月 IETF 會議的一百三十四個場次，都可以在 YouTube 觀看。參閱：https://rb.gy/1n2dq7，然後依照後續的連結，觀看影片。

7. https://www.sec.gov/Archives/edgar/data/1321655/000119312520230013/d904406ds1.htm.

8. J. A. English-Lueck, *cultures@siliconvalley*, 2nd edition (Redwood City, CA: Stanford University Press, 2017), p. 76.

9. Margaret Szymanski and Jack Whalen, eds., *Making Work Visible: Ethnographically Grounded Case Studies of Work Practice* (Cambridge, UK: Cambridge University Press, 2011), p. xxi.

10. Douglas K. Smith and Robert C. Alexander, *Fumbling the Future: How Xerox Invented, Then Ignored the First Personal Compute*r (Lincoln, NE: toExcel, 1999). p. 14.

11. Szymanski and Whalen, eds., *Making Work Visible*, p. 2.

12. Scott Hartley, *The Fuzzy and the Techie: Why the Liberal Arts Will Rule the Digital World* (New York: Houghton Mifflin Harcourt, 2017).
13. Szymanski and Whalen, eds., *Making Work Visible* , p. xxii.
14. Julian Orr, *Talking About Machines: The Ethnography of a Modern Job* (Ithaca, NY: ILR/Cornell Press, 1996), p. 7.
15. Ibid., p. 18.
16. Ibid., p. 39–42.
17. Szymanski and Whalen, *Making Work Visible*, p. 28.
18. Orr, p. 45.
19. 參閱：Lucy Suchman, *Plans and Situated Actions: The Problem of Human Machine Communication* (Cambridge University Press, 2007 (revised edition); first published 1987). 亦可參閱：Szymanski and Whalen, *Making Work Visible*, pp. 21–33.
20. Suchman, *Plans*, pp. 121–64.
21. Ibid., pp. 130, 131.
22. Edwin Hutchins, *Cognition in the Wild* (Cambridge, MA: MIT Press, 1996). 亦可參閱：http://pages.ucsd.edu/~ehutchins/citw.html.

23. 帕羅奧多研究中心出版的一九八五年備忘錄是以薩奇曼的博士論文為基礎，請參閱：https://pdfs.semanticscholar.org/532a/52efca3bdb576d993c0dc53f075f172c1b07.pdf。如需該項研究的詳細描述，請參閱：Suchman, *Plans and Situated Actions* .
24. http://pages.ucsd.edu/~ehutchins/citw.html.
25. 參閱：Karl E. Wieck, *Sensemaking in Organizations* (Thousand Oaks, CA: Sage Publications, 1995).
26. Szymanski and Whalen, *Making Work Visible*, p. xxiii.
27. Douglas K. Smith and Robert C. Alexander, *Fumbling the Future*, pp. 241–54.
28. 有關意義建構的概念是怎麼悄悄進入消費者研究，範例請參閱：Christian Madsbjerg, *Sensemaking: The Power of the Humanities in the Age of the Algorithm* (New York: Hachette Books, 2017).
29. Patricia Ensworth, "Anthropologist as IT Trouble Shooter," in Rita Denny and Patricia Sunderland, eds., *Handbook of Anthropology in Business* (Abingdon, UK: Routledge, 2013), p 202–22.
30. 作者訪談。
31. Ensworth, p. 204.
32. 有另一項研究顯示全球化公司 IT 部門內部的社交模式（在金融和其他方面）何以重要，請參閱：Sareeta Amrute, *Encoding Race, Encoding Class: Indian IT Workers in Berlin* (Durham, NC: Duke University Press, 2016)；有

關俄羅斯程式設計師的部落主義，請參閱：Mario Biagioli and Vincent Antonin Lépinay, eds. *From Russia with Code: Programming Migrations in Post-Soviet Times* (Durham, NC: Duke University Press, 2019).

33. Ensworth, p. 219.

34. Beunza, *Taking the Floor*, pp. 21, 22.

35. Donald MacKenzie, *An Engine, Not a Camera: How Financial Models Shap Markets* (Cambridge, MA: MIT Press, 2008).

36. 唐納・麥肯錫在與泰勒・斯皮爾的著作中進一步闡述其論點，請參閱：“‘The Formula That Killed Wall Street’: The Gaussian Copula and Modelling Practices in Investing Banking,” *Social Studies of Science* 44, no. 3 (June 2014): pp. 393–417. 亦可參閱：Donald MacKenzie, *Material Markets: How Economic Agents Are Constructed* (London: Oxford University Press, 2009).

37. Douglas Holmes, *An Economy of Words: Communicative Imperatives in Central Banks* (University of Chicago Press, 2013). 此論述呼應了以下作品：Annelise Riles, *Financial Citizenship: Experts, Publics and the Politics of Central Banking* (Cornell University Press, 2018)，此論點的各個版本亦可參閱其他書籍，例如：Paul Tucker, *Unelected Power: the Quest for Legitimacy in Central Banking and the Regulatory State* (Princeton, NJ: Princeton University Press, 2018)，歷史視角是取自：Liaquat Ahmed, *Lords of Finance: The Bankers Who Broke the World* (New York: Penguin,

2009).

38. 如要了解心理學與情緒在市場扮演的角色，請參閱：David Tuckett, *Minding the Markets: An Emotional View of Financial Instability* (London: Palgrave Macmillan, 2011).

39. 欲知這方面的精采討論，可參閱：Robert Schiller, *Narrative Economics: How Stories Go Viral and Drive Major Economic Events* (Princeton, NJ: Princeton University Press, 2019).

40. Ho, *Liquidated*, pp. 77–82.

41. Chloe Evans, “Ethnographic Research in Remote Spaces: Overcoming Practical Obstacles and Embracing Change,” EPIC, September 25 2020, https:// www.epicpeople.org/ethnographic-research-in-remote-spaces-overcoming- practical-obstacles-and-embracing-change/.

42. Stuart Henshall, “Recalibrating UX Labs in the Covid-19 Era,” EPIC, September 25, 2020, https://www.epicpeople.org/recalibrating-ux-labs-in-the-covid-19-era/.

43. 參閱：proceedings: https://www.systemicrisk.ac.uk/events/market-stability-social-distancing-and-future-trading-floors-after-covid-19. 亦可見：Gillian Tett, “Bankers Crave Return of In-Person Trading Floors,” *Financial Times*, September 2020, https://www.cass.city.ac.uk/news-and-events/news/2020/september/returning-to-the-office-how-to-stay-connected-and-socially-distant.

44. https://www.ietf.org/media/documents/survey-planning-possible-online-meetings-responses.pdf.

45. Hartley, *The Fuzzy And The Techie*.

## 第10章

1. "Noam Chomsky on America's Economic Suicide," interview with Laura Flanders, GRITtv, May 4, 2012, www.alternet.org. 亦可參閱：https://chomsky.info/20120504/.

2. Anjli Raval, "New BP Boss Bernard Looney Pledges Net Zero Carbon Emissions by 2050," *Financial Times*, February 12, 2020; Lex, "BP" The Race to Zero," *Financial Times*, August 4, 2020; Gillian Tett, Billy Nauman, and Anjli Raval, "Moral Money in Depth with Bernard Looney," *Financial Times*, May 13, 2020. 對於 BP 能否達到目標而產生的不確定性，摘要請參閱：https://www.climateandcapitalmedia.com/does-bp-finally-get-it/.

3. 作者訪談。

4. Mike Isaac, "Mark Zuckerberg's Great American Road Trip," *New York Times*, May 25, 2017; Adam Lashinksy, "Mark Zuckerberg's Good Idea," *Fortune*, May 26, 2017; Reid J. Epstein and Deepa Seetharaman, "Mark Zuckerberg Hits the

Road to Meet Regular Folks-with a Few Conditions," *Wall Street Journal*, July 12, 2017.

5. "Noam Chomsky on America's Economic Suicide."

6. Peter Kurie, *In Chocolate We Trust: The Hershey Company Town Unwrapped* (Philadelphia: University of Pennsylvania Press, 2018).

7. Gillian Tett, "Impact Investing for Good and Market Returns," *Financial Times*, December 14, 2017.

8. Gillian Tett, "Davos Man's Faith in Globalization Is Shaken," *Financial Times*, March 7, 2013; Gillian Tett, "Davos Man Has No Clothes," *Foreign Policy*, January 16, 2017.

9. VUCA 的理論有書籍可說明，例如：*Strategic Leadership Primer* (Department of Command, Leadership and Management, United States Army War College, 1998), https://apps.dtic.mil/dtic/tr/fulltext/u2/a430467.pdf.

10. 參閱：https://www.edelman.com/research 或 Gillian Tett, "Should We Trust Our Fellow App Users More Than Politicians?," *Financial Times*, November 2017.

11. 請參閱：Ronald Cohen, *Impact: Reshaping Capitalism to Drive Real Change* (London: Ebury Press, 2020).

12. 「道德財富」是團隊的努力。我跟安德魯・艾傑克里夫－強森一起構思，跟比利・諾曼、派翠克・田波－維斯特、克莉絲汀・托曼、清水石珠實、艾蜜莉亞・米查薩共同打造。

13. "Business Roundtable Redefines the Purpose of a Corporation to Promote 'An Economy That Serves All Americans,'"

https://opportunity.businessroundtable.org/ourcommitment/.

14. Lucian Bebchuk and Roberto Tallarita, "Stakeholder Capitalism Seems Mostly for Show," *Wall Street Journal*, August 6, 2020.

15. 要了解布赫迪厄提出的「俗見」概念，請參閱：Pierre Bourdieu, *Outline of a Theory of Practice* (Cambridge, UK: Cambridge University Press, 1987; first edition 1977), pp. 159–71.

16. *Exploring Sustainable Investing in a Changing World: Responsible Investing*, special report from BNY Mellon, September 2020.

17. Interview with Anne Finucane by Gillian Tett for Davos Goals House, January 2020, https://we.tl/t-CEaJjLDbNT.

18. 二〇二〇年十一月十六日，吉蓮．邰蒂代表英美商業專案小組（British American Business Taskforce）訪談賴瑞．芬克：https://www.youtube.com/watch?v=PPjB1vwxjso.

19. "Businesses Plan Major Operational Changes as They Prioritize Resilience," *HSBC Navigator*, July 21, 2020, press release.

20. Nicholas Copeland and Christine Labuski, *The World of Walmart: Discounting the American Dream* (Abingdon, UK: Routledge, 2013), p. 3.

21. Ibid., p. 5.

22. Gillian Tett, Andrew Edgecliffe-Johnson, Kristen Talman, and Patrick TempleWest, "Walmart's Sustainability Chief: 'You Can't Separate Environmental, Social and Economic Success,'" *Financial Times*, July 17, 2020.

23. Knut Christian Myhre and Douglas R. Holmes, "Great Expectations: How the Norwegian Sovereign Wealth Fund Is Re-Purposing Corporations in a Time of Crisis," forthcoming research paper, 2020.

24. Knut Christian Myhre, "COVID-19, Dugnad and Productive Incompleteness: Volunteer Labor and Crisis Loans in Norway," *Social Anthropology/ Anthropologie Sociale* 28, no. 2 (2020): 326–27.

## 結語

1. 參閱：https://anatomyof.ai. 亦可參閱：Kate Crawford, *Atlas of AI: Power, Politics and the Planetary Costs of Artifical Intelligence* (New Haven, CT: Yale University Press, 2021).

2. https://www.moma.org/collection/works/401279.

3. https://read.dukeupress.edu/poetics-today/article-abstract/36/3/151/21143/Art-as-Device?redirectedFrom=fulltext

4. Mary L. Gray and Suri Siddharth, *Ghost Work: How to Stop Silicon Valley from Building a New Global Underclass* (Boston:

Mariner, 2019).

5. https://www.thetimes.co.uk/article/amazon-admits-plan-for-workers-cage-was-bad-idea-dnndtvvxt 和 https://www.cbsnews.com/news/amazons-patent-for-caging-workers-was-a-bad-idea-exec-admits/.

6. Axel Leijonhufvud, *Life Among the Econ* (first published: September 1973), https://doi.org/10.1111/j.1465-7295.1973.tb01065.x.

7. 有關如何重新思考經濟，範例請參閱：https://core-econ.org/the-economy；有關貝爾掌管的 ANU 專案，範例請參閱：https://3ainstitute.org/。亦可參閱以團體為對象所進行的專案，聖塔菲研究院即是其一：https://www.complexityexplorer.org/。或是劍橋大學班尼特研究所的《往前推進》（Building Forward）報告：https://www.bennettinstitute.cam.ac.uk.

8. Beunza, *Taking the Floor*.

9. 此論點的詳細說明請參閱：Karen Ho, *Liquidated; An Ethnography of Wall Street*.

10. 參閱：J. A. English-Lueck, *cultures@siliconvalley*.

11. 若看不見 AI 程式是怎麼納入及強化偏見和種族歧視，就會招致危險，請參閱：Virginia Eubanks, *Automating Inequality: How HighTech Tools Profile, Police and Punish the Poor* (London: St Martin's Press, 2018). 亦可參閱：Cathy O'Neill. *Weapons of Math Destruction: How Big Data Increased Inequality and Threatens Democracy* (New York:

Crown, 2017), 或 Shoshana Zuboff, *The Age of Surveillance Capitalism: The Fight for a Human Future at the New Frontier of Power* (New York: Profile Books, 2019).

12. 如要了解，請參閱以下作品：Annelise Riles, *Collateral Knowledge: Legal Reasoning in the Global Financial Markets* (Chicago: University of Chicago Press, 2011).

13. Tomas Hylland Erikson, *Small Places, Large Issues: An Introduction to Social and Cultural Anthropology* . Fouth Edition. (London: Pluto Press, 2015. First published 1995).

14. https://wiser.directory/organization/ziyodullo-shahidi-international-foundation/.

15. Ann Pendleton-Julian and John Seely Brown, *Design Unbound: Designing for Emergence in a White Water World* (Cambridge, MA: MIT Press, 2018).

## 後記

1. Ulf Hannerz, *Anthropology's World: Life in a Twenty-First Century Discipline* (London: Pluto Press, 2010).

2. Keith Hart, "Why Is Anthropology Not a Public Science?," http://thememo rybank.co.uk/2013/11/14/why-is-

anthropology-not-a-public-science/, 2013.

3. Paul Farmer, *Fevers, Feuds and Diamonds*, p. 511. 亦可參閱：Adia Benton, *Ebola at a Distance*.

4. https://www.anthropology-news.org/articles/raising-our-voices-in-2020/

國家圖書館出版品預行編目 (CIP) 資料

穀倉效應 2：未來思考　數據失能、科技冷漠的 VUCA 時代，破除專業框架，擴展人生事業新格局／吉蓮．邰蒂 (Gillian Tett) 著；姚怡平譯 . -- 臺北市：三采文化股份有限公司 , 2022.11
面；　公分 . -- (Trend ; 78)
譯　自：Anthro Vision：How Anthropology can Explain Business and Life
ISBN 978-957-658-905-8 ( 平裝 )

1.CST: 企業管理 2.CST: 組織文化 3.CST: 人類學

494.1　　　111011654

◎封面圖片提供：
Rawpixel.com / shutterstock.com
StarLine / shutterstock.com

suncolor 三采文化集團

Trend 78

# 穀倉效應 2：未來思考

## 數據失能、科技冷漠的 VUCA 時代，破除專業框架，擴展人生事業新格局

作者｜吉蓮．邰蒂（Gillian Tett）　譯者｜姚怡平
主編｜喬郁珊　責任編輯｜吳佳錡　校對｜黃薇霓　版權負責｜杜曉涵
美術主編｜藍秀婷　美術編輯｜方曉君　封面設計｜王詩晴
內頁排版｜菩薩蠻電腦科技有限公司

發行人｜張輝明　總編輯長｜曾雅青　發行所｜三采文化股份有限公司
地址｜台北市內湖區瑞光路 513 巷 33 號 8 樓
傳訊｜TEL:8797-1234　FAX:8797-1688　網址｜www.suncolor.com.tw
郵政劃撥｜帳號：14319060　戶名：三采文化股份有限公司
本版發行｜2022 年 11 月 4 日　定價｜NT$420